Rainer Gievers

Das Praxisbuch
Pedelec für Einsteiger

Vorwort

Elektrisch angetriebene Fahrräder gibt es schon seit Mitte der 1990er Jahre, spielten aber lange Zeit keine große Rolle, sodass im Jahr 2010 nur etwa 200.000 Pedelecs verkauft wurden[1]. Dazu haben wohl der hohe Preis und die mangelhaften Antriebssysteme beigetragen. In den letzten Jahren hat der jährliche Absatz allerdings rapide zugenommen[2]. 2020 wurden in Europa 4,6 Millionen Elekträder verkauft, während der Absatz der »Bio«-Räder (ohne Motor) ungefähr gleich blieb.

Im Buchtitel haben wir übrigens nicht ohne Grund die Begriffe »E-Bbike« und »Pedelec« aufgenommen, denn häufig werden beide gleichbedeutend verwendet. E-Bikes sind aber genau genommen eine eigene Fahrzeugklasse, die mit Pedelecs nicht viel zu tun hat. Fasst man trotzdem alle elektrisch angetriebenen Zweiräder zusammen, so machen die Pedelecs mit 25 km/h maximaler Motorunterstützung 99 Prozent aller Verkäufe aus. Dazu hat wohl auch die gesetzliche Gleichstellung von Fahrrad und Pedelec beigetragen.

Das Praxisbuch erklärt nacheinander alle wichtigen Komponenten eines Pedelecs und gibt dann eine Kaufberatung. Wir glauben, dass dies der richtige Ansatz ist, denn die Hersteller und Fachhändler werfen gerne mit komplizierten Fachbegriffen um sich, die man zumindest ansatzweise verstehen sollte. Immerhin handelt es sich beim Pedelec um eine teure Investition, für die im Durchschnitt 2300 Euro ausgegeben wird.

Falls Sie nicht das Geld für ein 2000 bis 3000 Euro teures Markenrad ausgeben können, ist vielleicht ein Billig-Pedelec aus dem Baumarkt, vom Discounter oder aus dem Versandhandel interessant. Anhand von mehreren Beispielen erläutern wir deren Vor- und Nachteile.

Eine Alternative zum Neukauf sind gebrauchte Pedelecs, die häufig nur die Hälfte des Neupreises kosten. Unsere umfangreiche Checkliste zeigt, worauf Sie bei der Auswahl eines »Gebrauchten« achten sollten.

Alle Kapitel sind in sich abgeschlossen. Falls Sie zu einem Thema mehr wissen möchten, schlagen Sie einfach das jeweilige Kapitel auf.

Rainer Gievers

---

1   https://de.statista.com/statistik/daten/studie/152721/umfrage/absatz-von-e-bikes-in-deutschland/
2   https://www.heise.de/newsticker/meldung/E-Bikes-Verkauf-steigt-um-19-Prozent-3992860.html

Hinweis

Die Informationen in diesem Buch wurden mit größter Sorgfalt erarbeitet und zusammengestellt. Dennoch können Fehler nicht vollständig ausgeschlossen werden. Verlag und Autor übernehmen daher keine juristische Verantwortung oder irgendeine Haftung für eventuell verbliebene Fehler oder deren Folgen.

Alle in diesem Buch erwähnten Warennamen und Bezeichnungen werden ohne Gewährleistung der freien Verwendbarkeit benutzt und sind möglicherweise eingetragene Warenzeichen.

Aus Gründen der besseren Lesbarkeit wird auf die gleichzeitige Verwendung männlicher und weiblicher Sprachformen verzichtet. Sämtliche Personenbezeichnungen gelten gleichermaßen für beiderlei Geschlecht.

Copyright © 2021 Rainer Gievers, D-34434 Borgentreich

1. Auflage: 02.01.2021

ISBN: 978-3-96469-124-8

1. Inhaltsverzeichnis

2. Gesetzliche Vorschriften

Alle Zweiräder mit elektrischem Antrieb werden im Volksmund als E-Bike bezeichnet, was aber eine grobe Vereinfachung ist, denn in Fachkreisen unterscheidet man zwischen E-Bike, Pedelec und S Pedelec. Bitte beachten Sie bei den folgenden Ausführungen, dass sich die gesetzlichen Vorschriften außerhalb Deutschlands teilweise deutlich davon unterscheiden.

Pedelec (Kofferwort aus dem engl. Pedal Electric Cycle) sind Fahrräder mit einem Motor, der den Fahrer mit bis zu 250 Watt Leistung unterstützt. Die Motorleistung lässt sich nur abrufen, wenn der Fahrer tritt. Eine Schiebehilfe, die das Fahrrad ohne Treten bis 6 km/h beschleunigt, ist gesetzlich erlaubt[3]. Rechtlich sind Pedelec den konventionellen Fahrrädern gleich gestellt, aber darauf kommen wir noch im nächsten Kapitel.

S Pedelec: Diese funktionieren wie ein Pedelec, der Motor unterstützt beim Treten aber bis zu einer Geschwindigkeit von 45 km/h. Da S Pedelec als Kleinkrafträder eingestuft werden, benötigt der Fahrer einen Führerschein der Klasse AM und muss daher mindestens 16 Jahre alt sein. Entsprechend muss man ein Mofa-Versicherungskennzeichen anbringen und einen Fahrradhelm tragen. Die Benutzung von Radwegen ist in der Regel nicht erlaubt.

E-Bike: Diese Fahrzeuge verzichten auf die Muskelleistung des Fahrers und werden mit einem Gashebel, Knopf oder Fußschalter beschleunigt. Wie beim S Pedelec benötigt man – je nach Gefährt – mindestens einen Mofa-Führerschein und ein Versicherungskennzeichen.

PLEV: Bei den PLEV (»Personal Light Electric Vehicle«, zu deutsch »persönliches leichtes Elektrofahrzeuge) handelt es sich um eine von der EU neu geschaffene Geräteklasse. Damit sind Elektrotretroller gemeint, die maximal 20 km/h schnell sind. Umgangssprachlich werden diese häufig als »Scooter« (gesprochen »Skuhter«) bezeichnet.

In den letzten Jahren hat das Bundesverkehrsministerium mehrere Gesetzesänderungen durchgeführt. Im Internet sind teilweise noch Webseiten anzutreffen, welche die neue Rechtslage nicht berücksichtigen und zur Verwirrung beitragen.

Wenn in diesem Buch künftig von Pedelecs die Rede ist, dann ist die Variante bis 25 km/h gemeint. Wenn nötig, gehen wir separat auf die Besonderheiten von S Pedelecs ein.

2.1 Pedelec

Wie bereits erwähnt, gelten alle rechtlichen Vorgaben für Fahrräder auch für Pedelecs, das heißt, es gibt weder ein Mindestalter, noch eine Führerscheinpflicht. Helm oder Haftpflichtversicherung sind ebenfalls nicht nötig, aber angesichts der leicht erreichten Geschwindigkeiten zu empfehlen. Darüber hinaus dürfen (und teilweise müssen) Sie Radwege nutzen. Auf die zu beachtenden Verkehrsregeln gehen wir im Kapitel *13 Pedelec im Straßenverkehr* noch genauer ein.

Sehr praktisch ist erlaubte Schiebehilfe bis 6 km/h, die man bei vielen Pedelecs per Knopfdruck abruft, denn das Fahrzeuggewicht ist im Vergleich mit konventionellen Fahrrädern durch Motor, Akku und robusteren Rahmen bis zu 10 Kilogramm höher.

Die Motorleistung, die nur bei aktivem Trampeln abgerufen wird, ist bei Pedelecs auf 250 Watt begrenzt. Ein durchschnittlicher Fahrer kommt auf 100 Watt, was schon zeigt, wie enorm die Unterstützung ist.

Je nach Hersteller regelt das Antriebssystem mehr oder weniger deutlich spürbar die Unterstützung zurück, sobald Sie 25 km/h erreichen. Es ist Ihnen natürlich unbenommen, nur mit Muskelleistung noch schneller zu fahren.

In Österreich, das ja über viele Berge verfügt, dürfen Pedelec statt 250 Watt sogar eine Leistung von 600 Watt bereitstellen. Falls Sie meinen, deshalb Ihr Pedelec in Österreich zu bestellen, müs-

---

3   Straßenverkehrsgesetz (StVG) § 1: https://www.gesetze-im-internet.de/stvg/__1.html

sen wir Sie enttäuschen: Nachdem wir im Internet keine entsprechenden Angebote fanden, fragten wir einen großen österreichischen E-Bike-Versandhändler, der angab, dass er nur 250 Watt-Modelle im Programm hat[4]. Darüber hinaus wäre der Einsatz im deutschen Straßenverkehr ohnehin verboten.

2.2 S Pedelec

Das S Pedelec, auch als Pedelec 45 bezeichnet, wird vom Gesetzgeber als Kleinkraftrad[5] in die Klasse L1e[6] (zwei Räder) eingeordnet. Die eher selten angetroffenen Varianten mit drei beziehungsweise vier Rädern entsprechen den Klassen L2e beziehungsweise L6e. Sie benötigen daher einen Führerschein der Klasse AM, welche im PKW-Führerschein Klasse B enthalten ist. Daraus ergibt sich automatisch auch das Mindestalter des Fahrers von 16 Jahren. Sind Sie vor dem 1. April 1965 geboren, dürfen Sie auch ohne Führerschein ein S Pedelec nutzen[7].

Wie bei den auf 25 km/h begrenzten Pedelecs müssen Sie beim S Pedelec fleißig in die Pedale treten, der Motor regelt dann ab 45 km/h ab. Sofern vom Hersteller vorgesehen, ist über einen Hebel oder eine Taste auch das passive Fahren durch eine »Schiebehilfe« wie auf einem Roller möglich. Die Geschwindigkeit beträgt hierbei maximal 20 km/h. Die von Pedelecs gewohnte 6 km/h-Schiebehilfe fehlt bei den meisten S Pedelecs, weshalb man immer auf dem Gefährt sitzen sollte, bevor man die Anfahrhilfe aktiviert. Sonst landet man schnell unsanft auf der Straße.

Die Motorleistung darf nach einer EU-Neuregelung[8] seit Januar 2017 maximal 4000 Watt betragen. Im Internet finden Sie zum Thema auf vielen Webseiten immer noch die ältere gesetzliche Vorgabe von 500 Watt. Die maximale Tretunterstützung ist auf 400% beschränkt. Angesichts dessen, dass ein normaler Fahrradfahrer ohnehin nur eine Tretkraft von 100 Watt erreicht, verbauen die meisten S Pedelec-Hersteller einen Motor mit 350 bis 500 Watt Leistung.

Ein S Pedelec erkennen Sie sehr einfach am vorgeschriebenen Rückspiegel und am Versicherungskennzeichen (»Mofa-Kennzeichen«). Dieses ist jeweils ein Jahr gültig und bei Ihrer Versicherungsagentur bereits ab ca. 30 Euro, mit Vollkasko ab ca. 70 Euro erhältlich.

Fahrradanhänger (außer wenn in der Betriebserlaubnis eingetragen) sowie die Mitnahme einer zweiten Person sind beim S Pedelec verboten.

Mit einem Marktanteil von ca. 1 bis 2 Prozent spielt das S Pedelec in Deutschland kaum eine Rolle, während in der Schweiz jeder vierte Elektroradkäufer zum S Pedelec greift. Hierzulande dürften vor allem das Versicherungskennzeichen und die eingeschränkte Wegenutzung (nur Straße erlaubt, aber keinen Fahrradweg, keinen Feld-/Waldweg mit KFZ-Verbotskennzeichen) eine Rolle spielen.

Damit Sie in einer Polizeikontrolle keinen Ärger bekommen, müssen Sie Folgendes jederzeit unterwegs mitführen:

- Mindestens Führerschein der Klasse AM
- Betriebserlaubnis des Gefährts
- Versicherungsnachweis

2.3 E-Bike

Die »klassischen« E-Bikes fahren ausschließlich mit Motorkraft. Deshalb wurden sie vom Gesetzgeber den benzinbetriebenen Zweirädern gleich gestellt. E-Bikes mit 20 km/h Endgeschwindigkeit sind demnach Leichtmofas, bis 25 km/h Mofas und bis 45 km/h Kleinkrafträder (Mopeds). Gefährte, die nur 6 km/h erreichen sind dagegen wie selbstfahrende Rasenmäher oder elektrische Roll-

---

4   E-Mail der Bernhard Kohl Sporthandel GmbH aus Wien vom Mai 2018
5   https://de.wikipedia.org/wiki/Kleinkraftrad
6   https://de.wikipedia.org/wiki/EG-Fahrzeugklasse#Klasse_L
7   Fahrerlaubnis-Verordnung (FeV) § 76 Nr. 3: https://www.gesetze-im-internet.de/fev_2010/__76.html
8   EU-Verordnung Nr. 168/2013:
     https://eur-lex.europa.eu/legal-content/de/TXT/PDF/?uri=CELEX:32013R0168&from=DE

stühle zulassungsfrei.

Bei E-Bikes mit mehr als 45 km/h Spitzengeschwindigkeit handelt es sich um Leichtkrafträder der Führerscheinklasse A1 oder Motorräder der Klasse A. Diese Fahrzeuge sind steuer- und versicherungspflichtig[9].

Statt dem drögen »E-Bike« verwendet der Handel häufig wohlklingendere Bezeichnungen wie E-Scooter, Elektroroller, oder ähnlich. Auf die gesetzliche Einordnung hat das natürlich keinen Einfluss.

Bedingt durch die im Vergleich zu benzinbetriebenen Zweirädern geringere Reichweite von meistens weniger als 50 Kilometern und dem vergleichsweise hohen Preis, ist die Zielgruppe sehr klein, was sich auch in geringen Verkaufszahlen bemerkbar macht.

E-Bikes sind im Vergleich zu Benzinfahrzeugen fast geräuschlos, weniger wartungsintensiv und stinken nicht. Umwege zur Tankstelle erspart man sich, denn das »Tanken« erfolgt zuhause oder am Arbeitsplatz an der Steckdose. Beachten Sie dazu auch unsere Hinweise im Kapitel *18.1 Ladestationen.*

E-Bikes haben häufig ein futuristisches Design. Hier ein Elmoto, das rechtlich als Moped eingestuft ist. Foto: Mamaisen[10]

2.3.1 PLEV

Der Gesetzgeber reagiert, was den Verkehr anbelangt, äußert langsam. So tummelten sich bereits vor 10 Jahren auf den Straßen verschiedene elektrische Kleingefährte, die von keinem Gesetzesparagraphen abgedeckt werden. Es handelt sich dabei um sogenannte E-Scooter beziehungsweise E-Tretroller, die im Handel ausdrücklich als »nicht StVo-konform« verkauft werden. Bauen Sie mit einem solchen Gefährt auf öffentlichen Wegen einen Unfall oder stoppt Sie die Polizei, dann wird es teuer – siehe dazu auch Kapitel *2.3.3 Illegale Gefährte.* Diese als PLEV (»Personal Light Electric Vehicle« bezeichneten Gefährte sind übrigens **nicht** mit den im vorherigen Kapitel vorgestellten Fahrzeugen zu vergleichen.

---

9   https://www.adac.de/infotestrat/ratgeber-verkehr/verkehrsrecht/pedelecs-e-bikes/default.aspx
10   (https://commons.wikimedia.org/wiki/File:Elmoto-orginalfarbe.jpg), „Elmoto-orginalfarbe", https://creativecommons.org/licenses/by-sa/3.0/legalcode

Das zuständige Gesetz heißt Elektrokleinstfahrzeuge-Verordnung (eKFV)[11].

Die wichtigsten PLEV-Eigenschaften[12]:

*   Lenk- oder Haltestange (Breite maximal 70 cm)
*   Höhe maximal 1,4 m, Länge maximal 2 m
*   Ein Hebel, der beim Loslassen automatisch in Nullstellung springt, steuert die Beschleunigung
*   Bauartbedingte Höchstgeschwindigkeit von 20 km/h
*   Leistungsgrenze des Elektromotors beträgt 500 Watt, bei selbstbalancierenden Fahrzeugen (womit der Gesetzgeber Monowheels und Segway-ähnliche Gefährte meint) sind bis zu 1.200 Watt erlaubt.
*   Keine Helmpflicht
*   Zwei unabhängig voneinander funktionierende Bremsen
*   Zwei Blinker
*   Vorderlicht, sowie Schlussleuchte und Rückstrahler hinten und seitliche Reflektoren
*   Versicherungspflicht inklusive Versicherungskennzeichen

Die Fahrzeuge müssen – wie Fahrräder – grundsätzlich auf den vorgeschriebenen Radwegen und Radfahrstreifen fahren. Das Mindestalter des Fahrers beträgt 14 Jahre. Es gelten zudem die gleichen Promillegrenzen wie beim Autofahren, weshalb Fahranfänger in der Probezeit beispielsweise keinen Alkohol zu sich nehmen dürfen.

Beachten Sie: Es ist in der Regel unmöglich, illegale Elektrokleinstfahrzeuge nachträglich als PLEV zu legalisieren! Daran haben die Importeure beziehungsweise Hersteller kein Interesse. Auch weiterhin werden sich viele Händler, vor allem auf Ebay und Amazon, nicht der Mühe einer kostspieligen Zulassungsprozedur unterwerfen. Lassen Sie sich also vor dem Kauf schriftlich versichern, dass Ihr Gefährt legal für die Straße ist.

2.3.2 Fahrerlaubnis

Als Fahrer müssen Sie für die E-Bike-Typen Leichtmofa (bis 20 km/h) und Mofa (bis 25 km/h) einen Autoführerschein oder eine Mofaprüfbescheinigung[13] besitzen. Personen, die vor dem 1. April 1965 geboren wurden, dürfen aufgrund der Besitzstandswahrung sogar ohne weitere Prüfbescheinigungen diese Gefährte nutzen. Für E-Bikes bis 45 km/h benötigen Sie dagegen, wie bei den S Pedelecs, einen Führerschein der Klasse AM (in Klasse B enthalten). Das Mindestalter des Fahrers beträgt 15 Jahre (Leichtmofa und Mofa) beziehungsweise 16 Jahre (Leichtkraftrad).

Damit Sie in einer Polizeikontrolle keinen Ärger bekommen, ist folgendes jederzeit unterwegs mitzuführen:

*   Beim Leichtmofa oder Mofa: Mofaprüfbescheinigung beziehungsweise Autoführerschein. Personalausweis bei Fahrern, die unter die 1. April 1965-Reglung fallen.
*   Beim Kleinkraftrad: Mindestens Führerschein der Klasse AM
*   Betriebserlaubnis des Gefährts
*   Versicherungsnachweis

---

11 https://www.bundesregierung.de/breg-de/aktuelles/bundesregierung-macht-weg-frei-fuer-e-scooter-1596736
12 https://stadt-bremerhaven.de/bundesregierung-macht-weg-frei-fuer-e-scooter-nun-muss-der-bundesrat-am-17-mai-abnicken
13 Fahrerlaubnis-Verordnung (FeV) § 5: https://www.gesetze-im-internet.de/fev_2010/__5.html

2.3.3 Illegale Gefährte

Jedes S Pedelec und jedes E-Bike, das in Deutschland im öffentlichen Straßenverkehr unterwegs ist, benötigt dafür eine Zulassung. Im Lieferumfang Ihres E-Bikes muss sich daher eine EU-Typgenehmigung oder eine Einzelbetriebserlaubnis befinden, die Sie für Polizeikontrollen immer mitführen sollten (siehe Kapitel *2.3.2 Fahrerlaubnis*).

Viele Händler beziehungsweise Importeure machen sich leider nicht die Mühe einer kostspieligen Zulassung – die sie bei vielen Produkten wegen Sicherheitsmängeln ohnehin niemals erhalten würden – sondern geben dann einfach den Hinweis »Nicht im Bereich der StVo zugelassen«. Ganz dreist ist auch die gerne verwendete Formulierung »In jedem Land ist die Nutzung der Geräte unterschiedlich geregelt. Sie sind daher selbst dazu verpflichtet, den jeweiligen Gesetzen Folge zu leisten.«

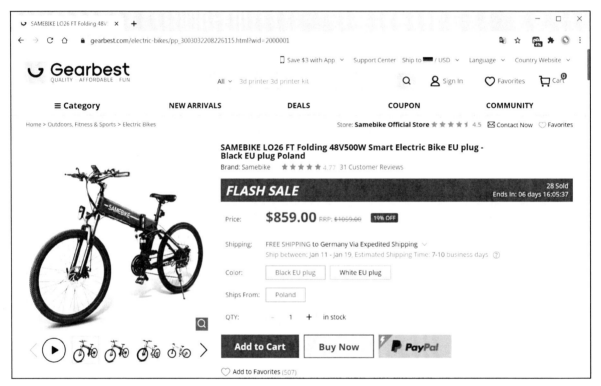

Prüfen Sie insbesondere bei ausländischen Anbietern, ob das angebotene Gefährt wirklich die Pedelec-Anforderungen erfüllen. Dazu gehört eine maximale Tretunterstützung bis zur Höchstgeschwindigkeit von 25 km/h. Das gezeigte Gefährt hat laut Datenblatt eine Motorleistung von 500 Watt und eine Höchstgeschwindigkeit von 30 km/h, weshalb der Betrieb im öffentlichen Straßenverkehr verboten ist[14].

Nicht zugelassene E-Bikes dürfen Sie nur auf einem abgesperrten privaten Grundstück mit Genehmigung des Eigentümers bewegen. Öffentlich zugängliche Parkplätze gehören ebenso wenig dazu wie Privatwege! Übrigens ist auch vom Einsatz auf einem Firmengelände abzuraten, denn bei einem Unfall würde die Firma haften (siehe auch Kapitel *2.9 Das Fahrrad im Unternehmen einsetzen*).

Was passiert, wenn Sie dennoch erwischt werden? Wenn Sie keine passende Fahrerlaubnis (je nach Maximalgeschwindigkeit des E-Bike-Modells beispielsweise Mofaprüfbescheinigung oder Führerschein Klasse AM, besitzen, liegt der Straftatbestand »Fahren ohne Fahrerlaubnis« (StVG § 21[15]) vor. Es droht dann neben einer saftigen Geldbuße auch der Entzug der Fahrerlaubnis, zu Deutsch, Sie verlieren Ihren Führerschein. Einem Fahrer ohne Führerschein können die Behörden sogar eine Führerschein-Sperrfrist von sechs Monaten bis zu fünf Jahren aufbrummen[16]. Im Wiederholungsfall erhalten Sie eventuell eine Eintragung ins Führungszeugnis und gelten damit als

---

14   https://www.gearbest.com/electric-bikes/pp_3003032208226115.html (abgerufen am 02.01.2021)
15   Straßenverkehrsgesetz (StVG) § 21: https://dejure.org/gesetze/StVG/21.html
16   https://www.motor-talk.de/news/hohe-strafen-fuer-illegal-aufgemotzte-e-bikes-t5763704.html (abgerufen am 02.01.2021)

vorbestraft. Es drohen außerdem zwei bis drei Punkte in Flensburg.

Das Fehlen der Betriebserlaubnis ist eine Ordnungswidrigkeit nach FZV § 48[17], die ein Bußgeld von 70 Euro und ein Punkt in Flensburg zur Folge hat. Für das Fahren ohne Versicherungsschutz erhalten Sie nach Pflichtversicherungsgesetz § 6 eine Geld- oder Freiheitsstrafe bis zu einem Jahr[18]

Die drei Delikte Fahren ohne Betriebserlaubnis, ohne Versicherungsschutz und ohne Fahrerlaubnis sind auch in Tateinheit möglich[19].

Verursachen Sie einen Unfall und waren ohne Versicherungskennzeichen unterwegs, dann droht Ihnen der Verlust des Versicherungsschutzes, denn die Privathaftpflichtversicherung tritt nur für Fahrräder und Pedelecs ein. In der Folge haften Sie bei einem Unfall mit Ihrem gesamten Vermögen für angerichtete Schäden.

2.4 Pedelec, S Pedelec und E-Bike im Überblick

Die nachfolgende Tabelle fasst die in den vorherigen Kapiteln bereits erläuterten Unterschiede zwischen den verschiedenen Fahrzeugtypen zusammen. Bitte beachten Sie, dass wir die Darstellung stark vereinfachen mussten, weshalb wir für genauere Angaben auf die entsprechenden Kapitel verweisen möchten.

	Pedelec	S Pedelec	E-Bike bis 20 km/h	E-Bike bis 25 km/h	E-Bike bis 45 km/h
Rechtliche Einordnung	Fahrrad	Kleinkraftrad	Leichtmofa	Mofa	Kleinkraftrad (Moped)
Höchstgeschwindigkeit	-	-	20 km/h	25 km/h	45 km/h
Motorunterstützung	Bis 25 km/h mit Tretleistung	Bis 45 km/h mit Tretleistung	Immer aktiv	Immer aktiv	Immer aktiv
Motorleistung	Max. 250 W	Max. 4-fache Unterstützung der Tretleistung	500 W	500 W	500 W
Fahrzeugklasse	Keine	L1e1 (2 Räder), L2e (3 Räder), L6e, (4 Räder)	Keine	Keine	L1e1 (2 Räder), L2e (3 Räder), L6e, (4 Räder)
Pflicht zur Radewegenutzung	Ja	Nein	Nur außerorts	Nur außerorts	Nein
Helmpflicht	Nein	Mindestens Radhelm	Nein	Mindestens Mofahelm	Mindestens Mofahelm
Allgemeine Betriebserlaubnis	Nein	Ja	Ja	Ja	Ja
Versicherungskennzeichen	Nein	Ja	Ja	Ja	Ja
Promillegrenze	1,6 Promille	0,5 Promille	0,5 Promille	0,5 Promille	0,5 Promille
Kinder- oder Lastanhänger erlaubt	Ja	Nein	Nein	Nein	Nein
Führerschein	Nein	Mind. Klasse AM (z.B. in Klasse B enthalten)	Führerschein oder Mofaprüfbescheinigung oder Personalausweis (für Geburtsdatum vor 1. April 1965)		Mind. Klasse AM (z.B. in Klasse B enthalten)
Mindestalter	Keins	16	15	15	16

---

17 Fahrzeug-Zulassungsverordnung (FZV) § 48: https://www.gesetze-im-internet.de/fzv_2011/__48.html
18 Pflichtversicherungsgesetz § 6: https://dejure.org/gesetze/PflVG/6.html
19 http://www.e-bikeinfo.de/e-bike-news/e-bike-tuning-uebersicht-recht-und-gefahren (abgerufen am 04.01.2021)

Nicht in der Tabelle aufgenommen haben wir aus Platzgründen die sogenannten PLEVs, welche eine eigene Geräteklasse darstellen (siehe Kapitel *2.3.1 PLEV*)

2.5 Fahrradanhänger

Nicht nur für den Warentransport, sondern auch für die Mitnahme von Kindern sind Fahrradanhänger erhältlich. Auf die Besonderheiten der Kindermitnahme geht noch Kapitel *2.7 Kinder transportieren* ein, weswegen wir uns hier auf den Warentransport beschränken.

2.5.1 Vorschriften

Grundsätzlich gilt für den Anhängerbetrieb:

- Der Fahrer muss mindestens 16 Jahre alt sein.

- Der Pedelec-Hersteller muss das Fahrrad für Anhängerbetrieb freigegeben haben. Dies geht meistens aus der Bedienungsanleitung hervor. Fragen Sie sonst Händler oder Hersteller.

- An S Pedelecs (siehe Kapitel *2.2 S Pedelec*) oder E-Bikes (siehe Kapitel *2.3 E-Bike*) dürfen meistens keine Anhänger betrieben werden. Auf die Ausnahmen gehen wir weiter unten ein.

Insbesondere wenn Sie einen offenen Anhänger nutzen, sollte am Fahrrad ein Schutzblech über dem Hinterrad vorhanden sein. Auf staubigen oder nassen Strecken landet sonst viel Dreck im/am Anhänger.

Der Gesetzgeber[20] erlaubt Anhänger mit maximal 2 Meter Länge, 1 Meter Bereite und 1,40 Meter Höhe. Spezialanhänger für Sportgeräte dürfen 4 Meter lang sein. Für ungebremste Anhänger beträgt die zulässige Gesamtmasse 40 kg, für gebremste (mit Auflaufbremse) 80 kg.

Abhängig vom Einzelfall ist die Benutzung eines beschilderten Radwegs (Zeichen 237, 240, 241, siehe Kapitel *13.2 Radwege*) für mehrspurige Lastenfahrräder und Fahrräder mit Anhänger nicht zumutbar. In diesem Fall darf die Straße benutzt werden[21].

Für alle Anhänger ist ein Typenschild gesetzlich vorgeschrieben[22]. Neben der Modellbezeichnung und dem Herstellernamen finden Sie dort Angaben zur höchsten Gesamtmasse und Nutzlast, der Stützlast, sowie dem Mindestalter und maximalen Größe der transportierten Personen (wenn es sich um einen Kinderanhänger handelt). Besonders wichtig ist die Bestätigung der Übereinstimmung mit der Norm DIN EN 15918. Ein CE-Zeichen, welches ohnehin keinerlei Aussagekraft hätte, werden Sie dagegen nicht finden, weil es gesetzlich verboten ist. Anhänger ohne Typenschild sind im Straßenverkehr nicht zulässig.

Ein besonderes Qualitätsmerkmal ist das GS-Zeichen, für das sich der Hersteller einer regelmäßigen unabhängigen Qualitätssicherung unterwirft. Leider finden Sie es selbst bei renommierten Herstellern nur selten.

Marktführende Kinderanhängerproduzenten sind Burley und Thule, welche die Preisklasse ab 400 Euro bedienen.

2.5.2 Anhänger am S Pedelec

Bei S Pedelecs sind nur Lastenanhänger erlaubt. Kinderanhänger sind nicht gestattet. Darüber hinaus muss in der Übereinstimmungsbescheinigung unter Nr. 17 eine Anhängelast und unter Nr. 43.1 eine Verbindungseinrichtung eingetragen sein. Zulässig ist eine Anhängelast von maximal der Hälfte des Leergewichts des Zugfahrzeugs (ohne Akku). Die Anhängekupplung muss mit einer

---

20   § 67 StVZO Merkblatt für das Mitführen von Anhängern hinter Fahrrädern (Bonn, den 6. November 1999 S 33/36.25.93-10): http://www.cramers-web.de/StVZO_Merkblatt_Anhaenger.pdf
21   VwV-StVO: Zu § 2, Abs. 4, Satz 2, Punkt II.2.a (Randziffer 23): http://bernd.sluka.de/Recht/StVO-VwV/VwV_zu_2.txt
22   https://www.vis.bayern.de/produktsicherheit/produktgruppen/sport_freizeit/fahrrad/ kinder_fahrradanhaenger.htm#zugfahrrad_eignung

50er Kugel ausgeführt sein[23].

2.5.3 Deichsel und Kupplung

Die Verbindung zwischen Fahrrad und Anhänger erfolgt über Deichsel und Anhängerkupplung. Auf dem Markt werden zwei verschiedene Typen angeboten[24]:

- Hochdeichsel: Die Befestigung erfolgt an der Sattelstütze mithilfe einer Kugelkopf-Anhängerkupplung. Leider muss aus Platzgründen der Gepäckträger leer bleiben, sodass man dort nur Seitentaschen anhängen kann. Üblich ist die Hochdeichsel nur noch bei zweirädigen Anhängern.

- Gepäckträgerdeichsel: Wie bei der Hochdeichsel, allerdings befindet sich die Kupplung außen am Gepäckträger.

- Tiefdeichsel: Diese Deichsel wird an der Radnabe auf der linken Seite befestigt. Von Vorteil ist der niedrige Schwerpunkt, weshalb der Anhänger weniger schaukelt und der Fahrradrahmen weniger belastet wird.

Mit einem Knopfdruck lässt sich die Verbindung zwischen Deichsel und Kupplung des Kinderanhängers »Kid Plus« von Croozer lösen. Der Hersteller nennt das System »Click & Crooz«. Foto: www.pdf.de / Paul Masukowitz

Bei den Kupplungen pflegen viele Hersteller ihr eigenes System. Wir empfehlen daher Anhänger nach Möglichkeit mit einer sogenannten »Weber-Kupplung« zu kaufen oder zu prüfen, ob eine Umrüstung darauf möglich ist. Die Weber-Kupplungen für die Tiefdeichsel haben gegenüber den anderen Systemen den großen Vorteil, dass man sie nicht nur an der Radnabe anbringen kann.

---

23 https://www.zedler.de/files/kunde/news/medienberichte/e-bike/Leitfaden_Bauteiletausch_E-Bike_45_Stand-24-05-2018_DE.pdf
 unter Kategorie 4: Besondere Hinweise bei Anbau von Zubehör
24 https://de.wikipedia.org/wiki/Fahrradanhänger

Einige Beispiele für Weber-Kupplungen:

- Weber E: Standardkupplung für die Radnabe

- Weber EP: Wird an den Aufnahmepunkten des Fahrradständers (Pletscher-System) angeschraubt.

- Weber EH: Für den Aufnahmepunkt von Hinterbauständern

- Weber B: Mit integriertem Fahrradständer

- Weber-Deichselanschluss für Fremdhersteller: Adapter für Anhänger von Thule Chariot, Qeridoo, Croozer oder Burley

Fahrradanhänger für die Befestigung am Gepäckträger. Foto: www.flyer-bikes.com | pd-f

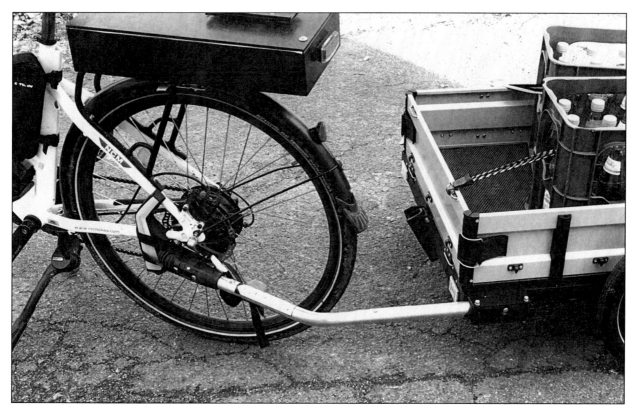

Weber B-Kupplung an der Sitz- und Kettenstrebe. Bei diesem Pedelec kam wegen des Hinterrad-antriebs keine Hinterradnabenbefestigung in Frage und andere Befestigungspunkte waren nicht vorhanden.

2.5.4 Licht

Seit Anfang 2018 ist für alle Fahrradanhänger ab 60 cm Breite ein Rücklicht Pflicht[25]. Davon sind auch fast alle Kinderanhänger betroffen. Die Hersteller haben auf die Neuregelung reagiert und lie-fern die Beleuchtungsanlage mit. Für ältere Anhänger sind akkubetriebene Fahrradrückleuchten er-hältlich, die jeweils auf der linken Seite (von hinten) anzubringen sind[26].

Beachten Sie bitte in der nachfolgenden Darstellung den Unterschied zwischen Rückstrahlern und Leuchten. Rückstrahler bestehen aus einem reflektierenden Material (»Reflektoren«), während die stromgespeisten Leuchten aktiv Licht abgeben.

Weitere gesetzliche Vorgaben ab 60 cm Anhängerbreite:

- Vorne: Zwei paarweise angebaute Rückstrahler (Reflektoren) mit einem maximalen Ab-stand von 20 cm zur Außenkante. Ab einem Meter Anhängerbreite zusätzlich mit einer Leuchte mit weißem Licht auf der linken Seite.

- Hinten: Zwei rote Rückstrahler (Reflektoren) der Kategorie „Z" mit einem maximalen Ab-stand von 20 cm zur Außenkante.

Außerdem sind für alle Anhängerbreiten entweder reflektierende weiße Streifen an beiden Rädern, reflektierende weiße Speichen oder Speichenrückstrahler vorgeschrieben.

Wenn die Anhängerbreite kleiner als 1 Meter ausfällt, ist optional eine Leuchte mit weißem Licht nach vorne erlaubt.

Unabhängig von der Breite immer gestattet ist eine zweite Leuchte mit rotem Licht nach hinten auf der rechten Seite, sowie zwei zusätzliche rote nicht dreieckige Rückstrahler (Reflektoren) nach hinten wirkend mit einem maximalen Abstand von 200 cm zur Außenkante.

---

25   https://www.bikebox-shop.de/blog/Licht-am-Fahrradanhaenger-StVZO-2018/b-49 (abgerufen am 04.01.2021)
26   Straßenverkehrs-Zulassungs-Ordnung (StVZO) § 67a: https://www.gesetze-im-internet.de/stvzo_2012/__67a.html

Dieser Anhänger ist mit der korrekten rückseitigen Beleuchtung ausgestattet. Foto: www.croozer.de | pd-f

2.6 Personentransport

Kleinkinder durften schon immer – unter bestimmten Voraussetzungen – auf dem Fahrrad/Pedelec mitgenommen werden. Darauf geht das nachfolgende Kapitel *2.7 Kinder transportieren* noch ein. In diesem Kapitel geht es um die Mitnahme von Erwachsenen.

Lange Zeit (genauer: seit 1937!) war die Mitnahme von Erwachsenen auf dem Fahrrad nicht zulässig. Rechtsexperten haben das Verbot zwar schon immer angezweifelt, aber erst im Jahr 2020 wurde StVO §21 Abs. 3 korrigiert[27]. Auf einsitzigen Fahrrädern ist die Mitnahme einer zweiten Person erlaubt, sofern eine zusätzliche Sitzmöglichkeit vorhanden ist. Damit dürfte der Personentransport hauptsächlich Lastenrädern und entsprechend konstruierten Rischkas vorbehalten sein, zumal bei normalen Pedelec schnell das zulässige Gesamtgewicht überschritten würde.

Jetzt erlaubt: Personentransport auf dem Pedelec. Im Beispiel ein Lastenrad von Riese & Müller. Foto: www.pd-f.de / Kay Tkatzik.

---

27   https://www.velototal.de/2019/02/18/personenbef%C3%B6rderung-auf-fahrr%C3%A4dern-ist-rechtens
      (abgerufen am 04.01.2021)

2.7 Kinder transportieren

Ihren Nachwuchs möchten Sie vielleicht gerne auch auf Ihre Touren mitnehmen, obwohl er fürs Selbstfahren noch zu jung oder die Strecke zu lang ist. Beachten Sie, dass das zusätzliche Gewicht die Reichweite Ihres Pedelecs reduziert.

2.7.1 Kindersitz

Sie dürfen ein Kind bis 7 Jahre auf einem entsprechenden Kindersitz direkt auf dem Fahrrad mitnehmen. Der Fahrer muss allerdings mindestens 16 Jahre alt sein[28]. Kindersitze sind wesentlich günstiger als Kinderanhänger, auf die wir unten noch eingehen.

Es gibt verschiedene Arten von Kindersitzen[29]: Vor dem Lenker entgegen der Fahrtrichtung, zwischen Lenker und Fahrer oder auf dem Gepäckträger in Fahrtrichtung. Vorne dürfen die Kindersitze nur bis 15 kg, hinten bis 25 kg belastet werden. Wir empfehlen einen Gepäckträgersitz, denn nicht nur aus Sicherheitsgründen ist er vorzuziehen, auch die Fahrstabilität ist dadurch höher. Der Kindersitz sollte der Norm DIN EN 14344 entsprechen. Werfen Sie auch einen Blick auf das Gewicht, für den der Kindersitz zugelassen ist, damit Sie ihn möglichst lange nutzen können.

Durch das zusätzliche Gewicht verändert sich das Fahr- und Bremsverhalten, weshalb Sie erst mit einem Kartoffelsack oder Ähnlichem üben sollten, bevor Sie mit Ihrem Kind zum ersten Mal auf Tour gehen. Achtung: Beachten Sie die Herstellerangaben Ihres Pedelecs, denn meist sind diese nur bis zu einem Gesamtgewicht bis 120 kg freigegeben. Bringen Sie beispielsweise bereits 95 kg auf die Waage, so bleibt Ihnen bei einem 25 kg schwerem Gefährt keinerlei Spielraum. Im Fall eines Unfalls verlieren Sie eventuell den Versicherungsschutz. Abhilfe schaffen Pedelecs für Übergewichtige.

Wir empfehlen Ihnen, den Fahrradständer durch ein zweibeiniges Exemplar zu ersetzen, damit das Auf- und Absteigen nicht zum gefährlichen Balanceakt wird.

Sofern Sie den Kindersitz nicht online bestellen, sollten Sie Ihr Fahrrad zum Händler mitbringen. Es ist dann vor Ort nachprüfbar, ob Anbauteile dem Kindersitz im Weg sind. Das Kind darf auf keinen Fall in bewegliche Teile geraten. Deshalb müssen beispielsweise die Speichen und eine eventuell vorhandene Sattelfederung bei einem Gepäckträgersitz abgedeckt sein.

Ab welchem Alter Sie Ihr Kind auf dem Kindersitz mitnehmen können, hängt von dessen Entwicklungsstand ab. Im Zweifel fragen Sie Ihre Hebamme beziehungsweise Arzt. Der Allgemeine Deutsche Fahrrad-Club (ADFC) geht davon aus, dass Kinder, die bereits sitzen können, für den Kindersitz geeignet sind. Dies sei ab einem Alter von 9 Monaten der Fall.

Ein Kinderhelm ist zwar nicht vorgeschrieben, aber natürlich absolut zu empfehlen. Im Kapitel *17.3 Fahrradhelm* gehen wir noch genauer darauf ein. Im Handel sind hinten abgeflachte Kinderhelme erhältlich, die das Köpfchen nicht so stark nach vorne drücken.

2.7.2 Kinderfahrradanhänger

Angenehm für Kind und Fahrer sind Fahrradanhänger, mit denen Sie bis zu zwei Kinder bis 7 Jahre (die Altersbegrenzung gilt nicht für die Beförderung von behinderten Kindern) transportieren dürfen.

Auch hier muss der Fahrer mindestens 16 Jahre alt sein. Sofern es keinen eindeutigen Hinweis in der Bedienungsanleitung Ihres Pedelecs gibt, fragen Sie den Hersteller beziehungsweise Händler, ob das Pedelec für Anhänger freigegeben ist. An S Pedelecs dürfen übrigens keine Anhänger betrieben werden (auf die Ausnahme gehen wir im Kapitel *2.5.2 Anhänger am S Pedelec* ein). Rüsten Sie das Schutzblech am Hinterrad nach, falls es nicht vorhanden ist, weil sonst der Anhänger bei der Regenfahrt stark verschmutzt.

---

28 Straßenverkehrs-Zulassungs-Ordnung (StVZO) § 21 (3): https://www.gesetze-im-internet.de/stvo_2013/__21.html
29 https://www.verkehrswacht-medien-service.de/kindersitze-fahrrad.html

Für Babys bis etwa 10 Monaten, die noch nicht selbst stehen beziehungsweise ihren Kopf hoch halten können, sind spezielle Babyschalen oder Hängematten erhältlich. Wir empfehlen die Anschaffung eines Anhängers, für den der Hersteller die passende Babyschale/Hängematte als Zubehör verkauft.

Im Anhänger besteht Anschnallpflicht und auch ein Fahrradhelm für die Kinder kann nicht schaden. Das Fahrverhalten und insbesondere der Bremsweg ändern sich durch den Anhänger, weshalb Sie besonders zu Anfang vorsichtig fahren sollten. Eine Proberunde zu Anfang ohne Kinder kann also nicht schaden.

Der Handel hat brauchbare Kinderfahrradanhänger ab 100 Euro im Programm, hochwertige Modelle erleichtern ihr Portemonnaie um bis zu 1000 Euro. Die nötige Anhängekupplung muss an der Hinterradnabe befestigt werden, was Sie eventuell dem Fachhändler überlassen. Der Anhänger ist bei Bedarf anschließend über eine Schnellkupplung schnell an- und abgebaut.

Sofern Sie lokal im Fachhandel kaufen, empfiehlt es sich, das Fahrrad mitzubringen, damit der Anhänger zu Ihrem Gefährt passt. Das Kind sollte ebenfalls für eine Sitzprobe mitkommen. Auch bei einem Einzelkind kann sich übrigens ein Doppelsitzer lohnen, der dann Platz für zusätzliches Gepäck bietet.

Ein einknöpfbares Netzgewebe im Einstieg sorgt für Durchlüftung und schützt das Kind vor Schmutz. Häufig ist ein kleines Vorderrad vorhanden, das Sie bei Bedarf zusammen mit einer Haltestange ausklappen, um aus dem Anhänger einen improvisierten Kinderwagen zu machen.

Aus dem Kinderanhänger wird mit wenigen Handgriffen ein Kinderwagen. Fotos: www.croozer.de | pd-f

Kinderanhänger sind generell nur bis 40 kg zugelassen, weil der Gesetzgeber bei einem höheren Gewicht eine separate Bremseinrichtung verlangt.

Tipps für den Alltag:

- Die ersten Touren sollten Sie langsam angehen, damit sich das Kind an das Gefährt gewöhnt.

- Bei Sonneneinstrahlung kann es unter dem Verdeck schnell sehr warm werden, weswegen Sie häufiger zur Kontrolle anhalten sollten. Umgekehrt ist auch eine schnelle Auskühlung bei kaltem Wetter möglich.

- Geben Sie dem Kind Spielzeug mit, damit es während der Fahrt beschäftigt ist.

- Kräftiger Fahrtwind und Straßenverkehr übertönen das Babygeschrei. Ein Babyfon bringt Abhilfe.

Beachten Sie den Hinweis zum Rücklicht im Kapitel *2.5.4 Licht*.

2.7.3 Tandemstange

Kinder ab ca. 5 Jahren können zwar selbst Fahrrad fahren, ihre Kraft reicht aber noch nicht für längere Strecken aus. Außerdem fehlt ihnen häufig noch die nötige Aufmerksamkeit, um gefährliche Situationen im Straßenverkehr zu erkennen. Eine Alternative zum Kindersitz ist dann eine Tandemstange[30], die das Kinder- und Erwachsenenrad miteinander verbindet. Die Befestigung erfolgt an der Sattelstütze. Eventuell ist ein Aushängen der Hinterradbremse am Kinderrad nötig, damit der Nachwuchs diese nicht versehentlich betätigt und das Gespann in Gefahr bringt.

Ist man am Ziel angekommen, lässt sich die Tandemstange platzsparend zusammenschieben und kann am Pedelec verbleiben. Ihr Nachwuchs dürfte begrüßen, am Zielort noch ein wenig durch die Gegend fahren zu dürfen, was mit einem Kindersitz oder Kinderanhänger natürlich nicht möglich wäre.

Leider hat die Tandemstange aber auch einige Nachteile: Die Konstruktion ist vergleichweise labil und verlangt zudem große Vorsicht, weil der Kurvenradius sehr groß ist. Einige Kinder kommen leider nicht mit der Tandemstange zurecht, weil ihr Gefährt bei langsamer Fahrt oder im Stand ab und zu in beängstigende Schieflage gerät. Rüsten Sie gegebenenfalls an Ihrem Pedelec ein Hinterradschutzblech nach, damit Ihr Kind nicht dem aufgewirbelten Schmutz ausgesetzt ist.

Für kleine Kinderräder mit 12 bis 16 Zoll ist die Tandemstange nur bedingt geeignet, weil das Kind bei höheren Geschwindigkeiten ins Leere tritt.

Tandemstangen sind im Handel bereits ab ca. 100 Euro im Angebot.

2.7.4 FollowMe-Tandemkupplung

Eine Alternative zur Tandemstange ist die FollowMe-Tandemkupplung, bei der die Verbindung zwischen den Fahrrädern nicht über die Sattelstütze, sondern an der Hinterradachse erfolgt. Die ganze Konstruktion hat einen niedrigeren Schwerpunkt als die Tandemstange, darüber hinaus werden Vorderrad und Lenker des Kinderrads blockiert, was die Stabilität erhöht. Der Pedelec-Gepäckträger ist zudem nicht wie bei der Tandemstange blockiert und lässt sich wie gewohnt nutzen.

Die ungenutzte Tandemkupplung lässt sich zusammenklappen und nimmt dann keinen Platz weg. Innerhalb von ca. 20 Sekunden ist sie heruntergeklappt und das Kinderfahrrad eingehängt.

Für die FollowMe-Tandemkupplung müssen Sie je nach Ausführung ca. 200 Euro auf den Tisch legen. Weitere Informationen und eine Händlerliste finden Sie natürlich auf der Herstellerwebsite: *www.followme-tandem.com.*

Ein Schutzblech am Pedelec-Hinterrad sollte vorhanden sein, damit Ihr Kind nicht dem aufgewirbeltem Dreck ausgesetzt wird.

2.7.5 Trailerbike (Nachläufer)

Trailerbikes sind Einräder, die über eine Stange an der Sattelstütze befestigt werden. Die Vor- und Nachteile entsprechen dem im Kapitel *2.7.3 Tandemstange* aufgeführtem.

Der Handel verkauft Trailerbikes ab etwa 140 Euro.

2.8 Das verkehrssichere Pedelec

Durch die Anschaffung eines Pedelecs erhöhen Sie Ihren Aktionskreis drastisch. Touren von 50 Kilometern und mehr sind nun problemlos möglich und damit sind Sie auch häufiger kritischen Verkehrssituationen ausgesetzt. Umso wichtiger ist dann der Augenmerk auf ein sicheres Gefährt. Zwar sind die meisten Pedelecs im Handel korrekt ausgerüstet, bei Fahrzeugen aus zweiter Hand sieht es aber leider anders aus.

---

30 http://www.radschlag-info.de/tandemstange.html (abgerufen am 04.01.2021)

Im Folgenden gehen wir nur auf die Vorschriften für Fahrräder in Deutschland ein, die denen der rechtlich gleichgestellten Pedelecs (bis 25 km/h) entsprechen[31].

Vorgeschrieben sind:

- Zwei voneinander unabhängige Bremsen (in der Praxis jeweils für Vorder- und Rückrad)
- Eine laute Klingel
- Vorne Lampe und weißer Reflektor
- Rotes Rücklicht
- Vier gelbe Speichenreflektoren (Katzenaugen) oder reflektierende weiße Streifen an den Reifen oder in den Speichen
- Pedale mit je zwei Pedalreflektoren

Einige rechtliche Änderungen gab es in den letzten Jahren. Bereits 2013 wurden Batterie- und Akku-betriebene Beleuchtungseinrichtungen legalisiert, weshalb ein Dynamo nicht mehr nötig ist. Eine feste Anbringung von Vorder- und Rücklicht ist ebenfalls nicht mehr nötig. Erst wenn es die Sicht- beziehungsweise Lichtverhältnisse verlangen, muss man die Beleuchtung anbauen, was Tagfahrern etwas Gewicht spart. Diese Änderung dürften auch Mountainbike-Fahrer begrüßen, die ohnehin auf alles, was kaputt geht oder überflüssiges Gewicht darstellt, verzichten.

Tagfahrlicht (also Dauerbetrieb) ist nun ebenso erlaubt wie Fern- und Bremslicht. Bei Mehrspur-fahrzeugen wie Liegerädern oder bei Fahrrädern, bei denen das Handzeichen schwer erkennbar ist, ist der Anbau von Blinkern erlaubt.

Viele im Online-Handel angebotene Beleuchtungseinrichtungen stammen von ausländischen Her-stellern, denen die deutschen Vorschriften fremd sind. Kann Ihnen der Verkäufer nicht schriftlich zusichern, dass ein Lichtset im Bereich der Straßenverkehrsordnung zugelassen ist, sollten Sie bes-ser auf die Anschaffung verzichten. Bei Produkten des Marktführers Busch + Müller können Sie deshalb nichts falsch machen. Ein lokaler Fahrradhändler mag zwar im Vergleich zu einem Online-Händler nicht so viel Auswahl haben und etwas teurer sein, dafür wird er Ihnen nur Pro-dukte anbieten, die im Straßenverkehr zulässig sind.

Etwas skeptisch stehen wir dem Tagfahrlicht gegenüber, denn auch wenn es sich um eine energie-effiziente LED handelt, reduziert sie die Akkureichweite, sofern sie direkt am Pedelec-Akku ange-schlossen wird und keine eigene Energiequelle mitbringt.

2.9 Das Fahrrad im Unternehmen einsetzen

Seitdem der Gesetzgeber die Fahrräder den Dienstwagen gleich gestellt hat, stellen immer mehr Unternehmen ihren Mitarbeitern ein Fahrrad beziehungsweise Pedelec zur Verfügung. Auch die Leasinggesellschaften haben darauf reagiert und machen inzwischen entsprechende Angebote. So-lange das Gefährt vom Arbeitnehmer nur privat eingesetzt wird, greifen zum Glück nicht die be-rufsgenossenschaftlichen Vorgaben[32].

Anders sieht die betriebliche Nutzung auf dem Firmengelände aus, was die DGUV[33]-Unfallverhü-tungsvorschrift 70[34] erfasst. Darunter fallen nur Fahrzeuge, die ausschließlich mit Motorkraft be-trieben werden, was ja bei Pedelecs, die Muskelkraft voraussetzen, nicht der Fall ist[35]. Auch die bei vielen Pedelecs auf 6 km/h begrenzte Anfahrhilfe hat keinen Einfluss, weil die Unfallverhütungs-vorschrift erst ab 8 km/h[36] greift. Pedelec 45 und E-Bike werden dagegen von der Unfallverhü-tungsvorschrift 70 erfasst, sodass die Gefährte beispielsweise mindestens einmal jährlich einer

---

31   https://www.verkehrswacht-medien-service.de/verkehrssicheres-fahrrad-gs.html
32   https://fuhrpark.de/e-bikes-als-dienstfahrrad-worauf-arbeitgeber-achten-muessen
33   Deutsche Gesetzliche Unfallversicherung e.V.
34   https://www.bgw-online.de/SharedDocs/Downloads/DE/Medientypen/DGUV_vorschrift-regel/DGUV-
       Vorschrift70_Unfallverhuetungsvorschrift-Fahrzeuge_Download.pdf?__blob=publicationFile
35   Paragraf 2 Abs. 1 DGUV Vorschrift 70
36   Paragraf 1 Abs. 2 DGUV Vorschrift 70

Überprüfung durch einen Sachkundigen zu unterziehen sind[37].

Der Arbeitgeber hat allerdings nach den Vorgaben der DGUV Vorschrift 1 eine Unterweisung des Arbeitnehmers durchzuführen, wenn dieser das Gefährt dienstlich nutzt. Das gilt aber nicht für den Weg zwischen Arbeitsplatz und Wohnort.

2.10 Vorschriften zum Bauteiletausch

Sie werden als Besitzer eines Pedelec oder S Pedelec bereits nach kurzer Zeit einige Komponenten auszutauschen wollen. Besonders betroffen ist davon der mitgelieferte Sattel, der nur selten zum Fahrer passt (siehe Kapitel *6 Sattel*). Dabei sind aber einige gesetzliche Vorgaben zu beachten, auf die wir im Folgenden eingehen.

2.10.1 Pedelec 25

Bei einem Pedelec (bis 25 km/h Unterstützung) müssen – von der Beleuchtung abgesehen – fast alle elektrischen Austauschteile durch den Hersteller für das Fahrzeug freigegeben sein. Dazu zählen Motor, Display, Steuerung, Akku und Ladegerät.

Auch für die Stabilität wichtige Bestandteile wie Rahmen, Gabel, Bremsanlage und Gepäckträger erfordern eine Herstellerfreigabe. Dagegen reicht unter anderem bei Tretkurbel, Reifen, Kette/Zahnriemen, Lenkervorbau, Sattel und Scheinwerfer auch eine Freigabe durch den jeweiligen Teilehersteller.

Kaum Vorgaben gibt es bei Schaltwerk, Pedalen, Glocke, usw. Bei der Lichtausstattung sind die Straßenverkehrsvorschriften zu beachten (siehe Kapitel *2.8 Das verkehrssichere Pedelec*).

Auf die Besonderheiten von Fahrradanhängern geht bereits Kapitel *2.5 Fahrradanhänger* ein.

Das Zedler-Institut[38] hat die Vorschriften für Pedelec 25 in einer übersichtlichen Tabelle[39] zusammengefasst, die Sie auf der nächsten Seite finden.

---

37 Paragraf 57 DVUV Vorschrift 70
38 Zedler – Institut für Fahrradtechnik und -Sicherheit GmbH (https://www.zedler-institut.de)
39 https://www.zedler.de/files/kunde/news/medienberichte/e-bike/Leitfaden_Bauteiletausch_E-Bike_25_Stand-08-05-2018_DE.pdf

Leitfaden für den Bauteiletausch bei CE-gekennzeichneten E-Bikes / Pedelecs mit einer Tretunterstützung bis 25 km/h

KATEGORIE 1	KATEGORIE 2	KATEGORIE 3*	KATEGORIE 4	KATEGORIE 5
Bauteile, die nur nach Freigabe des Fahrzeugherstellers/Systemanbieters getauscht werden dürfen	Bauteile, die nur nach Freigabe des Fahrzeugherstellers getauscht werden dürfen	Bauteile, die nach Freigabe des Fahrzeug- oder Teileherstellers getauscht werden dürfen	Bauteile, für die keine spezielle Freigabe notwendig ist	Besondere Hinweise beim Anbau von Zubehör
> Motor > Sensoren > Elektronische Steuerung > Elektrische Leitungen > Bedieneinheit am Lenker > Display > Akku-Pack > Ladegerät	> Rahmen > Federbein > Starr- und Federgabel > Laufrad für Nabenmotor > Bremsanlage > Bremsbeläge (Felgenbremsen) > Gepäckträger (Gepäckträger bestimmen unmittelbar die Lastverteilung am Rad. Sowohl negative wie positive Veränderungen ergeben potentiell ein anderes Fahrverhalten, als vom Hersteller impliziert)	> **Tretkurbel** (Wenn die Abstände Tretkurbeln – Rahmenmitte (Q-Faktor) eingehalten werden) > **Laufrad ohne Nabenmotor** (Wenn die ETRTO eingehalten wird) > **Kette / Zahnriemen** (Wenn die Originalbreite eingehalten wird) > **Felgenband** (Felgenbänder und Felgen müssen aufeinander abgestimmt sein. Veränderte Kombinationen können zum Verrutschen des Felgenbands und somit zu Schlauchdefekten führen) > **Reifen** (Die stärkere Beschleunigung, das zusätzliche Gewicht und dynamischere Kurvenfahren machen den Einsatz von Reifen notwendig, die für den E-Bike Einsatz freigegeben sind. Dabei gilt zu berücksichtigen, dass die ETRTO eingehalten wird) > **Bremszüge / Bremsleitungen** > **Bremsbeläge** (Scheiben-, Rollen-, Trommel-Bremsen) > **Lenker- Vorbau-Einheit** (Soweit die Zug- und/ oder Leitungslängen nicht verändert werden müssen. Innerhalb der originalen Zuglängen sollte eine Veränderung der Sitzposition im Sinne des Verbrauchers möglich sein. Darüber hinaus verändert sich die Lastverteilung am Rad erheblich und führt potentiell zu kritischen Lenkeigenschaften) > **Sattel und Sattelstützeinheit** (Wenn der Versatz nach hinten zum Serien-/Original-Einsatzbereich nicht größer als 20 mm ist. Auch hier sorgt eine veränderte Lastverteilung außerhalb des vorgesehenen Verstellbereichs ggf. zu kritischen Lenkeigenschaften. Dabei spielt auch die Länge der Sattelstreben am Sattelgestell und die Sattelform eine Rolle) > **Scheinwerfer** (Scheinwerfer sind für eine bestimmte Spannung ausgelegt, welche zu den Akkus der Fahrzeuge passen müssen. Zusätzlich ist die elektromagnetische Verträglichkeit (EMV) zu gewährleisten, wobei der Scheinwerfer einen Teil der potentiellen Störsendung ausmachen kann)	> **Steuerlager** > **Innenlager** > **Pedale** (Wenn das Pedal zum Serien-/Original-Einsatzbereich nicht breiter ist) > **Umwerfer** > **Schaltwerk** (Alle Schaltungsbestandteile müssen für die Gangzahl passend und untereinander kompatibel sein) > **Schalthebel / Drehgriff** > **Schaltzüge und Hüllen** > **Kettenblätter / Riemenscheibe / Zahnkranz** (Wenn die Zähnezahl und der Durchmesser gleich dem Serien-/Original-Einsatzbereich ist) > **Kettenschutz** > **Radschützer** (Wenn die Breite nicht kleiner als die Serien-/Originalteile sind und der Abstand zum Reifen min. 10 mm beträgt) > **Speichen** > **Schlauch gleicher Bauart und gleichem Ventil** > **Dynamo** > **Rücklicht** > **Rückstrahler** > **Speichen-Rückstrahler** > **Ständer** > **Griffe mit Schraubklemmung** > **Glocke**	> Lenkerhörnchen (Bar Ends) sind zulässig, sofern fachgerecht nach vorne montiert (Die Lastverteilung darf nicht gravierend verändert werden) > Rückspiegel sind zulässig. > Zusatz-Batterie-/Akkuscheinwerfer nach § 67 StVZO sind zulässig. > Anhänger sind nur nach Freigabe des Fahrzeugherstellers zulässig. > Kindersitze sind nur nach Freigabe des Fahrzeugherstellers zulässig. > Frontkörbe sind aufgrund der undefinierten Lastverteilung als kritisch anzusehen. Nur nach Freigabe des Fahrzeugherstellers zulässig. > Fahrradtaschen und Topcases sind zulässig. Es ist auf das zulässige Gesamtgewicht, die max. Beladung des Gepäckträgers und eine korrekte Lastverteilung zu achten. > Festmontierte Wetterschutzeinrichtungen sind nur nach Freigabe des Fahrzeugherstellers zulässig. > Gepäckträger vorne und hinten sind nur nach Freigabe des Fahrzeugherstellers zulässig.

Layout: zedler.de
Stand: 08.05.2018

* Hinweis zu Kategorie 3: Eine Freigabe des Teileherstellers kann nur dann erfolgen, wenn das Bauteil im Vorfeld gemäß seiner Bestimmung und der entsprechenden Normen ausreichend geprüft und eine Risikoanalyse durchgeführt wurde.

An der Erstellung dieses Leitfadens haben Experten folgender Verbande/Firmen mitgearbeitet (in alphabetischer Reihenfolge):

 velotech.de   VSF.   zedler-Institut    ZIV

2.10.2 S Pedelec

Für jedes Modell müssen die Hersteller der S Pedelecs eine Betriebserlaubnis des Kraftfahrtbundesamts (KBA) einholen[40]. Seit Anfang 2017 handelt es sich dabei um die COC (Certificate of Conformity = engl. »Übereinstimmungsbescheinigung«).

Der Käufer erhält die Betriebserlaubnis zusammen mit seinem Gefährt ausgehändigt und muss sie unterwegs mit sich führen (siehe Kapitel *2.3.2 Fahrerlaubnis*), damit bei einer Verkehrskontrolle die Ordnungsmäßigkeit des Fahrzeugs überprüft werden kann. Falls Sie früher mal Mofa oder Moped gefahren sind, dürften Sie bereits die entsprechenden Abläufe kennen …

Viele Komponenten des S Pedelecs dürfen Sie nur durch Originalteile des Herstellers ersetzen. Andere benötigen eine Teilegenehmigung (ABE, EG, ECE) oder ein Teilegutachten. Dazu zählen unter anderem Lenkervorbau, Sattel, Bremsanlage und Licht – dabei sind jeweils wiederum spezielle Vorgaben zu beachten. Selbst für einfache Teile wie Reifen, Ketten, Schaltwerk, usw. existieren Vorschriften.

Die Hersteller tragen in der Betriebserlaubnis in der Regel mehrere unterschiedliche Reifen, Vorbauten und Sattel ein, damit der Kunde in gewissen Grenzen sein Fahrzeug anpassen kann. Wir empfehlen ein Gespräch mit Ihrem Fachhändler, bevor Sie eine Komponente auswechseln beziehungsweise wechseln lassen.

Wenn ein Hersteller den Betrieb einstellt oder das S Pedelec bereits vor einigen Jahren aus dem Programm genommen wurde, kommt es vor, dass bestimmte Teile nicht mehr lieferbar sind. Selbst in diesem Fall dürfen Sie kein ungenehmigtes Bauteil verwenden. Es bleibt dann als letzte Möglichkeit, die Änderungen beim TÜV als Einzelzulassung eintragen zu lassen.

Für S Pedelec gibt es, wie auch für andere Fahrzeugtypen, einen Bestandsschutz. Das heißt, neue gesetzliche Vorgaben gelten immer nur für neu zugelassene Fahrzeuge. Ältere S Pedelec sind beispielsweise noch ohne Hupe oder beleuchtetes Versicherungskennzeichen unterwegs, die seit 2015 Vorschrift sind[41].

Auch für S Pedelecs gibt es vom Zedler-Institut[42] eine Tabelle mit den Vorschriften[43], die Sie auf der nächsten Seite finden.

---

40 EU-Richtlinie 2002/24/EG: https://www.verkehrslexikon.de/PDF/RiLi_2002-24-EG_2_und_3-Raeder-Kfz.pdf
41 http://auto-presse.de/autonews.php?newsid=493356
42 Zedler – Institut für Fahrradtechnik und -Sicherheit GmbH (https://www.zedler-institut.de)
43 https://www.zedler.de/files/kunde/news/medienberichte/e-bike/Leitfaden_Bauteiletausch_E-Bike_25_Stand-08-05-2018_DE.pdf

Leitfaden für den Bauteiletausch bei schnellen E-Bikes/Pedelecs mit einer Tretunterstützung bis 45 km/h

KATEGORIE 1	KATEGORIE 2	KATEGORIE 3	KATEGORIE 4
Allgemeine wichtige Hinweise	Bauteile, die nur bei Vorliegen eines gültigen Prüfzeugnisses (Teilegenehmigung (ABE, EG, ECE) oder Teilegutachten*) getauscht werden dürfen	Bauteile, die unter Berücksichtigung der nachfolgend beschriebenen Bedingungen getauscht werden dürfen	Besondere Hinweise bei Anbau von Zubehör
> Schnelle E-Bikes mit einer Motorunterstützung bis max. 45 km/h gelten als Kraftfahrzeuge und unterliegen entweder der EU-Richtlinie 2002/24/EG oder der EU-Verordnung Nr. 168/2013. > Je nach Fahrzeug kann es hier unterschiedliche Anforderungen geben, die beim Bauteiletausch zwingend beachtet werden müssen. Daher immer vor Arbeiten an den Fahrzeugen die Angaben in den Fahrzeugpapieren prüfen. > Hinweis: Fahrzeuge mit Einzelbetriebserlaubnis unterliegen derzeit weitestgehend den Vorschriften der EU-Richtlinie 2002/24/EG. > Alle Bauteile, die in der Liste nicht aufgeführt sind, dürfen nur gegen Originalbauteile des Fahrzeug- und/oder des Bauteileherstellers ausgetauscht werden	> **Bremsanlagen** > **Bremsscheiben / Bremsleitungen / Bremsbeläge** (Nur mit gültiger Bauartgenehmigung nach ECE-R 90 oder Allgemeiner Betriebserlaubnis). > **Lenker-Vorbau-Einheit** (Soweit die Zug- und/oder Leitungslängen nicht verändert werden müssen. Innerhalb der originalen Zuglängen sollte eine Veränderung der Sitzposition im Sinne des Verbrauchers möglich sein. Darüber hinaus verändert sich die Lastverteilung am Rad erheblich und führt potentiell zu kritischen Lenkeigenschaften). > **Sattelstütze** (Wenn der Versatz nach hinten zum Serien-/Original-Einsatzbereich nicht größer als 20 mm ist. Dabei gilt zu beachten, dass eine veränderte Lastverteilung außerhalb des vorgesehenen Verstellbereichs ggf. zu kritischen Lenkeigenschaften führen kann. Dabei spielt auch die Länge der Sattelstreben am Sattelgestell sowie die Sattelform eine Rolle). > **Scheinwerfer** (Nur mit gültiger Bauartgenehmigung, gleicher Anbaulage sowie EMV-Nachweis). > **Rücklicht ggf. mit Bremslicht und Kennzeichenbeleuchtung** (Nur mit gültiger Bauartgenehmigung und gleicher Anbaulage soweit nach ECE-R 50 geprüft sowie EMV-Nachweis). > **Rückstrahler** (Nur mit gültiger Bauartgenehmigung). > **Rückspiegel** (Nur wenn nach ECE-R 81 geprüft und gleicher Anbaulage). > **Akustische Warnsignaleinrichtung (Hupe)** (Nur wenn nach ECE-R 28 geprüft und gleicher Anbaulage). > **Pedale** (Fahrzeuge mit 168/2013 Genehmigung).	> **Pedale** (Inkl. genehmigter Reflektoren, sofern es nicht breiter als das Serien-/Original-Pedal ist (Fahrzeuge mit 2002/24/EG Genehmigung)). > **Reifen** (Gemäß Fahrzeugpapieren, entweder nach ECE-R 75 oder mit Freigabe des Reifenherstellers). > **Griffe mit Schraubklemmung** (Dabei darf die Fahrzeugbreite nicht verändert werden). > **Steuerlager** > **Innenlager** > **Schaltwerk und Umwerfer** (Alle Schaltungsbestandteile müssen für die Gangzahl passend und miteinander kompatibel sein). > **Schalthebel / Drehgriff** (Sofern die Position am Lenker nicht verändert wird). > **Schaltzüge und Hüllen** > **Kettenblätter / Riemenscheibe / Zahnkranz** (Wenn die Zähnezahl und der Durchmesser gleich wie beim Serien-/Original-Einsatzbereich ist). > **Kettenschutz** (Sofern er keine scharfen Außenkanten aufweist und der Delegierten Verordnung Nr. 44/2014 Anlage VIII entspricht). > **Radschützer** (Sofern er keine scharfen Außenkanten aufweist und der Delegierten Verordnung Nr. 44/2014 Anlage VIII entspricht. Zusätzlich muss der Abstand zum Reifen beachtet werden, der min. 10 mm betragen sollte). > **Speichen** (Sofern die Abmessungen dem Originalteil entsprechen). > **Schlauch** (Sofern die Bauart und das Ventil gleich sind). > **Tretkurbel** (Wenn die Länge und die Abmessungen z.B. Tretkurbeln/Rahmenmitte (Q-Faktor) eingehalten werden). > **Kette / Zahnriemen** (Wenn die Originalbreite eingehalten wird). > **Felgenband** (Felgenbänder und Felgen müssen aufeinander abgestimmt sein. Veränderte Kombinationen können zu Verrutschen des Felgenbands und somit zu Schlauchdefekten führen). > **Sattel** (Wenn der Versatz nach hinten zum Serien-/Original-Einsatzbereich nicht größer als 20 mm ist. Dabei gilt zu beachten, dass eine veränderte Lastverteilung außerhalb des vorgesehenen Verstellbereichs ggf. zu kritischen Lenkeigenschaften führen kann. Dabei spielt auch die Länge der Sattelstreben am Sattelgestell sowie die Sattelform eine Rolle).	> **Zusatz-Batterie-/Akkuscheinwerfer** sind <u>nicht zulässig</u>. > **Anhänger** sind nur zulässig, wenn unter Nr. 17 der Übereinstimmungsbescheinigung eine Anhängelast und unter Nr. 43.1 eine Verbindungseinrichtung eingetragen sind. Hinweis: Die maximal zulässige Anhängelast beträgt 50 % des Leergewichts des Zugfahrzeugs (ohne Batterien). Es sind nur Verbindungseinrichtungen mit 50er Kugel möglich. > **Kindertransport im Anhänger** ist generell <u>verboten</u>! > **Frontkörbe** sind aufgrund der undefinierten Lastverteilung als kritisch anzusehen. Nur nach Freigabe des Fahrzeugherstellers zulässig. > **Fahrradtaschen**, die nicht fest angebracht sind, und **Topcases** sind zulässig. Es ist auf das zulässige Gesamtgewicht, die max. Beladung des Gepäckträgers und eine korrekte Lastverteilung zu achten. > **Lenkerhörnchen (Bar Ends)** sind nicht zulässig.

* Hinweis: Bei Bauteilen mit Teilegutachten ist auf den Verwendungsbereich zu achten. Der ordnungsgemäße Einbau muss durch einen Prüfingenieur oder TÜV- oder DEKRA-Sachverständigen bescheinigt werden.

An der Erstellung dieses Leitfadens haben Experten folgender Verbände/Firmen mitgearbeitet (in alphabetischer Reihenfolge):

Layout: zedler.de
Stand: 24.05.2018

3. Rahmen

Auf den Rahmen wirken das Gewicht des Fahrers, sowie neben Antriebs-, Brems- und Lenkkräften auch Stöße, welche an die Räder abgeleitet werden.

Für das bessere Verständnis dieses Kapitels kommen wir leider nicht um einige Fachbegriffe herum, welche die folgende Abbildung erläutert.

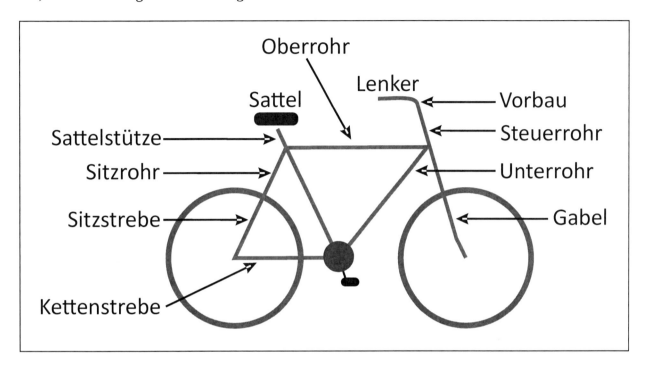

3.1 Rahmenformen

Die verschiedenen Rahmenformen:

Der **Diamantrahmen** kommt schon seit mehr als 100 Jahren zum Einsatz und bietet bei geringem Gewicht eine ausgezeichnete Stabilität. Zwar werden Räder mit Diamantrahmen auch als Herrenräder bezeichnet, Frauen kommen damit aber natürlich auch zurecht.

Eine Variante des Diamantrahmens mit abfallendem Oberrohr ist bei Mountainbikes Standard und auch bei Trekkingbikes beliebt. Sie erleichtert das Absteigen.

Das eingesparte Material reduziert Gewicht, sofern man zu einem teuren Fahrrad greift. Bei Billigrädern für den Massenmarkt erhöht dagegen die dann benötigte längere Sattelstütze das Gesamtgewicht.

Beim **Trapezrahmen** ist das Oberrohr sehr niedrig angesetzt.

Sehr komfortabel beim Aufsteigen und inzwischen die meistverkaufte Rahmenart ist der **Wave-Rahmen**. Dieser wird auch als »Tiefeinsteiger« bezeichnet.

Einige Händler berichten, dass sie fast nur Fahrräder mit Wave-Rahmen verkaufen.

In der Praxis ist die Stabilität des Wave-Rahmens unproblematisch, sofern Sie sich für ein Pedelec in der Preisklasse ab 2000 Euro entscheiden. Wenn es allerdings unbedingt ein billiges Pedelec aus dem Baumarkt oder Discounter sein muss, würden wir eher zu einem Diamantrahmen greifen. Billige Pedelecs mit Wave-Rahmen tendieren nämlich zum »flattern«. Dabei zittert die Vordergabel[44], sobald Sie eine Hand vom Lenker nehmen, um beispielsweise die Richtung anzuzeigen.

Weil die Stabilität nicht mit dem Diamant- oder Trapezrahmen vergleichbar ist, werden Sie im Handel kein Pedelec mit Wave-Rahmen und dem leistungsstärksten Bosch-Motor Performance Line CX finden (siehe Kapitel *4.2.2.c Performance Line CX*).

3.2 Geometrie

Auf dem ersten Blick sehen alle Fahrradrahmen, wenn man mal von der Rahmenbauform (siehe vorheriges Kapitel) absieht, mehr oder weniger gleich aus. Kleine Details machen aber den Unterschied zwischen einem bequemen und einem ungemütlichen Rad!

Sie dürfen gerne dieses Kapitel überspringen, weil es nur tiefergehende Infos bietet, die für das weitere Buchverständnis nicht benötigt werden.

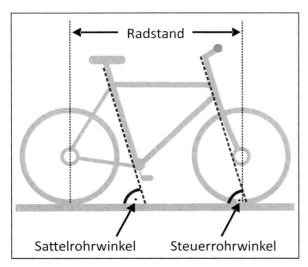

Auf das Fahrverhalten hat der **Radstand**, welcher den Abstand der Aufstandspunkte von Vorder-

44   https://www.zedler.de/de/zedler-aktuell/medienberichte/sazbike/news-detail/fahrstabilitaet-bleibt-weiter-ein-problem.html

und Hinterrad angibt, sehr großen Einfluss. Trekkingräder haben einen langen Radstand, was für einen ruhigen Geradeauslauf sorgt. Rennräder sind dagegen mit ihrem kurzen Radstand wendiger und damit sportlicher[45].

Der **Sattelrohrwinkel** gibt den Winkel des Sattelrohres zur Waagerechten an und kann zwischen 65 bis 80 Grad liegen. Je steiler der Winkel ist, desto mehr wird das Fahrergewicht nach vorn verlagert, was die Sitzhaltung aerodynamischer macht. Außerdem kann der Fahrer seine Trittkraft optimaler einsetzen. Die Sitzposition ist dafür leider für längere Strecken sehr unbequem. Üblich bei Trekkingrädern sind ca. 70 bis 74 Grad.

Der **Lenkkopfrohrwinkel** (»Steuerrohrwinkel«) bezeichnet den Winkel des Steuerrohres zur Waagerechten. Je Steiler der Winkel ist, desto direkter ist das Lenkverhalten. Bei Mountainbikes, City- und Trekkingrädern beträgt er etwa 70 bis 73 Grad, bei Hollandrädern etwa 67 Grad.

Eine Angabe des Sattelrohr- oder Lenkkopfrohrwinkels finden Sie leider bei kaum einen Pedelec-Hersteller, obwohl man damit einen Hinweis auf das Fahrverhalten bekommen würde.

3.3 Pedelec-Typ

Am geplanten Einsatzgebiet orientieren sich das Design und die verbauten Komponenten eines Pedelecs. Wer längere Strecken bewältigen muss wird eine andere Ausstattung benötigen wie ein Mountainbikefahrer. Wir stellen hier die wichtigsten Typen vor.

3.3.1 Citybike (Cityrad)

Cityräder sind vor allem für kurze Strecken im Innenstadtbereich gedacht, weshalb häufig eine Nabenschaltung mit 7 bis 9 Gängen zum Einsatz kommt. Sie sitzen auf dem Citybike deutlich aufrechter als auf anderen Fahrrädern, zudem ist der Sattel gepolstert. Die meisten Käufer entscheiden sich beim Cityrad für einen sogenannten Tiefeinsteiger (darauf kommen wir noch).

Durch die aufrechte Sitzposition ist die Haltemuskulatur des Rückens ebenso entspannt wie Hände, Arme und Schultern. Ein breiter Sattel ist zu empfehlen, denn durch die Haltung entsteht eine große Auflagefläche des Sitzbeinhöckers. Der Schambeinbogen und die darunter liegenden Weichteile und Nerven werden geschont (siehe dazu auch Kapitel *6 Sattel*). Fahrer mit Rückenfehlstellungen kommen mit Citybikes aufgrund der aufrechten Haltung am besten zurecht. Leider hat die aufrechte Sitzposition den Nachteil, dass alle Stöße direkt auf die Wirbelsäule und Gelenke wirken, ohne dass die Haltemuskulatur dem entgegenwirkt[46].

Eine inzwischen kaum noch genutzte Bezeichnung für das Citybike ist »Tourenrad« oder »Stadtrad«[47].

Eine besondere Spielart der Citybikes sind die Urbanbikes (urban = engl. städtisch), welche kompromisslos auf Design ausgelegt sind und ein modernes Lebensgefühl ausdrücken sollen. Hollandräder, die inzwischen in einer elektrifizierten Version angebotenen werden, sind ebenfalls robuste Fahrräder für die Stadt, auf denen man noch etwas aufrechter sitzt[48].

3.3.2 Trekkingbike (Trekkingrad)

Wenn Sie längere Touren planen, ist ein Trekkingbike zu empfehlen, dessen Rahmen für größere Belastungen ausgelegt ist. Weniger gebräuchliche Bezeichnungen dafür sind Crossbike oder ATB (All Terrain Bike).

Weil häufig auch unbefestigte Wege befahren werden, kommen meist 28 Zoll-Räder mit breiter Bereifung (35-50 mm) zum Einsatz.

Bei der Gangschaltung empfiehlt sich eine Kettenschaltung mit mindestens 10 Gängen. Im hoch-

---

45   https://www.bremerrad.de/files/2/15/Rahmengeometrie.pdf
46   http://www.fa-technik.adfc.de/Ratgeber/Sitzen
47   https://de.wikipedia.org/wiki/Tourenrad
48   https://de.wikipedia.org/wiki/Hollandrad

preisigen Segment werden aber auch Nabenschaltungen von Rohloff und Nuvinci angeboten, die bis zu 14 Gänge bieten beziehungsweise stufenlos schalten.

Auf dem Trekkingbike sitzen Sie leicht angewinkelt, die Haltemuskulator des Rückens ist gespannt. Stöße werden somit abgefedert, ohne den Rücken zu belasten. Damit Sie bequem in dieser Haltung sitzen, müssen allerdings Lenker und Sattel korrekt eingerichtet sein (darauf gehen wir noch im Kapitel *12 Fahrrad korrekt auswählen und einstellen* ein).

3.3.3 Crossbike (Crossrad)

Das Crossbike (cross = engl. »querfeldein«) soll die Lücke schließen zwischen geländegängigem Mountainbike und Citybike.

Der Rahmen hat meistens eine Diamant-Bauform (siehe Kapitel *3.1 Rahmenformen*), welche Belastungen besser standhält und die Gabel ist gefedert. Eine Kettenschaltung ist üblich.

Mit den ursprünglichen Crossbikes, die für den Einsatz in Querfeldeinrennen entwickelt wurden[49], haben moderne straßentaugliche Crossbikes wenig zu tun. Viele Fachhändler ordnen die Crossbikes als Trekkingbikes ein.

3.3.4 Mountainbike (MTB)

Das Mountainbike (engl. Bergfahrrad), abgekürzt »MTB«, ist vor allem für Geländefahrten gedacht und zeichnet sich durch robuste Bauweise, grobstollige Reifen und Verzicht auf Anbauteile wie Gepäckträger oder Schutzbleche aus[50]. Die verwendeten Motoren haben beim Mountainbike ein besonders hohes Drehmoment, damit auch das Anfahren am Berg möglich ist.

Die wichtigsten Varianten sind:

- **Fully:** Vollgefedertes (engl. »Full Suspension«, Abk. »Fully«) Mountainbike mit sportlicher Sitzposition, das sowohl für Bergauffahrten als auch längere Touren geeignet ist. Vollgefedert heißt, dass sowohl die Gabel als auch der Hinterbau federn. Der Federweg an der Gabel lässt sich für Bergauffahrten blockieren (sogenanntes Lockout).

- **Hardtail**: Beim Hardtail (engl. harte Rückseite) ist nur die Gabel vorne gefedert. Bei gleichem Preis wie ein Fully ist ein Hardtail meistens besser ausgestattet. Der fehlende Hinterbaudämpfer reduziert Gewicht und Wartungsaufwand. Längere Strecken im Gelände sind allerdings unbequem.

- **Fatbike**: Wie der Name schon andeutet, sind Fatbikes mit extra breiten Reifen ausgestattet, was sie für schwierige Untergründe wie Sand, Matsch und Schnee prädestiniert. Bei Fahrten auf befestigten Wegen muss man allerdings wegen des Rollwiderstands mit etwas geringerer Akkulaufzeit im Vergleich zu normalen Pedelecs rechnen.

Daneben gibt es zahlreiche weitere Varianten, die auf dem Pedelec-Markt nur Nischen bedienen, wie Downhill, Enduro oder Cross Country.

Wenn es unbedingt ein Mountainbike sein muss, dann empfehlen wir Ihnen auf jeden Fall ein Fully, mit dem Sie auch auf der Straße problemlos unterwegs sind.

3.3.5 Rennrad

Es mag wie ein Paradox klingen, aber die für sportliche Betätigung gedachten Rennräder werden inzwischen tatsächlich als E-Rennräder mit Motorunterstützung angeboten. Ein Rennrad verzichtet auf alle nicht erforderlichen Teile wie Schutzbleche oder den Gepäckträger und ist mit einer Kettenschaltung ausgestattet. Typisch für Rennräder ist auch der gebogene Lenker, der verschiedene Körperhaltungen unterstützt, sowie die schmalen Reifen mit geringem Rollwiderstand.

---

49 https://de.wikipedia.org/wiki/Crossrad
50 https://de.wikipedia.org/wiki/Mountainbike

3.4 Rahmenmaterial

Bis in die 1980er Jahre hinein hatten alle Fahrräder einen Stahlrahmen[51]. Nachdem die Produzenten die Haltbarkeit in den Griff bekommen hatten, kam es zum Umschwung auf Aluminium[52]. Für Aluminium spricht natürlich das im Vergleich zum Stahl geringere Gewicht und die Rostfreiheit. Erkauft wird das aber mit einer komplizierteren Verarbeitung, weil belastete Stellen einen dickeren Materialquerschnitt verlangen und Schweißprozess aufwändiger und fehleranfälliger ist[53]. Dafür sind auch Alu-Rahmen mit eckiger Geometrie problemlos möglich, während Stahlrahmen meistens aus runden Rohren aufgebaut sind.

Fast alle Fahrradrahmen von deutschen Herstellern werden heute in Asien produziert. Pedelecs mit Stahlrahmen, die sogar »Made in Germany« sind, erhalten Sie kaum noch im normalen Fachhandel, sondern fast ausschließlich bei sogenannten Manufakturen, die auf Fertigung nach Kundenwunsch spezialisiert sind (siehe Kapitel *11.3 Individualisierung*). Bei geschickter Konstruktion sind auch exotische Rahmenformen mit Stahl realisierbar, die kaum weniger wiegen solche aus Alu.

Andere Materialien wie Titan oder Bambusholz belegen im Massenmarkt nur eine Nischenrolle. Einzig kohlenstofffaserverstärkte Kunststoffe (Carbon) finden Sie in einigen hochwertigen Mountainbikes. Dort spielt das Material sein geringes Gewicht und hohe Festigkeit aus. Carbon hat übrigens den Nachteil einer hohen Empfindlichkeit: Schon ein Umkippen oder falsche Handhabung beim Transport führen schnell zur irreparablen Beschädigung des Gefährts.

3.5 Federung des Treckingrads

Weil sie eine höhere Durchschnittsgeschwindigkeit als normale Fahrräder erreichen, machen sich Bodenunebenheiten bei Pedelecs umso deutlicher bemerkbar. Deshalb sind heute fast alle Pedelecs mit einer sogenannten Federgabel ausgestattet[54], die Ihren Ursprung im Mountainbike-Sport der 1990er Jahre hat. Die Federgabel »schluckt« Vibrationen und Schläge und entlastet dadurch nicht nur die Gelenke, sondern auch den Muskelapparat. Längere Touren auch über anspruchsvolles Terrain wie Kopfpflaster oder Schotter absolvieren Sie wesentlich entspannter[55].

Stargabeln – also Gabeln ohne Feder – sind noch nicht ganz vom Markt verschwunden. Sie haben den Vorteil eines geringeren Gewichts und Wartungsaufwands und sind wohl deshalb bei allen wichtigen Herstellern weiterhin im Lieferprogramm zu finden. Für die Federung sorgen dann die Reifen am Pedelec mit geringerem Luftdruck. Meistens ist eine Federgabelnachrüstung problemlos möglich. S Pedelec-Fahrer müssen die getauschte Gabel beim TÜV in die Papiere eintragen lassen (siehe Kapitel *2.2 S Pedelec*).

---

51   https://www.fahrrad-xxl.de/beratung/fahrrad/welches-rahmenmaterial/
52   https://www.welt.de/wirtschaft/webwelt/article166714290/Bei-Carbon-Fahrradrahmen-faehrt-ein-extremes-Risiko-mit.html
53   https://de.wikipedia.org/wiki/Fahrradrahmen
54   https://www.test.de/Fahrradtechnik-im-Ueberblick-in-die-Gaenge-kommen-1791218-1791326/
55   Zeitschrift aktiv Radfahren 6/2014

Der typische Aufbau einer Federgabel:

Das unbewegliche Standrohr (1) taucht in das Gleitrohr (2). Beide Gleitrohre werden durch eine Gabelbrücke (5) zusammengehalten.

Die Standrohre münden die Gabelkrone (3), welche welche wiederum das Steuerrohr (Gabelschaftrohr) trägt (4).

Es gibt zwei Arten der Federgabeln, im unteren Preisbereich mit **Stahlfeder**, bei Pedelecs ab etwa 3000 Euro meistens mit Luftkammer als **Luftfederung**. Während sich die Luftfederung sehr fein an den Fahrer anpassen lässt, ist dies bei der Stahlfeder nicht möglich. Man kann die verbaute Stahlfeder allerdings gegen eine mit anderer Stärke austauschen.

Unsere Marktanalyse hat gezeigt, dass in mehr als 90 Prozent aller Trekkingräder eine Federgabel von SR Suntour verbaut wird. SR Suntour ist ein in Taiwan ansässiger Hersteller, der neben Federgabeln auch Schaltwerke, Schalthebel und Scheibenbremsen herstellt[56]. Ab und zu finden Sie an Pedelecs auch Gabeln von Rock Shox und RST.

---

56   https://de.wikipedia.org/wiki/Suntour

Leider ist nur in den seltensten Fällen aus der Produktbeschreibung erkennbar, ob eine Luft- oder Stahlfederdämpfung zum Einsatz kommt. Manchmal lässt sich auf die Angabe »Air« (engl. »Luft«) auf eine Luftfederung schließen, während »Coil« (engl. »Feder«) auf eine Stahlfeder hin weist. In diesem Beispiel[57] kommt eine Gabel mit Stahlfeder zum Einsatz.

3.5.1 Federgabel mit Stahlfeder

Bei einer Federgabel mit Stahlfeder stehen in der Regel zwei Drehknöpfe auf den Standrohren zur Verfügung.

Ein Drehknopf stellt die sogenannte **Vorspannung** (engl. »Preload«) ein, die bestimmt, wie stark die Federung nachgibt, wenn Sie sich auf das Pedelec setzen. Dies ist wichtig, damit das Fahrrad immer Bodenkontakt hält. Ist die Vorspannung zu niedrig, dann »hüpft« Ihr Pedelec über Schlaglöcher und Sie können Ihr Rad nicht unter Kontrolle halten[58]. Sie können sich das so ähnlich wie bei einem Auto mit defekten Stoßdämpfern vorstellen.

Der zweite Drehschalter regelt die **Dämpfung** (engl. Rebound), also die Geschwindigkeit, mit der die Gabel nach Belastung wieder in die Ausgangsposition zurückfährt. Bei einer starken Dämpfung dauert dies länger. Für die Dämpfung sorgt meistens Öl, das durch ein Ventil läuft.

Weicht Ihr Körpergewicht stark nach oben oder unten vom Bevölkerungsdurchschnitt ab, dann fragen Sie Ihren Händler beim Pedelec-Kauf, ob der Austausch der Stahlfeder gegen eine weichere oder härtere Sinn macht. Beim Probesitzen sollte das Standrohr bei optimaler Einstellung nicht mehr als ca. 25 Prozent des Federwegs in das Gleitrohr eintauchen. Dies messen Sie sehr einfach, indem Sie einen Kabelbinder am Tauchrohr anbringen und sich dann auf das Pedelec setzen (eventuell sollten Sie dabei das Gewicht von zusätzlichen Gepäck bei späteren Fahrten berücksichtigen).

Sie haben Ihr Pedelec online oder gebraucht erworben? Das nachträgliche Einrichten stellt kein Hexenwerk dar! Stellen Sie zunächst die Vorspannung so ein, dass das Pedelec beim Aufsitzen kaum noch nachgibt. Üben Sie nun im Stand auf die Gabel mit Ihrem gesamten Gewicht Druck aus und lassen Sie schlagartig los. Ändern Sie die Dämpfung, bis die Gabel nicht mehr beim Los-

---

57 https://www.e-bike-only.de/epages/EB_DE.sf/de_DE/?ObjectPath=/Shops/EB_DE/Products/56082/SubProducts/56082-25893 (aufgerufen am 21.08.2018)
58 https://praxistipps.focus.de/federgabel-einstellen-die-wichtigsten-tipps-fuer-luft-und-stahlgabel_100622

lassen springt. Alternativ fahren Sie mehrmals über eine Schotterstrecke und testen dabei unterschiedliche Dämpfungseinstellungen.

Vorspannung und Dämpfung stellen Sie über die Drehschalter an der Oberseite der Standrohre ein. Dazu müssen Sie meistens die Abdeckkappen entfernen, hier bei einem NCM Milano Plus mit SR Suntour NEX-Gabel.

Die Drehschalter bei diesem älteren Kalkhoff Agattu Impulse liegen die Drehschalter offen. Der linke (mit »Preload« beschriftet) stellt die Vorspannung, der rechte die Dämpfung ein.

3.5.2 Federgabel mit Luftfederung

Bei der Luftfederung lässt sich der Federweg durch Änderung des Kolbendrucks mit einer speziellen Luftpumpe (»Dämpferpumpe«) ändern. In der mitgelieferten Anleitung, beziehungsweise an der Gabel finden Sie eine Tabelle mit Luftdruckempfehlungen. Idealerweise stellen Sie den Federweg zusammen mit Ihrem Händler ein, im Internet sind aber auch zahlreiche Anleitungen zu finden, die dabei helfen[59].

Die Dämpfung (Rebound) wählt man meistens über eine Schraube in der Nähe der Radnabe aus.

Oberseite einer Rock Shox-Federgabel mit Luftfederung. Auf der linken Seite befindet sich unter einer Abdeckung das Ventil, über den sich der Luftdruck ändern lässt. Dafür wird eine sogenannte Dämpferpumpe benötigt.

Über den blauen Knopf wird die Zugstufe eingestellt, auf die wir noch unten eingehen.

Foto: www.cannondale.com | pd-f

Mit der Dämpferpumpe passen Sie den Luftdruck in der Federgabel an.

Foto: www.pd-f.de / Gunnar Fehlau

Alle ölbasierten Dämpfer besitzen zwei Ventile:

- Ventil für das Einfedern: Wird als Druckstufe, »Compression« (engl. »Kompression«) oder »Charger« (engl. »Ladung«) bezeichnet.

- Ventil für das Ausfedern: Als Zugstufe oder »Rebound« (engl. »Zurückschnellen«) bezeichnet.

Die beiden Ventile sind meistens von außen einstellbar, wobei standardmäßig die Druckstufe einen blauen Drehknopf, die Zugstufe einen roten Drehknopf hat.

Die Zugstufe wird nur einmal passend für den Fahrer eingestellt, während man die Druckstufe auch während der Fahrt an den Straßenzustand anpasst. Im Uhrzeigersinn schließen Sie ein Ventil und erhöhen somit die Dämpfung.

In manchen Situationen, wenn ein direkteres Fahrgefühl verlangt wird, wird man das Einfedern blockieren, was über einen Lockout (engl. ausschließen)-Hebel geschieht. Zu einigen Federgabeln wird auch ein Remote-Lockout (Remote = engl. Fernbedienung) mitgeliefert, der am Lenker

---

59 https://www.bike-magazin.de/service/schrauber_tipps/service-federgabel-perfekt-einstellen/a612.html

angebracht wird und die Lockout-Nutzung auch ohne Absteigen ermöglicht.

Federgabeln von SR Suntour mit Lockout erkennen Sie an den Produktbezeichnungen[60]:

- H: Hydraulischer (öldruckbasierter) Lockout
- LO: Lockout an der Gabel
- RL: Lockout mit Fernbedienung am Lenker

Die Produktbezeichnungen der SR Suntour-Gabeln enthalten häufig weitere Buchstaben, die auf die Bauform und Befestigungspunkte für Bremsen und ähnliches hinweisen.

---

60   http://www.federgabel-info.de/lexikon/#L

4. Der Motor

Für den Vortrieb Ihres Pedelecs sorgt das Zusammenspiel einer ganzen Reihe von Komponenten: Der Motor, die Bedieneinheit am Lenker und Kette beziehungsweise Riemen. In diesem Kapitel geht es um den Motor und die dazugehörige Bedieneinheit.

4.1 Motorposition

Es gibt drei Möglichkeiten einen Motor am Fahrrad unterzubringen.

Der **Frontmotor** (Nabenmotor) ist heute im Handel aus gutem Grund nur noch bei sogenannten Baumarkträdern (siehe Kapitel *11.4 Baumarkträder*) anzutreffen.

Weil das Gewicht des Fahrers auf dem Hinterrad liegt, ergibt sich beim angetriebenen Vorderrad eine schlechtere Traktion, die bei Nässe oder losem Untergrund zu einem Wegrutschen führen. Auch Steigungen sind wegen fehlender Traktion problematisch.

Das Lenkverhalten wird von vielen Nutzern als negativ empfunden und der Reifenwechsel am Vorderrad ist umständlich.

Ebenfalls eher ein Nischenprodukt sind Pedelecs mit **Hinterradmotor**, auch wenn diese Antriebsart Vorteile mitbringt.

Weil der Leistung direkt an der Hinterradnabe abgegeben wird, reduziert sich der Kettenverschleiß. Die direkte Leistungsabgabe macht den Motor sehr sparsam.

Weitere Vorteile sind die Option, eine Kurbel mit drei Kettenblättern (bei Kettenschaltung) zu fahren, sowie den Akku durch Energierückgewinnung (Rekuperation beim Bremsen) aufzuladen.

Nachteilig ist der umständliche Ausbau der Hinterrads für Reparaturen oder Reifenwechsel.

Am Markt haben sich Fahrräder mit **Mittelmotor**, der im Kurbelgehäuse verbaut ist, durchgesetzt.

Von Vorteil ist der niedrige Schwerpunkt, sowie die Unterstützung von Naben- und Kettenschaltung.

Dem Nachteil, dass der Kettenverschleiß höher ausfällt, steht der Vorteil gegenüber, dass der Motor immer im optimalen Leistungsbereich arbeitet. So fällt auch der geringfügige Kraftverlust durch die indirekte Kraftübertragung an das Hinterrad nicht so stark ins Gewicht.

Im Vergleich zum Hinterradmotor haben Fahrräder mit Mittelmotor in der Regel einen größeren Radstand.

Der Mittelmotor ist inzwischen bei fast alle verkauften Pedelecs anzutreffen. Selbst bei Mountainbikes, die einen hohen Drehmoment für Bergfahrten benötigen, ist der Mittelmotor inzwischen Standard.

Impulse-Motor eines Kalkhoff-Pedelecs (Mittelmotor).

4.2 Motorhersteller

Das Antriebssystem des Pedelecs, bestehend aus Akku, Bedieneinheit mit Steuerungscomputer und Motor wird meistens von einem Drittanbieter zugeliefert.

Wichtig ist das maximale **Drehmoment** eines Motors, welches in Newtonmeter (Nm) angegeben wird. Ein hohes Drehmoment sorgt für schnelle Beschleunigung und problemloses Überwinden von Steigungen. Die leistungsfähigsten Motoren wie das Bosch Performance Line CX (4. Generation) mit 85 Nm werden in Mountainbikes verbaut und sind in Trekkingbikes nur selten zu finden. Das hat auch Kostengründe, denn zum einen muss der Rahmen steifer gebaut sein, zum anderen sind die Highend-Boschmotoren teurer. Der maximale Drehmoment spielt bei der Pedelec-Nutzung in der Stadt praktische keine Rolle. Anders sieht es aus, wenn Sie ab und zu auf einer Tour Berge hochfahren müssen, denn dann erweist sich ein möglichst hohes Drehmoment als nützlich.

An jedem Pedelec lässt sich die Motorunterstützung über einen Knopf oder Schalter in mehreren Stufen regeln. Man spricht dabei von der **Unterstützungsstufe**. Beim Bosch Active Line-Antriebssystem gibt es beispielsweise die Unterstützungsstufen Turbo (250%), Sport (170%), Tour (100%) und Eco (40%). Zu lesen sind die Angaben so: Im Turbo-Modus unterstützt der Motor 100% Eigenleistung mit zusätzlichen 250%. Von der Unterstützungsstufe hängt auch der erreichbare maximale Drehmoment ab.

Die Antriebssysteme sind fast alle als Mittelmotor für den Einbau im Tretlagerbereich ausgelegt. Im Kapitel *4.1 Motorposition* gehen wir auf die Vor- und Nachteile des Mittelmotors ein.

Als Standard für die **Akkuspannung** hat sich 36 Volt etabliert, welches die zuvor gebräuchlichen 24 Volt-Systeme fast vollständig abgelöst hat. Im Handel sind nur noch selten günstige Pedelecs damit ausgestattet, gebraucht werden sie mit 24 Volt allerdings noch häufiger angeboten (siehe dazu unsere Kaufhinweise im Kapitel *11.6 Gebrauchtkauf*). Am Horizont steht schon 48 Volt für die Ablösung bereit, das zum Beispiel von NCM (siehe Kapitel *11.4 Baumarkträder*) und Anbietern von Umbausätzen vorangetrieben wird.

Den Innovationen im Antriebsbereich setzen technische und physikalische Gegebenheiten eine Grenze. Ein nur 2 kg schwerer Mittelmotor ist beispielsweise aktuell aufgrund der auftretenden Kräfte und der Hitzeentwicklung undenkbar. Standard ist ein Motorgewicht zwischen 3 bis 4 kg. Die Antriebs- und Pedelec-Hersteller dürften daher in den nächsten Jahren mehr auf Optimierungen bei den Schaltungen sowie der Steuerungssoftware setzen.

Bitte beachten Sie, dass die Antriebslieferanten inzwischen zu einer fast jährlichen Aktualisierung ihrer Motoren übergegangen sind. Die Infos in diesem Kapitel sind auf dem Stand von Ende 2020 und dürften daher teilweise bereits wieder überholt sein.

4.2.1 Marktanteile

Es ist leider extrem schwierig, genaue Marktanteilszahlen der Antriebshersteller zu erfahren. Extra Energy[61] hat deshalb im September 2019 eine Umfrage bei deutschen Fahrradhändlern durchgeführt, die folgende Ergebnisse brachte:

Verkaufte Pedelec-Antriebe in 2018 (Gesamt: 100%):

- 69% Bosch
- 9% Yamaha
- 8% Shimano Steps
- 5% Brose
- 4% Panasonic
- 3% Impulse
- 2% Andere

Bei der Frage nach der voraussichtlichen Relevanz in 2025 wurde Bosch an erster Stelle genannt, gefolgt von Shimano Steps, Yamaha, Brose, Panasonic und Bafang. Weitere Antriebe fielen mit einstelligen Prozentzahlen unter ferner liefen.

4.2.2 Bosch

Mit der Entscheidung für ein Pedelec mit Bosch-Motor machen Sie nichts falsch, denn fast jeder Fahrradfachhändler hält häufig benötigte Bosch-Ersatzteile auf Lager und ist entsprechend geschult. Seinen exzellenten Ruf lässt sich Bosch allerdings gut bezahlen.

Das Bosch-Antriebssystem umfasst auch den Akku, sodass Sie ihn nicht unbedingt vom Pedelec-Hersteller erwerben müssen. Die Bosch-Antriebssysteme sind in mehrere Klassen eingeteilt:

System	Active Line	Active Line Plus	Performance Line	Performance Line Speed	Performance Line CX (2020)
Geschwindigkeit	25 km/h	25 km/h	25 km/h	45 km/h	25 km/h
Unterstützte Schaltung	Ketten- und Nabenschaltung	Ketten- und Nabenschaltung	Ketten- und Nabenschaltung	Kettenschaltung	Kettenschaltung
Leistung	250 W	250 W	250 W	350 W	250 W
Spannung	36 V	36 V	36 V	36 V	36 V
Max. Drehmoment	40 Nm	50 Nm	63 Nm/50 Nm*	63 Nm	75 Nm**
Anfahrverhalten	Harmonisch	Harmonisch agil	Sportlich/Dynamisch*	Sportlich	Sehr sportlich
Max. Unterstützung	Bis 250 %	Bis 270/250* %	Bis 300 %	bis 275 %	bis 340 %
Gewicht	2,9 kg	3,2 kg	< 4,0 kg	< 4,0 kg	< 2,9 kg

* Kettenschaltung/Nabenschaltung
** Durch ein Software-Update an der Bedieneinheit sind auch 85 Nm möglich.

---

61 https://www.velostrom.de/extraenergy-e-v-neueste-erhebungen-zur-pedelec-marktentwicklung-und-ihren-antrieben (abgerufen am 01.05.2020)

4.2.2.a Active Line / Active Line Plus

Die Bosch-Einstiegsklasse unterstützt Naben- und Kettenschaltung. Ältere Motormodelle haben noch den Zusatz »Cruise«, unterscheiden sich aber technisch kaum.

4.2.2.b Performance Line

Dieser kraftvolle Motor ist bei Nabenschaltungen auf 50 Nm Drehmoment gedrosselt. Wir empfehlen daher den Griff zu einem Pedelec mit Kettenschaltung. Auch dieser Motor wurde früher mit dem Zusatz »Cruise« versehen.

4.2.2.c Performance Line CX

Sie finden den Performance Line CX hauptsächlich in Mountainbikes. Es sind aber auch einige höherpreisige Trekkingräder damit ausgestattet, die dann aus Stabiltätsgründen einen Diamant- oder Trapezrahmen haben (zu den Rahmen siehe Kapitel *3.1 Rahmenformen*). Tiefeinsteiger mit diesem Motor gibt es also nicht.

Der Performance Line CX bietet bei Mountainbikes einen eMTB-Modus für dynamische Tretunterstützung. Abhängig vom Pedaldruck passt sich die progressive Motorunterstützung automatisch der individuellen Fahrweise an[62].

Aufgrund der hohen Leistung des Performance Line CX leert sich der Akku relativ schnell, was das Dual-Battery-System (zwei Akkus in Reihe geschaltet) von Bosch interessant macht (siehe Kapitel *5.7.1 Bosch Dual Battery*).

Greifen Sie statt zu der Standard-Bedieneinheit besser zum Bosch Nyon Display. Sie können damit individuell die Leistungsparameter des CX-Motors festlegen.

Vom CX-Motor ist auch eine Version namens Cargo Line für Lasträder verfügbar, die bis zu 400 Prozent unterstützt.

4.2.2.d Performance Line CX ab 2020

Es gibt vom Performance Line CX inzwischen eine neue Version, die mehrere Verbesserungen gegenüber dem Vorgänger aufweist. Weil es sich inzwischen um die 4. Weiterentwicklung handelt, spricht der Fachhandel auch vom »CX 4. Gen« (Gen = Generation).

So beträgt das Motorgewicht nur noch 2,9 statt 4 kg und die Unterstützung beläuft sich jetzt auf maximal 340 statt 300 Prozent. Außerdem wurde der Übergang zur Motorabschaltung an der 25 km/h-Schwelle verbessert, sodass kein nerviger Tretwiderstand mehr entsteht. Die Vorteile des neuen Motors sind so gravierend, dass wir von der alten Version dringend abraten. Fragen Sie beim Kauf Ihres Pedelecs mit CX-Motor deshalb unbedingt nach, ob die 2020er-Version verbaut ist.

Bosch hat Ende 2020 ein Update bereitgestellt, das in vielen Pedelecs mit Bosch CX 4. Gen-System bereits vorinstalliert ist und die maximale Unterstützung von 75 auf 85 Nm anhebt. Das Update kann von fast allen Fachhändlern nachträglich im Antriebssystem installiert werden.

4.2.2.e Bedieneinheiten

Bosch bietet verschiedene Bedieneinheiten (»Bordcomputer«, »Display«) an[63], die Sie mit Infos zur Unterstützungstufe, aktuelle Geschwindigkeit und Akkuladezustand versorgen.

Eine Besonderheit stellen Smartphone Hub und COBI.Bike dar, die ihre Funktionen über ein eingestecktes Smartphone zur Verfügung stellen.

---

62 https://www.bosch-ebike.com/de/news/no-trigger-der-neue-emtb-modus
63 https://www.bosch-ebike.com/de/produkte/displays

Bedieneinheit	Purion	Intuvia	Kiox	Nyon	Smartphone Hub	COBI.Bike
Schaltempfehlung	Nein	Ja	Nein	Ja	Nein	Nein
Navigation	Nein	Nein	Nein	Ja	Ja	Ja
eShift-Kompatibel*	Nein	Ja	Ja	Ja	Nein	Nein
Hochauflösendes Display	Nein	Nein	Ja	Ja	Nein**	-
Bluetooth	Nein	Nein	Ja	Ja	Ja	Ja
USB-Ladeschnittstelle	Nein	Ja	Ja	Ja	Ja	Nein
Separates Bedienteil	Nein	Ja	Ja	Ja	Nein	Nein

* Zu eShift siehe Kapitel *4.2.2.h Bosch eShift*.

** Mini-Display für Verwendung ohne Smartphone

Die Anzeigen des **Bosch Purion**:

- Ladezustand
- Geschwindigkeit
- Fahrmodus
- Voraussichtliche Akku-Reichweite
- Trip-Distanz
- Gesamtstrecke

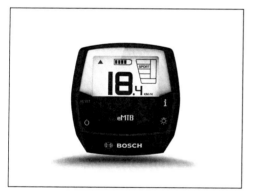

Die Anzeigen des **Bosch Intuvia**:

- Akkuladezustand
- Geschwindigkeit
- Fahrmodus
- Voraussichtliche Akku-Reichweite
- Trip-Distanz
- Maximalgeschwindigkeit
- Durchschnittsgeschwindigkeit
- Fahrzeit
- Gesamtstrecke
- Aktuelle Uhrzeit

Trip-Distanz, Maximalgeschwindigkeit und Durchschnittsgeschwindigkeit können Sie vor Fahrtantritt oder zwischendurch zurücksetzen.

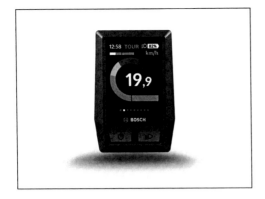

Das **Bosch Kiox** integriert die vom Bosch Intuvia bekannten Funktionen und darüber hinaus:

- Bluetooth-Anbindung von Herzfrequenzmessgurten.

- Softwareupdates des Bosch Kiox können über Bluetooth vom Anwender selbst durchgeführt werden.

Das **Bosch Nyon** bietet über die Funktionen der oben aufgeführten Bedieneinheiten hinaus Navigation und Smartphone-Integration über Bluetooth. Sie aktualisieren über das Smartphone das Kartenmaterial, außerdem zeigt das Bosch Nyon Smartphone-Benachrichtigungen an.

Ihre Tourendaten werden in das Online-Portal eBike Connect hochgeladen, wo Sie Auswertungen vornehmen.

Fotos: Bosch

4.2.2.f COBI.Bike

Das Konzept hinter COBI.Bike ist einfach: Warum die Bedieneinheit immer aufwendiger aufrüsten, wenn mit dem Smartphone bereits ein leistungsfähiger Computer mit Internetzugang verfügbar ist? Diesen Gedanken haben die Entwickler hinter dem Frankfurter Unternehmen COBI.Bike aufgenommen und eine ausgefuchste Lösung vorgestellt.

Geeignet ist COBI.Bike als Nachrüstsystem für Pedelecs mit den Bosch-Antrieben Active Line, Active Line Plus, Performance Line, Performance Line CX (inkl. eMTB Modus), jeweils ab Baujahr 2014. Die vorhandene Bedieneinheit des Intuvia- oder Nyon-Displays kann zur Bedienung der COBI.Bike-Systems verwendet werden. Bosch hat COBI.Bike auf Funktion und Zusammenspiel mit den eigenen Komponenten erfolgreich überprüft, weshalb der Umbau auf COBI.Bike keinen Einfluss auf die Garantie der Bosch-Motorkomponenten hat.

Das Komplettpaket besteht mehreren Teilen: Der COBI-Hub mit Frontlicht und Smartphone-Halterung, das AmbiSense-Rücklicht sowie ein Daumencontroller. Hinzu kommt noch Material für die Anbringung am Lenker. Für die wichtigsten iPhones wird ein wasserdichtes »Mountcase« angeboten, Besitzer von Android-Handys erhalten eine Universalhalterung und müssen sich selbst um den Regenschutz kümmern.

COBI.Bike mit iPhone im Einsatz. Foto: COBI.Bike GmbH

COBI.Bike hat einen eigenen Akku zur Stromversorgung, über den sich auch das Smartphone laden lässt.

Nach dem Zusammenbau installieren Sie die COBI.Bike-App auf dem Smartphone und können loslegen. Ähnlich dem Bosch Nyon unterstützt COBI.Bike die Navigation und ermöglicht den bequemen Zugriff auf viele Smartphone-Funktionen wie Telefonie, Musikwiedergabe oder Fitnessauswertungen.

Das Frontlicht gehört nicht ohne Grund zum Lieferumfang, denn es wird automatisch, abhängig von der Umgebungshelligkeit ein- und ausgeschaltet. Dazu nutzt das COBI.Bike-System den bei allen Smartphones vorhandenen Helligkeitssensor. Das Rücklicht ist drahtlos ins System integriert und schaltet sich mit dem Frontlicht in Tunneln oder zur Dämmerung ein. In der Offroad-Version von COBI.Bike können Sie das Rücklicht auch als Blinker verwenden (in Deutschland laut StVO nicht zulässig, siehe Kapitel *2.8 Das verkehrssichere Pedelec*). Front- und Rücklicht schalten Sie bei Bedarf auf Knopfdruck ein. Mit einem Handgriff nehmen Sie das Rücklicht ab und laden seinen Akku auf.

Laut dem Entwickler ist COBI.Bike nur für Bosch-Antriebssysteme erhältlich. Es kostet je nach Lieferumfang 250, 299 oder 349 Euro. Der Fahrradhersteller Riese & Müller arbeitet mit COBI.Bike zusammen, um die eigenen Pedelecs an das System anzupassen[64].

4.2.2.g SmartPhone Hub

Der SmartPhone Hub ist eine Weiterentwicklung des COBI.Bike und bietet die gleichen Funktionen. Er besteht aus einer fest am Lenker angebrachten Halterung, die ein 1,52 Zoll (3,9 cm) Mini-Display enthält und bei Bedarf mit dem eigenen Handy gekoppelt wird. Weil das Mini-Display bereits viele Infos anzeigt, brauchen Sie für kleinere Touren nicht extra Ihr Handy anzuschließen.

Im Vergleich zu COBI.Bike fehlt die mitgelieferte Frontleuchte, was aber nicht tragisch ist, denn Sie können an der USB-Buchse des SmartPhone Hub eine im Fachhandel erworbene USB-Beleuchtungslösung betreiben – sofern Sie darüber nicht Ihren Handy-Akku laden möchten.

---

64 https://www.elektrofahrrad24.de/mit-cobibike-zum-smart-bike-und-noch-weiter

Falls Sie von COBI.Bike auf den SmartPhone Hub umsteigen möchten, ist das kein Problem, denn die COBI-Hüllen/Cases sind kompatibel und lassen sich weiternutzen. Auch der Umstieg vom Kiox-System ist dank der baugleichen Stecker kein Problem. Besitzer eines Nyon- oder Intuvia müssen dagegen die Kabel zum Motor auswechseln[65].

Bosch SmartPhone Hub (Foto: Bosch)

4.2.2.h Bosch eShift

Das eShift-System integriert elektrische Schaltungen über eine spezielle Schnittstelle in das Bosch-System der Active und Performance Line[66]. Für den Anwender hat dies den Vorteil, dass die Bedienung über die ohnehin vorhandene Nyon- oder Intuvia-Bedieneinheit erfolgt.

Unterstützt werden derzeit:

- Die Nabenschaltungen Shimano: Alfine 8 Di2, Alfine 11 Di2, Nexus 8 Di2 (siehe Kapitel *7.1 Nabenschaltung*).

- Die Kettenschaltungen Shimano XTR Di2 und Deore XT Di2 (siehe Kapitel *7.2 Kettenschaltung*)

- NuVinci H|Sync (siehe Kapitel *7.5 NuVinci*).

- Rohloff E-14 Speedhub 500/14 (siehe Kapitel *7.6 Rohloff*).

Fahrradpuristen werden sich bei Bosch eShift wahrscheinlich entsetzt abwenden. Wenn Sie ohnehin aber viel Geld für ein Pedelec auf den Tisch legen, ist eShift ein nettes Extra, zumal Sie weiterhin manuell schalten können.

Sie erhalten auf dem Display der Bedieneinheit am Tacho einen Hinweis, wenn Sie hoch- oder herunterschalten sollten. Während des Schaltvorgangs wird die Motorleistung kurz reduziert. Geht die Akkuladung zur Neige, schaltet der Motor ab, aber die Schaltung funktioniert noch einige Zeit weiter.

---

65   https://www.pocketnavigation.de/2019/08/neuer-cobi-display-bosch
66   https://www.emotion-ebikes.de/ebikeinfo/bosch-neuheiten-2018/bosch-eshift-2018/

4.2.3 Brose

Das in Deutschland produzierende Unternehmen Brose Antriebstechnik GmbH und Co. lässt den Pedelec-Herstellern relativ große Freiheiten bei der Steuerungssoftware. Das heißt, jedes Pedelec-Modell mit Brose-Motor fährt sich anders. Standardmäßig liefert Brose nur den Motor, auf Wunsch aber auch weitere Komponenten wie Display und Bedienelement. Dies gibt den Fahrrad-herstellern beispielsweise die Möglichkeit, einen eigenen Akku zu verwenden. Auf dem deutschen Markt spielt der Brose-Antrieb kaum eine Rolle, weshalb wir uns hier auf die Besonderheiten beschränken.

Mit bis zu 90 Nm maximalem Drehmoment bringen die Brose-Motoren Pedelecs an ihre Grenzen. Wegen des hohen Kettenverschleißes empfiehlt ein Fachhändler sogar, statt einer Kettenschaltung besser die Nuvinci- oder Rohloff-Nabenschaltung zu verwenden[67] (auf diese gehen Kapitel *7.5 NuVinci* und *7.6 Rohloff* ein).

Die unter dem Namen »Drive S« angebotenen Motoren sind für den Einsatz in Mountainbikes konzipiert. Eine dynamische Tretunterstützung wie sie Shimano E8000 und dem Bosch Performance CX mit dem e-MTB-Modus bieten, ist mit »Flex Power Mode« inzwischen ebenfalls vorhanden. Außerdem entkoppelt sich der Motor nach Überschreiten der 25 km/h-Höchstge-schwindigkeit vollständig, was den sonst üblichen Tretwiderstand vermeidet.[68]

4.2.4 Continental eBike System

Die Continental Bicycle Systems, eine Tochterfirma des Automobilzulieferers Continental, hat die Weiterentwicklung seines 2017 vorgestellten **48V eBike System** inzwischen eingestellt. Die nach-folgenden Infos sind daher nur noch von historischem Interesse.

Das System nutzt bereits 48 Volt statt der bisher üblichen 36 Volt, was mehr Strom für die Anbindung von mehreren, elektrischen Verbrauchern zur Verfügung stellt (analoge Entwicklung wie beim Auto). Der **48V Prime** ist eine klassische Mittelmotorvariante, während der **48V Revolution** Motor zusätzlich ein stufenloses Automatikgetriebe (CVP) integriert (darauf gehen wir noch im Kapitel *7.5 NuVinci* ein).

Gemeinsam mit den Partnern Cycle Union (Marke »Ebike Manufaktor«) und Kalkhoff entstanden mehr als ein dutzend Pedelec-Modelle mit dem 48V eBike System. Wir gehen davon aus, dass Sie bei diesen nun abverkauften Pedelecs einige günstige Schnäppchen finden.

4.2.5 Impulse

Die stark ansteigenden Verkaufszahlen machen für große Pedelec-Hersteller die Entwicklung eige-ner Antriebe rentabel. Die Motoren und Steuerungen können an eigene Bedürfnisse angepasst wer-den und zudem verdient der Pedelec-Hersteller am Zubehör wie Ersatz-Akkus, das der Kunde nur bei ihm erhält. Dagegen verdient der Hersteller am Bosch-Antriebssystem nach dem Pedelec-Ver-kauf meistens kein Geld mehr, denn Bosch beliefert den Endkundenmarkt über die Fachhändler direkt.

An vorderster Stelle der hauseigenen Antriebssysteme steht die Derby Cycle GmbH[69] mit den Mar-ken Kalkhoff, Focus, Raleigh, Rixe, Univega und Gazelle. Das hauseigene Impulse-Antriebssys-tem wird in Pedelecs und S Pedelecs verbaut.

Die Derby Cycle GmbH folgt der Marktnachfrage und ist nicht auf den Impulse-Antrieb festgelegt, deshalb verbaut man auch weiterhin Motoren von Bosch, Brose, Shimano, usw.

---

67 https://www.elektrorad-mott.de/brose_e-bike_antrieb/
68 https://www.emotion-technologies.de/e-bike-infos/e-bike-pedelec-antriebe/brose
69 https://de.wikipedia.org/wiki/Derby_Cycle_Holding

System	Impulse 2.0	Impulse Evo	Impulse Evo RS	Impulse Evo Next
Geschwindigkeit	25 km/h	25 km/h	25 km/h / 45 km/h	25 km/h
Unterstützte Schaltung	Ketten- und Naben-schaltung	Ketten- und Naben-schaltung	Ketten- und Naben-schaltung	Ketten- und Naben-schaltung
Leistung	250 W	250 W	250 W	250 W
Spannung	36 V	36 V	36 V	36 V
Max. Drehmoment	70 Nm	80 Nm	80 Nm	k.A.
Max. Unterstüt-zung	k.A.	k.A.	k.A.	k.A.
Gewicht	3,9 kg	3,9 kg	3,9	k.A.

4.2.6 Shimano

Shimano ist der wichtigste Zulieferer der Fahrradbranche, denn fast jedes Rad ist heute mit einer Bremse oder Schaltung des japanischen Konzerns ausgestattet. Seit einigen Jahren hat Shimano auch Antriebssysteme im Programm, die von allen wichtigen Herstellern wie Kalkhoff, Scott, Ghost und Focus verbaut werden.

Shimano Steps E6100 an einem Kalkhoff-Pedelec.

System	Steps E5000	Steps E6000	Steps E6100	Steps E7000	Steps E8000
Geschwindigkeit	25 km/h	25 km/h	25 km/h	25 km/h	25 km/h
Unterstützte Schaltung	Ketten- und Naben-schaltung	Ketten- und Naben-schaltung	Ketten- und Naben-schaltung	Ketten-schaltung	Ketten-schaltung
Leistung	250 W	250 W	250 W	250 W	250 W
Spannung	36 V	36 V	36 V	36 V	36 V
Max. Drehmoment	40 Nm	50 Nm	60 Nm	60 Nm	70 Nm
Max. Unterstützung	200%	230 %	250 %	k.A.	300 %
Gewicht	2,5 kg	3,2 kg	2,9 kg	2,8 kg	2,9 kg

Die Systeme Steps E7000 und E8000 sind für den Einsatz in Mountainbikes optimiert. Über einen Tretsensor lässt sich beim E8000 die Motorleistung gezielt dosieren.

4.2.6.a Di2

Für Steps E5000, E6000, E6100 und E7000 bietet Shimano zusammen mit der hauseigenen 8-Gang-Nabenschaltung die elektrische Schaltung Di2 an[70].

Der Steps E8000 kann zusammen mit Shimanos 10- oder 11-fach Kettenschaltung (XTR/DEORE XT) und der XT Di2-Steuerung ebenfalls automatisch schalten.

Beachten Sie dazu Kapitel *7.3 Elektronische Schaltung Di2.*

4.2.7 Yamaha

Obwohl der Yamaha-Konzern bereits seit Jahrzehnten elektrische Fahrradantriebe entwickelt, wird der Name hierzulande eher mit Motorrädern assoziiert. Derzeit setzen nur Haibike, Giant, Raymon und Winora für ihre Trekking- und Mountainbikes auf den Yamaha-Antrieb.

Yamaha PWSeries TE an einem Winora-Pedelec.

System	PW-X2	PWSeries ST	PWseries TE	PW-X2 45
Geschwindigkeit	25 km/h	25 km/h	25 km/h	45 km/h
Leistung	250 W	250 W	250 W	500 W
Spannung	36 V	36 V	36 V	36 V
Max. Drehmoment	70/80 Nm*	70 Nm	60 Nm	70/80 Nm*
Max. Unterstützung	k.A.	k.A.	k.A.	k.A.
Fahrverhalten/ Zielgruppe	sportlich	Allrounder	Pendler	Speed-Pedelec
Gewicht	3,1 kg	3,4 kg	3,4 kg	3,1 kg

* abhängig vom gewählten Unterstützungsmodus

---

70   https://www.paul-lange.de/index.php/de/details/intelligente-vollautomatik-fuer-shimano-steps.html

4.2.7.a Giant SyncDrive

Das Unternehmen Giant aus Taiwan, einer der weltgrößten Fahrradhersteller, hat die Yamaha-Motoren für seine eigenen Pedelecs adaptiert. Die Anpassungen von Bauteilen und Software sind sehr umfangreich[71][72], was ein Grund dafür gewesen sein mag, dass Giant den Motoren eigene Bezeichnungen gegeben hat. Die Bedieneinheiten sind in zwei Varianten als Ridecontrol Charge und Ridecontrol Evo verfügbar.

System	Syncdrive Life	SyncDrive Sport	SyncDrive Pro
Geschwindigkeit	25 km/h	25 km/h	25 km/h
Leistung	250 W	250 W	250 W
Spannung	36 V	36 V	36 V
Max. Drehmoment	60 Nm	80 Nm	80 Nm
Max. Unterstützung	300 %	350 %	360 %
Gewicht	3,5 kg	3,5 kg	3,1 kg

4.2.8 Bafang

Das chinesische Unternehmen Bafang ist ein bedeutender Anbieter von Antriebssystemen, arbeitete aber sehr lange im Verborgenen. Vor allem in »Baumarkt«-Rädern (siehe Kapitel *11.4 Baumarkträder*), die einen Vorder- oder Hinterradantrieb verwenden, ist häufig ein Bafang-Motor verbaut. Vor einigen Jahren hat Bafang sein Sortiment um Mittelmotoren ergänzt, spielt aber auf dem Markt trotz der Gründung einer deutschen Niederlassung in 2016 und einer polnischen Produktionsstätte in 2019 keine große Rolle.

Bafang-Mittelmotor. Foto: Bafang

---

71   https://ebike-news.de/giant-2017-yamaha-motor-syncdrive-pro/166679/
72   https://www.giant-bicycles.com/_upload/showcases//2017/E-Bike_Launch_Kit_FINAL.pdf

Sofern Sie die nachträgliche Aufrüstung eines vorhandenen Fahrrads zum Pedelec planen, dürften Sie übrigens häufig auf Bafang stoßen, denn dessen Systeme werden auch als Umbausatz einzeln verkauft. Bafang finden Sie im Handel häufig unter dem Etikett »AEG«, »Groove«, »DAS-Kit«.

Sollten Sie mal ein Pedelec mit Bafang-Motor angeboten bekommen, sollten Sie zumindest mal eine Probefahrt machen. Insbesondere die Mittelmotoren müssen sich qualitäts- und leistungsmäßig (bis zu 120 Nm) nicht vor der Konkurrenz verstecken und kosten nur einen Bruchteil.

4.2.9 Fazua Evation

Den Mittelmotorantrieb des Münchner Unternehmens Fazua (*www.fazua.com*) finden Sie in einigen Pedelecs der gehobenen Mittelklasse (ab 3000 Euro) unter anderem von Cube, Focus, Kettler und Centurion.

Im Gegensatz zu allen anderen Herstellern hat Fazua von Anfang an auf eine Rahmenintegration und Freilauf (ab 25 km/h entkoppelt sich der Motor vollständig vom Antrieb) gesetzt. Außerdem lassen sich Motor und Akku entnehmen, wenn man das Pedelec nur als Fahrrad nutzen möchte.

Der Zielgruppe entsprechend – sportliche Fahrer, die ab und zu Unterstützung benötigen – bietet der Fazua-Antrieb bis zu 60 Nm Drehmoment und drei Unterstützungsstufen bis zu 240%.

4.2.10 TQ Flyon

TQ ist ein Münchner Industriezulieferer für elektronische Komponenten, dessen Flyon-Motor in Pedelecs ab 5000 Euro zu finden ist. Im Dauerbetrieb schafft der Motor bis zu 120 Nm Drehmoment und unterstützt den Fahrer bis zu 500% der Tretleistung.

Typisch für den TQ Flyon-Antrieb sind die Lamellen, hier an einem Haibike. Foto: www.haibike.de | pd-f

Derzeit verbauen ausschließlich Haibike und M1-Sporttechnik den HQ-Antrieb in einigen Mountainbikes.

5. Der Akku

Eine der teuersten Komponenten Ihres Elektrofahrrads ist der Akku. Elektroniker dürften uns verzeihen, dass wir aus Verständlichkeitsgründen in diesem Kapitel einiges vereinfacht darstellen.

In der Pedelec-Anfangszeit (vor 2010) wurden noch Nickel-Cadmium- (NiCad) oder Nickel-Metall-Hydrid- (NiMH)-Akkus verbaut, die schwer waren und eine vergleichsweise geringe Kapazität hatten. Darüber hinaus kam es zum sogenannten Memory-Effekt, das heißt durch falsches Aufladen verloren die Akkus an Kapazität. Falls Sie selbst noch ein Pedelec mit NiCad- oder NiMH-Akku besitzen oder Sie günstig eines gebraucht erwerben können, bietet sich die Umrüstung an, die wir im Kapitel *5.6 Wenn der Akku nicht mehr erhältlich ist* beschreiben.

Seit 2017 ist übrigens der Verkauf von NiCad-Akkus verboten[73], weshalb Sie ohnehin nicht die Umrüstung auf die als Nächstes beschriebene Li-Ion-Technologie vermeiden können.

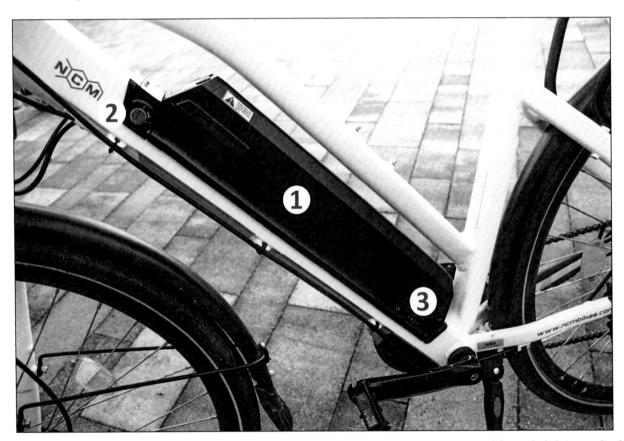

Rahmenakku eines NCM Milano Plus-Pedelecs (1). Damit der Akku nicht gestohlen wird, ist er mit einem Schloss (2) gesichert. Über eine Buchse ist das Aufladen im aus- und eingebautem Zustand möglich (3).

Auf dem Markt sind inzwischen nur noch Pedelecs mit Lithium-Ionen- (Li-Ion) Akku erhältlich. Diese haben eine Reihe von Vorteilen im Vergleich zu den oben aufgeführten alten Akku-Typen:

- Hohe Energiedichte bei geringen Gewicht
- Kein »Memory-Effekt«
- Schnelles Aufladen

Die Nachteile:

- Tiefentladung zerstört den Li-Ion-Akku
- Kapazitätsverlust durch Alterung
- Bei Beschädigung besteht akute Brandgefahr

---

73 https://www.akkushop.de/de/news/verbot-von-nicd-akkus-ab-2017

Nicht nur eine Anzeige der Bedieneinheit am Lenker informiert über den Akkuladezustand, auch der Akku selbst hat eine entsprechende Anzeige.

5.1 Grundlagen

Der Akku ist Teil des Antriebssystems, das vereinfacht dargestellt, zusätzlich aus Motor und Bordcomputer (Bedieneinheit) besteht.

Nicht nur die Bedieneinheit informiert permanent über den Akku-Ladezustand, auch am Akku selbst zeigen LEDs auf Knopfdruck die Ladung an. Letzteres ist praktisch, weil Sie den Akku auch, wenn er aus dem Pedelec entnommen ist, jederzeit überprüfen können.

Innenleben eines Pedelec-Akkus mit dutzenden zusammengeschalteten Lithium-Ionen-Einzelzellen. Foto: WSB Battery Technology GmbH (*www.akkuman.de*)

5.2 Akku-Leistung

Mit dem Umstieg aufs Pedelec werden Sie zum »Elektronik-Versteher«, denn hier spielen Voltstärke, Ladung und Wattstunden eine große Rolle.

Diese Begriffe finden Sie immer im Zusammenhang mit den Akkus:

- Voltstärke: Die Akkus sind im Handel mit 24, 36 oder 48 Volt erhältlich. Viele Pedelecs sind derzeit mit einem 36-Volt-System ausgestattet.

- Ladung (Energiegehalt): Die Ladung wird in Amperestunden (Ah) angegeben und beträgt meistens zwischen 10 bis 17 Ah.

Die Leistung des Akkus lässt sich leicht aus der Multiplikation von Voltstärke und Amperstunden berechnen. Beispiel: 36 V-Akku × 17 Ah = 612 Wh.

Einige Hersteller bieten ihre Elektrofahrräder nur mit Akkus einer bestimmten Leistung an, während andere mehrere Leistungsvarianten im Programm haben. Für einen guten Fahrradfachhändler ist es aber kein Problem, Ihr Wunschrad mit dem gewünschten Akku auszustatten. Der Nachkauf eines Akkus im freien Handel stellt zudem kein Problem dar.

Bevor Sie zum größtmöglichen Akku greifen, denn Sie möchten ja nicht auf halber Strecke liegen bleiben, müssen Sie aber einiges beachten: So kostet beispielsweise ein »Bosch PowerPack Rahmenakku« mit 500 Wh im Versandhandel mindestens 570 Euro[74], während Sie für die 400 Wh-Variante nur rund 430 Euro[75] auf den Tisch legen. Auch das Gewicht ist bei der 500 Wh-Variante etwas höher. Pendeln Sie ohnehin nur zwischen Arbeitsplatz und Zuhause, ist der Aufpreis vielleicht in einem zweiten Netzteil besser angelegt, mit dem Sie jeweils auf der Arbeit den Akku nachladen.

---

74   https://geizhals.de/bosch-powerpack-500-rahmenakku-a1650031.html (Stand: 17.04.2020)
75   https://geizhals.de/bosch-powerpack-400-rahmenakku-a1650037.html (Stand: 17.04.2020)

Größere Akkus haben den Vorteil des geringeren Verschleißes, auf den noch das nächste Kapitel eingeht.

5.3 Richtig laden

Bei einem Li-Ion-Akku besteht keine Gefahr, dass Sie ihn falsch laden, das heißt, Sie müssen im Vergleich zu den alten NiCad/NiMH-Akkus nicht warten, bis er fast leer ist. Stattdessen laden Sie Ihren Akku immer auf, wenn Sie es für notwendig erachten. Gute Ladegeräte schalten zudem automatisch von Laden auf Spannungserhaltung um, wenn der Akku voll ist. Idealerweise laden Sie den Akku bei Zimmertemperatur.

Natürlich hält Ihr Akku nicht ewig, sondern wird mit Gebrauch über die Jahre Kapazität verlieren, bis die Pedelec-Reichweite so gering ist, dass Sie einen neuen Akku benötigen.

An dieser Stelle müssen wir auf die sogenannten Ladezyklen eingehen. Ein Ladezyklus ist das vollständige Entladen und wieder Aufladen des Akkus. Ein Pedelec-Akku lässt sich mindestens 1000 Mal aufladen, bevor er unbrauchbar wird. Dies hört sich zunächst einmal gering an, insbesondere wenn Sie mehrmals täglich aufladen. Zu beachten ist aber, dass beispielsweise ein 50%iges Aufladen auch nur einem halben Ladezyklus entspricht.

Umgerechnet auf eine »normale« Nutzung kommen Sie mit Ihrem Pedelec deshalb locker auf 50.000 Kilometer, bevor der Akku schlapp macht. Radeln Sie beispielsweise jedes Jahr 10.000 Kilometer, müssen Sie sich demzufolge erst nach fünf Jahren nach einem neuen Akku umsehen. Die verfügbare Akkukapazität reduziert sich ab etwa der 500ten Aufladung auf 80 %, was Sie bei Ihrer Tourenplanung beachten sollten.

Vor der bereits erwähnten Tiefentladung brauchen Sie im übrigen keine Angst zu haben, denn eine Elektronik schaltet den Akku automatisch ab, wenn die Zellenspannung während der Fahrt auf einen gefährlichen Tiefpunkt fällt. Im Alltag verbietet sich das Umgehen der Akkuabschaltung, beispielsweise, indem Sie mit dem Fahrrad anhalten, bis sich der Akku etwas erholt, um dann weiterzufahren. Ist der Akku leer, schalten Sie die Motorunterstützung aus und fahren nur mit Muskelkraft weiter.

Unabhängig von den Ladezyklen altern Li-Ion-Akkus auch bei Nichtnutzung. Geschätzt 4 % Kapazität verliert der Akku pro Jahr[76]. Deshalb finden Sie nicht nur bei vielen Pedelec-, sondern auch bei Notebook-Akkus das Produktionsdatum auf einem Etikett. Kaufen Sie im Handel einen neuen Akku, oder ein Pedelec, sollte das Akku-Produktionsdatum maximal zwei Jahre zurück liegen. Die Akku-Alterung ist auch beim Pedelec-Gebrauchtkauf zu berücksichtigen, worauf Kapitel *11.6 Gebrauchtkauf* noch eingeht.

---

76 https://www.akkuman.de/akku-academy/lebensdauer-eines-e-bike-akkus/00526/

Wenn Sie mit dem Pedelec zwischen Büro und Wohnung pendeln, empfiehlt sich unter Umständen die Anschaffung eines zweiten Ladegeräts, mit dem Sie den Akku während der Arbeit aufladen. Foto: www.pd-f.de / Arne Bischoff

5.3.1 Test des ADAC

2015 hat der ADAC die Pedelec-Akkus von Bosch und Samsung unter die Lupe genommen[77]. Selbst nach 700 Voll-Ladezyklen (Akku komplett entladen, dann wieder vollgeladen) hatte der Bosch-Akku noch 80 % seiner Kapazität. Der Samsung-Akku kam bei der gleichen Endkapazität auf nur 500 Ladezyklen, kostete dafür aber auch erheblich weniger.

Ein interessantes Detail brachte der ADAC-Test ans Tageslicht: »*Im mittleren Ladezustandsbereich ist der Verschleiß am geringsten, in den Randbereichen am höchsten. D.h., wenn man den Akku ständig im Bereich 80 bis 100 Prozent des Ladezustands nutzt (ebenso bei 0 bis 20 Prozent), belastet das den Akku am höchsten. Ideal ist eine Ladestandsnutzung zwischen 40 und 60 Prozent; dann hält beispielsweise der Bosch-Akku über 9.350 Ladezyklen, was bei einem Pedelec eine Reichweite von über 93.500 km entspricht. Die Randnutzung lässt die Batteriekapazität schon nach 1.150 Ladezyklen unter 80 Prozent fallen (nur ca. 11.500 km)*«.

In der Praxis haben Sie vom ADAC-Ergebnis leider kaum etwas, denn nur bei regelmäßigen kurzen Touren ist es möglich, den Akku auf 40 bis 60 % Ladezustand zu halten. Zudem müssten Sie regelmäßig den Aufladevorgang kontrollieren, damit der richtige Ladezustand erreicht wird. Darüber verliert der Akku ja ohnehin jedes Jahr Kapazität durch Alterung, weshalb Sie kaum auf ihn Rücksicht nehmen müssen.

5.3.2 Warum sich ein größerer Akku lohnen kann

Wir hatten bereits in den vorherigen Kapiteln die von jedem Akku unterstützten Ladezyklen erwähnt. Darunter versteht man das vollständige Entladen (durch den Gebrauch) und Wiederaufladen eines Akkus, wobei die meisten Akkus problemlos hunderte Ladezyklen vertragen, bevor die Kapazität merklich zurückgeht. Das Aufladen eines beispielsweise halbvollen Akkus entspricht dabei auch nur einem halben Ladezyklus.

Angenommen, Sie fahren regelmäßig die gleiche Strecke von 20 Kilometern. Wir wollen uns jetzt

---

77   https://www.adac.de/infotestrat/tests/fahrrad-ebike-zubehoer/li_ion_batterien_2015/default.aspx

mal anschauen, was das für die Akkuladezyklen von zwei Akkus unterschiedlicher Kapazität bedeutet: Einen 396 Wh-Akku leert jede Fahrt auf 80%, während der größere 612 Wh-Akku noch 90% Ladung anzeigt. Pro Ladezyklus kommen Sie in unserem vereinfachten Beispiel also beim kleineren Akku auf 100 Kilometer Wegstrecke, während es beim größeren Akku 200 Kilometer sind. Der größere Akku verschleißt also langsamer.

5.4 Richtig lagern und transportieren

Sie nutzen Ihr Elektrorad für längere Zeit nicht? Dann laden Sie den Akku auf 30 bis 60 Prozent[78] seiner Kapazität auf und lagern ihn beziehungsweise das Pedelec frostfrei und vor Sonneneinstrahlung und Hitze geschützt bei idealerweise 15 bis 20 Grad[79]. Alle paar Monate kontrollieren Sie den Ladezustand, indem Sie die dafür bestimmte Taste am Akku betätigen und laden gegebenenfalls nach. Von der Methode, den Akku permanent über Monate am Ladegerät anzuschließen, raten wir ab, weil dadurch Akku und Ladegerät verschleißen.

Im Winter nehmen Sie ebenfalls immer den Akku ins Haus, denn Kälte ist nichts für ihn. Erst kurz vor dem Einsatz setzen Sie den Akku an einem eiskalten Tag ins Fahrrad ein. Durch die Stromentnahme hält sich der Akku während der Fahrt selbst warm. Ein tiefgekühlter Akku wird dagegen nur ca. 70% seiner Leistung abgeben[80], erholt sich aber bei wärmeren Temperaturen wieder und funktioniert dann wieder wie gewohnt.

Haben Sie den Akku aus dem Pedelec entnommen, sollten Sie am Pedelec gegebenenfalls die Kontaktstifte mit einem Tuch oder einer Plane als Schutz gegen Staub und Feuchtigkeit abdecken. Der Handel bietet aber auch spezielle Abdeckkappen (»Blindstopfen«) an.

Der Akku gehört zu empfindlichsten Bauteilen Ihres Gefährts. Deshalb sollten Sie ihn nach Möglichkeit entnehmen und separat aufbewahren, wenn Sie Ihr Fahrrad mal mit dem Auto transportieren. Der Akku darf dabei nicht einfach im Auto »herumfliegen«, sondern muss gesichert abgelegt werden, beispielsweise in einer gepolsterten Tasche im Fußraum. Mit einem Gewicht von bis zu 4 Kilogramm entwickelt sich ein ungesicherter Akku bei Vollbremsung zu einem gefährlichen Geschoss, das darüber hinaus Feuer fangen kann. Befinden sich weitere Gegenstände in der Aufbewahrungstasche, müssen die Akkukontakte eventuell abgeklebt werden, damit es nicht zu einem Kurzschluss kommt.

Beachten Sie die Hinweise von Fluggesellschaften, Speditionen oder Lieferdiensten, falls Sie mal das Fahrrad oder den Akku verschicken, denn in der Transportbranche gelten Li-Ion-Akkus als Gefahrgut. In der Regel ist der Pedelec-Flugzeugtransport nur ohne Akku erlaubt, den Sie wiederum per Paket an den Zielort schicken müssen.

Wärme ist nichts für den Akku, weshalb Sie ihn niemals großer Hitze, beispielsweise starker Sonneneinstrahlung aussetzen sollten. Tagelanges Lagern im heißen Auto ist ebenso eine schlechte Idee, wie das Abstellen des Pedelecs in der prallen Sonne.

Ihnen ist der Akku heruntergefallen, das Netzteil oder der Akku selbst geben beim Aufladen seltsame Geräusche von sich? Der Akku erwärmt sich plötzlich übermäßig? Im Einzelfall ist anzuraten, den Akku beziehungsweise das Pedelec sofort vor der Haustür auf einer feuerfesten Unterlage abzulegen und Ihren Fahrradhändler hinzuziehen.

Die offiziellen Sicherheitstipps des IFS (Institut für Schadenverhütung und Schadenforschung der öffentlichen Versicherer e.V.)[81] fassen die Gefahrenquellen sehr gut zusammen:

*   Li-Ionen-Akkus in trockenem Zustand bei Raumtemperatur und an brandsicherer Stelle aufladen, beispielsweise auf einem Steinboden.

*   Akkus nur mit dem dafür vom Hersteller freigegebenen Ladegerät aufladen.

---

78   https://www.bosch-ebike.com/de/news/11-fragen-rund-um-den-ebike-akku
79   https://www.bosch-ebike.com/de/news/sicher-durch-den-winter-mit-dem-ebike
80   https://www.pd-f.de/2014/10/16/8663_e-bike-akku-mit-voller-ladung-durch-die-kaelte
81   https://www.ifs-ev.org/archiv/pressemitteilungen/1507PMIFS.pdf?highlight=Akku

- Ladegerät und Akku nicht neben Materialien platzieren und Raum mit Rauchmelder ausstatten.

- Akkus nicht unbeaufsichtigt über Nacht und in Wohnräumen laden.

- Vorsicht ist bei Akkus geboten, die längere Zeit nicht verwendet wurden, weil sie durch Tiefentladung beschädigt werden.

- Li-Ion-Akkus bei kalten Temperaturen und Winterwetter nicht in der unbeheizten Garage lagern.

- Li-Ion-Akkus nicht in der Nähe von heißen Oberflächen lagern.

- Wird das Elektrofahrrad auf dem Gepäckträger des Autos transportiert, den Akku vom Fahrrad entfernen.

- Heruntergefallene und/oder beschädigte Akkus nicht mehr in Betrieb nehmen, sondern fachgerecht entsorgen. Mechanische Beschädigungen können zum Brand führen.

- Li-Ionen-Akkus nicht zerlegen oder modifizieren.

- Vor der Entsorgung alter Li-Ionen-Akkus die Kontaktflächen oder Akkupole abkleben.

5.4.1 Warum Sie beim Akku auf Nummer sicher gehen sollten

Li-Ionen-Akkus haben im Vergleich zu konventionellen Batterien eine wesentlich höhere Energiedichte und Kapazität. Fällt Ihnen eine haushaltsübliche AA- oder AAA-Batterie auf den Boden, wird sich diese höchstens langsam entladen, sofern sie überhaupt beschädigt ist.

Bei Li-Ionen-Akkus kann dagegen schon ein sehr heftiger Stoß zu einer schlagartigen Entladung führen. Unter Umständen verhält sich der Akku dann wie eine Handgranate und verteilt seinen brennenden Inhalt weitläufig in der Umgebung; in harmloseren Fällen bläht sich der Akku nur auf beziehungsweise weist eine mehr oder weniger starke Rauchentwicklung auf.

Wir empfehlen bei Akkubrand in einem Gebäude die sofortige Flucht nach draußen, denn es entwickeln sich giftige Gase. Unter Umständen – wenn keine Gefahr für einen großflächigen Brand besteht – öffnen Sie die Fenster, damit sich der Rauch verzieht. Auf den Akku hat die zusätzliche Luftzufuhr keinen Einfluss, da dieser seinen Sauerstoff bereits mitbringt. Alarmieren Sie sofort die Feuerwehr und weisen Sie diese auf die Brandursache hin.

Weil es sich um einen Metallbrand handelt, sind Löschversuche mit konventionellen Feuerlöschern sinnlos und gefährlich. In Brand geratene Gegenstände lassen sich dagegen mit einem handelsüblichen Pulver- oder Kohlendioxid-Löscher bekämpfen.

Die Pedelec-Fachhändler bieten zumindest für Bosch-Akkus eine Diagnose an, die Sie in Anspruch nehmen sollten, falls Sie eine Beschädigung oder einen plötzlichen Kapazitätsverlust Ihres Akkus vermuten[82].

---

82 https://www.bosch-ebike.com/de/service/haendlerservice

Welche Gefahren beim Aufladen von beschädigten oder tiefentladenen Akkus drohen, demonstriert zum Beispiel das Institut für Schadenverhütung auf YouTube[83].

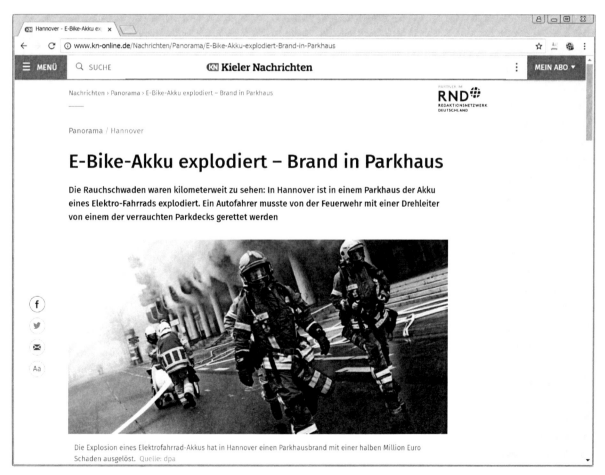

In Deutschland wurden bisher nur wenige Pedelec-Akku-Brandfälle bekannt. Spektakulär war der Brand eines Fahrradladens in einem Parkhaus, bei dem im Februar 2017 ein Schaden von ca. einer halben Million Euro entstand.[84]

---

83 Videoausschnitt von https://www.youtube.com/watch?v=dYq75w9WBJM
84 http://www.kn-online.de/Nachrichten/Panorama/E-Bike-Akku-explodiert-Brand-in-Parkhaus

5.5 Akku-Typen

Der Akku Ihres Pedelecs wird häufig vom gleichen Unternehmen zugeliefert, der auch den Motor und die Steuerung produziert (darauf gehen wir im Kapitel *4 Der Motor* ein). Neben Marktführer Bosch sind dies Panasonic, Shimano, Brose und viele weitere. Sofern Sie sich mehrere Elektrofahrräder für Familie oder Partner zulegen, kann es sich lohnen, auf die Akku-Austauschbarkeit zu achten. Sie sind dann flexibel, wenn Sie zum Beispiel mal einen Zweitakku für eine längere Tour benötigen oder Sie vergessen haben, Ihren eigenen Akku aufzuladen.

Fast jeder Hersteller kauft die Antriebskomponenten zu. Eine Ausnahme ist Kalkhoff, bei dem nicht nur Motoren von Bosch und anderen Herstellern, sondern auch das hauseigene »Impulse« verbaut wird. Dieses System und den zugehörigen Akku finden Sie zudem bei den Marken Focus, Rixe, Raleigh und Univega (die aufgeführten Marken gehören alle zur Derby Cycle Holding).

5.6 Wenn der Akku nicht mehr erhältlich ist

Die Fahrradhersteller und deren Motor- und Akkuzulieferer stellen jährlich neue Produkte vor und stellen alte ein. Sogar Bosch spricht inzwischen bei seinen Antriebssystemen vom »Modelljahr«[85] Weil Ihr Elektrofahrrad, je nach Pflege und Nutzung, 10-20 Jahre halten wird, ist deshalb die Wahrscheinlichkeit sehr hoch, dass Sie irgendwann keinen passenden Akku nachkaufen können. Die entstehende Lücke füllen Anbieter von Nachbau-Akkus.

Alternativ führen zahlreiche Dienstleister einen »Zellenaustausch« durch. Dazu muss man wissen, dass Pedelec-Akkus nicht aus einem einzelnen monolithischen Akkublock bestehen, sondern aus mehreren dutzend Einzelzellen. Das heißt, selbst wenn sich die Akkubauform zweier Hersteller unterscheidet, ist der interne Aufbau genau genommen immer gleich.

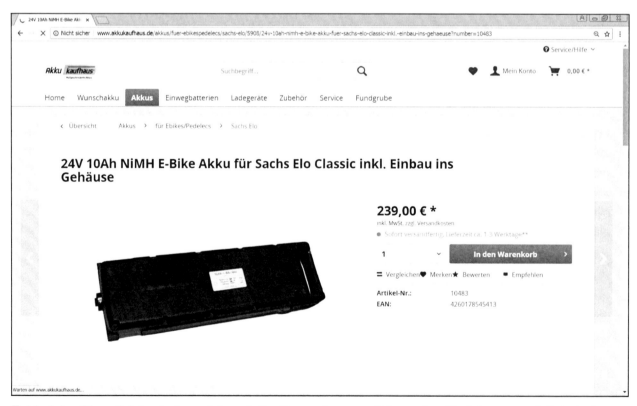

Zahlreiche Dienstleister haben sich auf die Reparatur von Akkus alter Pedelecs spezialisiert. In unserem Fall gab der NiCad-Akku unseres 15 Jahre alten Sachs-Pedelecs den Geist auf, worauf wir den Akku bei einem Dienstleister eingeschickt haben, der die NiCad-Zellen gegen Li-Ionen-Zellen austauschte. Auch die Ladeelektronik wurde angepasst und mit dem aufgefrischten Akku ein neues Netzteil zurückgeliefert[86].

---

85 https://www.bosch-ebike.com/de/news/2018/
86 Bildschirmfoto: http://www.akkukaufhaus.de/akkus/fuer-ebikespedelecs/sachs-elo/5908/24v-10ah-nimh-e-bike-akku-fuer-sachs-

5.7 Akkubauformen

Die ersten Pedelecs waren vor 15 Jahren genau genommen nur umgebaute Fahrräder, deren Akku auf oder unter dem Gepäckträger Platz fand. Eine besondere Rahmenkonstruktion für die Akkuaufnahme war somit nicht nötig. Weil der Akku allerdings 3 - 5 kg wiegt, ergibt sich daraus ein ungünstiger Schwerpunkt, der sich in Kurven und steilen Anstiegen bemerkbar macht. Bei Letzterem hat man das unangenehme Gefühl, nach hinten weg zu kippen.

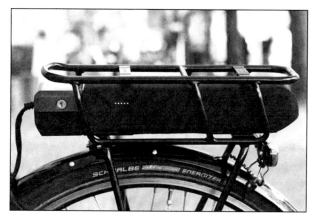 

Links: Pedelec mit Gepäckträgerakku (Foto: www.fahrer-berlin.de | pd-f). Rechts: Pedelec mit Rahmenakku (Foto Max Pixel[87]).

Die meisten Elektrofahrräder haben ihren Akku inzwischen am Unterrohr oder vor dem Sitzrohr (falls Ihnen diese Fachbegriffe nichts sagen, finden Sie dazu eine Erläuterung im Kapitel *3 Rahmen*). Weniger häufig ist eine Akkuposition hinter dem Sitzrohr, denn dafür muss das Hinterrad etwas nach hinten wandern, was das Fahrrad verlängert. Der Wendekreis wird dadurch etwas größer. Wo sich der Akku befindet hängt stark vom Rahmen ab. Bei einem Diamantrahmen existieren nun mal mehr Unterbringungsoptionen als bei einem Tiefeinsteiger.

Der Trend geht inzwischen zur möglichst unauffälligen **Rahmenintegration**, sodass man auf dem ersten Blick nicht mehr das Pedelec von einem normalen Fahrrad unterscheiden kann. Man muss aber dann Nachteile in Kauf nehmen: Bei einigen Pedelecs ist der Rahmenakku fest verbaut oder kann nur direkt im Pedelec aufgeladen werden. Sofern Sie den Akku herausnehmen können, ist dies darüber hinaus manchmal nur sehr umständlich möglich.

 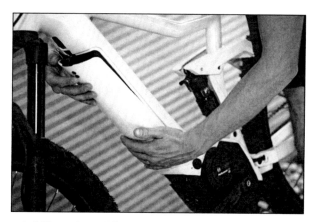

Bosch PowerTube-Rahmenakku bei einem Mountainbike. Aus Platzgründen befindet sich der Akku auf der Unterseite des Rahmens (Fotos: Bosch).

---

elo-classic-inkl.-einbau-ins-gehaeuse?number=10483
87 https://www.maxpixel.net/S-pedelec-Overtime-Grace-Ebike-1231278

Bei diesem Pedelec der Marke Flyer wird der Rahmenakku dagegen von von oben in den Rahmen eingelegt. Foto: www.flyer-bikes.com | pd-f

5.7.1 Bosch Dual Battery

Auf die gestiegenen Reichweitenansprüche hat Bosch vor einigen Jahren mit dem Dual Battery-System reagiert, das hauptsächlich hochpreisige Fahrradhersteller wie Riese & Müller einsetzen. Damit kommen Sie mit 500 oder 625 Wh-Akkus auf einen Energievorrat von 1000 beziehungsweise 1250 Wh. Der Einsatz von beiden Akkus gleichzeitig ist übrigens nicht zwingend. Beispielsweise lassen Sie den zweiten Akku für kurze Touren zuhause oder verwenden ihn in einem anderen (kompatiblen) Pedelec und stecken ihn nur für längere Strecken ans Fahrrad. Alternativ kaufen Sie den zweiten Akku erst nach, wenn Sie ihn wirklich benötigen.

Ein der Dual Battery ähnliches Produkt ist für Haibike-Modelle mit dem ModularRailSystem erhältlich. Der »Range Extender«[88] enthält die passenden Kabel und eine vernünftige Halterung für das Bosch-Antriebssystem.

Inzwischen bieten Online-Händler[89] Nachrüstsets für das Bosch Dual Battery-System an, welche aber ein Pedelec ab Baujahr 2017 voraussetzen. Ältere Boschantriebssysteme ab 2015 funktionieren damit eventuell nach einem Softwareupdate der Steuerung[90]. Die Befestigung des zweiten Akkus erfolgt durch eine Bastellösung[91], beispielsweise mit Klettband oder einer Rahmentasche.

88   https://www.emtb-news.de/news/haibike-range-extender
89   https://www.elektrofahrrad24.de/2017-bosch-dual-batterie-y-kabel-fuer-doppelte-akku-kapazitaet-515-430mm
90   https://www.pedelecforum.de/forum/index.php?threads/dual-battery-für-bosch.42892
91   https://www.pedelecforum.de/forum/index.php?threads/akkuhalterung-für-den-zusatzakku.46304

Der Riese & Müller Supercharger mit Bosch Dual Battery hat dank seiner bis zu 1000 Wh eine enorme Akkureichweite. Foto: www.r-m.de | pd-f

5.8 Reichweite erhöhen

Die maximal mögliche Reichweite Ihres Pedelecs hängt von vielen Faktoren ab:

- Kapazität und Ladezustand des Akkus
- Gewicht von Fahrer und Fahrrad
- Fahrradzustand (Reifendruck, schlecht geölte Kette, usw.)
- Höhenprofil und Belag der Fahrtstrecke
- Temperatur und Gegenwind
- Fahrweise und Unterstützungsstufe

Aus diesen Parametern ergibt sich bereits, dass es kaum möglich ist, vorab die tatsächliche Reichweite zu ermitteln. In der Praxis werden Sie daher mit Erfahrungswerten aus vergangenen Touren arbeiten. Auf längeren Strecken können Sie auch einfach einen zweiten Akku oder Ihr Ladegerät mitnehmen, denn eine Steckdose wird Ihnen fast jede Raststätte – gegebenenfalls gegen Bezahlung – anbieten. In Ihrer Tourenplanung berücksichtigen Sie dann aber die durch das Aufladen bedingten langen Pausen. Ein leerer 500 Wh-Akku (Power Pack 500) von Bosch benötigt beispielsweise 4,5 Stunden für die volle Aufladung[92]. Als Arbeitspendler besorgen Sie sich einfach ein zweites Netzteil, mit dem Sie im Büro für die Aufladung sorgen.

Ein leerer Akku ist im übrigen kein Beinbruch, denn jetzt müssen Sie halt ausschließlich mit Beinkraft für den Vortrieb sorgen.

---

92 https://www.bosch-ebike.com/de/news/11-fragen-rund-um-den-ebike-akku

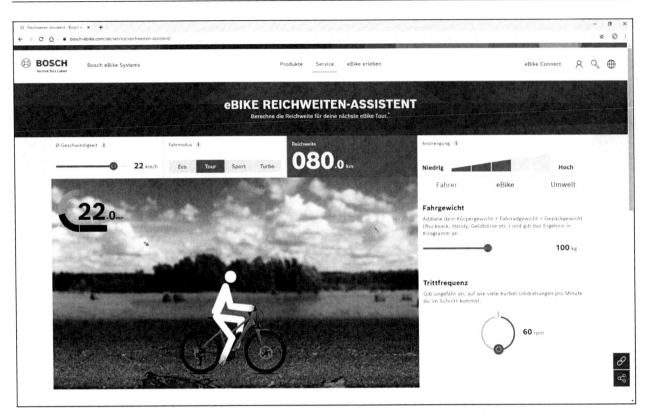

Bosch stellt übrigens auf seiner Website *www.bosch-ebike.com* einen Reichweitenassistenten zur Verfügung[93], der auch auf andere Akkufabrikate anwendbar ist und neben der Akkugröße und Unterstützungsstufe auch Fahrergewicht, Trittfrequenz, Geländeart, Belag und Fahrtwind einkalkuliert.

5.8.1 Praktische Tipps

An jedem Pedelec lässt sich die Motorunterstützung in mehreren Stufen einstellen. Wählen Sie gegebenenfalls eine niedrige Stufe, bei der Sie noch nicht ins Schwitzen kommen. Die Bedieneinheiten einiger Fahrräder informieren sogar mit einer Balkenanzeige über die aktuelle Unterstützung.

Der Reifendruck (siehe Kapitel 9.3.2 Luftdruck) und eine schlecht geölte Kette haben ebenfalls enormen Einfluss auf die nötige Motorunterstützung.

---

93   https://www.bosch-ebike.com/de/service/reichweiten-assistent

Es versteht sich von selbst, dass Sie den Akku bei winterlichen Temperaturen immer im Haus lagern und erst kurz vor Fahrtantritt ins Pedelec einsetzen. Ein tiefgekühlter Akku stellt nämlich nicht die volle Kapazität zur Verfügung. Normalerweise wärmt sich der Akku zwar durch die Entladung selbst, sollte er aber trotzdem merklich abkühlen – Sie können das durch Fühlen am Akku selbst prüfen – könnte auch eine Akku-Neoprenhülle aus dem Fachhandel Sinn machen.

Eine Neoprenhülle verhindert das Auskühlen des Akkus bei kalter Witterung. Achten Sie beim Kauf auf eine Hülle, die für Ihren Akku geeignet ist, denn es gibt unterschiedlichste Akkubauformen. Foto: www.pd-f.de / Florian Schuh

Wichtig ist natürlich Ihre Fahrweise: Fahren Sie vorausschauend und vermeiden Sie häufiges Anfahren. Dies ist im Prinzip wie beim Auto, das im Stadtverkehr bei häufigem Stopp-and-Go-Verkehr in der Stadt mehr Sprit verbraucht als auf einer Landstraße.

Experten empfehlen hohen Pedaleinsatz[94]. 60 bis 80 Kurbelbewegungen der Pedale gelten als ideal, weil hohe Gänge mit geringer Trittgeschwindigkeit den Akku stärker belasten. Fahren Sie zunächst mit einem niedrigen Gang an, um auf die genannte Anzahl an Kurbelbewegungen zu kommen und schalten Sie nach und nach die Gänge hoch, wobei sie aber immer die Trittfrequenz beibehalten. Dieser Tipp gilt übrigens nur für Pedelecs mit Mittelmotor (Motor im Kurbelgehäuse), während für Gefährte mit Hinterradantrieb (Motor in der Radnabe) eine gleichmäßige Geschwindigkeit wichtiger ist.

---

94   https://www.elektrobike-online.com/know-how/e-bike-reichweite-alles-was-sie-zum-thema-e-bike-und-reichweite-wissen-muessen.1313038.410636.htm

6. Sattel

Der Sattel ist genau genommen die wichtigste Komponente Ihres Pedelecs. Er besteht aus einer breiten Sitzfläche und einer schmalen »Sattelnase«. Je länger die von Ihnen durchgeführten Touren sind, desto wichtiger ist ein passender Sattel, weil Ihnen sonst kribbelige Finger, Rückenschmerzen oder Taubheitsgefühl im Genitalbereich drohen.

Gut dran sind Sie, falls Sie von einem Fahrrad aufs Pedelec umsteigen, denn dann können Sie den vorhandenen Sattel aufs neue Gefährt umbauen.

Zwei verschiedene Sattel. Bei dem linken Sattel sieht man die Halteschienen, mit denen er am Sattel - rahmen befestigt wird.

Fast alle Sattel besitzen an der Unterseite eine Verstellschiene, deren Imbusschrauben man schnell lösen kann. Ein- und Ausbau sind daher nur eine Sache von Minuten. Für das Festschrauben sollten Sie einen Drehmomentschlüssel verwenden (siehe Kapitel *19.3 Drehmomentschlüssel*), damit Sie die Sattelstütze nicht beschädigen.

Sie steigen vom Fahrrad aufs Pedelec um? Sollte die Sattelstütze bei beiden Rädern die gleiche Dicke haben – das können Sie sehr einfach an deren Beschriftung ablesen, dann tauschen Sie einfach die Sattelstütze mit Sattel zwischen den beiden Gefährten.

6.1 Satteltypen

Je nach Anwendung benötigen Sie einen speziellen Sattel:

- Rennrad: Mit Rennrädern werden meist längere Strecken zurückgelegt. Der Fahrer hat mit dem Oberkörper meist eine nach vorne geneigte Sitzposition. Der passende Sattel hat ein geringes Gewicht und ist hart gepolstert.

- Mountainbike: Schmal, meist hart gepolstert. Beim Bergauffahren verlagert der Fahrer das Gewicht nach vorne, weshalb eine breite Sattelnase empfehlenswert ist.

- Trekking: Für längere Touren empfiehlt sich ein härterer Sattel. Viele Fahrer brauchen mehrere Versuche, bis sie den passenden Sattel finden.

- City: Cityradfahrer sitzen meist vollkommen aufrecht und legen kürzere Strecken zurück. Der passende Sattel zeichnet sich durch eine breite Polsterung im Beckenknochenbereich aus.

In diesem Buch gehen wir vor allem auf Trekkingräder und damit zusammenhängenden Themen ein, weshalb wir dem Trekkingsattel besonderen Platz einräumen.

6.2 Damen- und Herrensattel

Der Handel hat zwar spezielle Damensattel im Programm, sie sind aber nur selten sinnvoll. Wichtiger ist, dass der Sattel zur Anatomie passt und nicht zu weich ausfällt, weshalb auch ein Herrensattel für Frauen gut geeignet sein kann. Zwei Besonderheiten sollte man aber beachten[95]:

- Bei Frauen darf die Sattelnase nicht zu breit sein, weil das Schambein tiefer als bei Männern liegt. Dies verhindert Wundreibungen im Schritt.

- Männer sind im Dammbereich empfindlich, weil in dieser Region zahlreiche Nerven- und Blutbahnen, sowie die druckempfindliche Prostata liegen. Der Sattel muss so gewählt werden, dass die Sitzknochen auf den Polstern liegen.

Damensattel besitzen in der Regel ein Loch oder eine Aussparung, die den Dammbereich entlasten soll. Dies bringt aber häufig keinen Vorteil, da der Druck sich dann um das Loch auf eine kleinere Fläche verteilt, wo wichtige Blutbahnen und Nerven verlaufen.

Vor Fahrtantritt sollten Sie Ihre hinteren Hosentaschen überprüfen und alle Gegenstände, auch Taschentücher, herausnehmen und anderweitig verstauen. Selbst eine von Ihnen übersehene kleine Münze wird mit der Zeit unangenehme Druckstellen am Po erzeugen.

6.3 Welchen Sattel wählen?

Fahren Sie nur ab und zu Kurzstrecken, dürfte Ihnen der bereits mitgelieferte Sattel ausreichen. Das folgende Kapitel richtet sich deshalb an Nutzer eines City- oder Trekking-Pedelecs, die längere Touren unternehmen.

6.3.1 Warum der richtige Sattel wichtig ist

Wissenschaftler warnen schon seit langem vor möglicher Impotenz durch einen falschen Sattel. Hintergrund ist das Zusammendrücken von Blutgefäßen, die zu den Genitalien führen, am unteren Beckenboden. Dadurch reduziert sich die Blutzufuhr in diesem Bereich um bis zu 70 Prozent. Negative Folgen müssen Sie aber wahrscheinlich erst ab wöchentlichen Strecken von 300 bis 400 Kilometer befürchten. Zudem reduzieren regelmäßige kurze Pausen und regelmäßige Änderungen an der Sitzposition diesen Effekt.

---

95 https://de.wikipedia.org/wiki/Fahrradsattel

6.3.2 Den »Po« ausmessen

Bei einem bequemen Sattel sollten die Sitzknochen jeweils auf den Polstern liegen. Der Abstand zwischen den Sitzknochen ist allerdings bei jedem Menschen anders, weshalb Sie ihn ausmessen müssen. Ein guter Fahrradhändler verwendet dafür einen sogenannten Messschemel und ein Stück Pappe oder Papier. Der Kunde setzt sich auf den Schemel und drückt dabei die Pappe ein, die anschließend ausgemessen wird. Anhand des Messergebnisses gibt der Händler passende Empfehlungen.

Falls Sie keinen kompetenten Händler mit Sattelmessvorrichtung in der Nähe haben, können Sie die Messung zur Not auch zuhause vornehmen. Der Online-Handel vertreibt »Messpappen«, beispielsweise von SQL Lab[96], die inklusive Versand nur wenige Euro kosten. Alternativ schneiden Sie sich einfach selbst ein Stück sehr weiche Wellpappe auf ca. 30 × 30 cm zu.

So funktioniert die Messpappe[97]:

1. Legen Sie die Pappe auf einen Hocker oder Stuhl ohne Polsterung.

2. Ziehen Sie am besten Ihre Hose aus, da sonst das Messergebnis verfälscht wird.

3. Stellen Sie sich mit den Beinen eng zum Hocker und setzen Sie sich hin.

4. Einen guten Abdruck Ihrer Sitzknochen erhalten Sie, indem Sie ein Hohlkreuz machen und die Füße auf die Spitzen stellen.

5. Fassen Sie den Stuhl mit den Händen und ziehen Sie sich heran, damit Sie einen besseren Abdruck erhalten.

6. Stehen Sie auf.

Nun nehmen Sie einen Edding und umkreisen damit die Druckstellen. In der Mitte der Druckstellen machen Sie ein Kreuz und vermessen deren Abstand.

Die Druckstellen sind normalerweise gleich groß. Sollte dies nicht der Fall sein, könnte eine Beckenfehlstellung vorliegen, das heißt, selbst ein optimal gewählter Sattel wird mit großer Wahrscheinlichkeit Schmerzen verursachen. Führen Sie in diesem Fall sicherheitshalber die Messung erneut durch und lassen Sie sich gegebenenfalls von Ihrem Arzt beraten.

Addieren Sie nun abhängig von Ihrer Sitzposition:

- + 1 cm: Gestreckte Sitzposition: Rennrad-Unterlenker
- + 2 cm: Moderate Sitzposition: Rennrad-Oberlenker, sportliches Trekking
- + 3 cm: Leicht gebeugte Sitzposition: Trekking, City
- + 4 cm: Aufrechte Sitzposition: Hollandrad

Fürs City- und Trekkingrad addieren Sie dementsprechend 2 Zentimeter, wenn Sie sportlich unterwegs sind, beziehungsweise 3 Zentimeter für eine gemütliche Sitzposition. Runden Sie immer auf ganze Zentimeter auf.

Sie wissen jetzt, wie breit der Sattel sein sollte. Die Sättel von SQL Lab sind beispielsweise mit 13 bis 16 Zentimeter Breite erhältlich. Weitere bekannte Hersteller sind Selle Royal, Selle SMP und Büchel.

Beachten Sie: Die Sitzknochen gewöhnen sich an die Druckbelastung durch den Sattel, was aber einige Fahrten erfordert[98]. Auch zu Saisonbeginn sind leichte Schmerzen normal. Zwischen den Ausfahrten mit dem neuen Sattel machen Sie zunächst einige Tage Pause, damit sich die gereizten Muskeln und Sehnen regenerieren. Kurze Probefahrten reichen für die Sattelauswahl also nicht aus.

---

96 https://www.sq-lab.com
97 https://www.sq-lab.com/de/ergonomie/111-konzepte/667-sattelbreitensystem-sitzknochenvermessung-zuhause-in-4-schritten.html
98 https://ergo4bike.com/Vermessung-der-Sitzknochen:_:14.html

6.3.3 Messvorgang beim Fachhändler

Der Autor dieses Buchs hat sein Gesäß bei Schelp + Fischer (Website: *www.schelp.de*) in Hann. Münden ausmessen lassen. Beim Kauf eines Pedelecs bei diesem Fachhändler ist die »Satteldruckmessung« übrigens kostenlos enthalten. Für die Messung kommt eine sogenannte Druckmessmatte mit hunderten Sensoren zum Einsatz.

Linkes Foto: Normalerweise erfolgt die Messung direkt auf dem Kunden-Pedelec. In diesem speziellen Fall war das allerdings technisch nicht möglich (wegen des Hinterradantriebs des vom Autor genutzten Pedelecs). Deshalb wurden die genauen Abmessungen des Pedelecs auf einen »Fahrrad-Dummy« übernommen.

Rechtes Foto: Der Buchautor während des Messvorgangs.

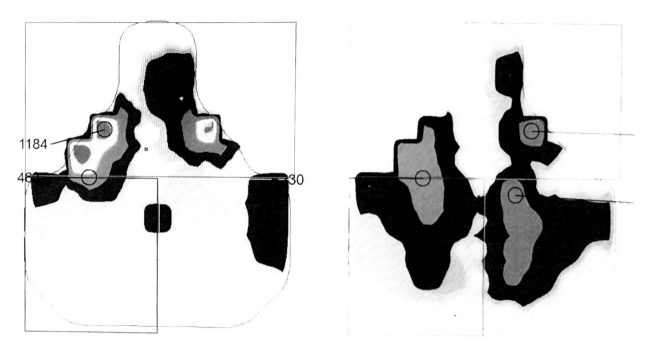

Links: Ein unergonomischer Sattel übt Druck auf Blut- beziehungsweise Nervenbahnen aus und führt mit der Zeit zu Symptomen wie tauben Beinen oder Rückenschmerzen. Die Druckstellen sind in der Abbildung hell hervorgehoben.

Rechts: Bei einem optimalen Sattel verteilt sich der Druck gleichmäßig auf eine größere Fläche.

6.3.4 Weitere Einflüsse auf das Wohlbefinden

Viele Radfahrer schwören auf gepolsterte Radlerhosen oder Unterwäsche. Der Vorteil ist klar: Das Polster nimmt Schweiß auf und vermindert die Reibung zwischen Po und Sattel. Allerdings wird das »Sattelgefühl« schwammig, weshalb sich passend dazu ein harter Sattel empfiehlt[99].

Sogenannte Gelsattel sind meistens nur für Kurzstrecken geeignet, weil der Po keinen festen Halt findet. Er sinkt außerdem zu tief ein, weshalb, wie oben bereits erwähnt, die Blutzufuhr im Genitalbereich beeinträchtigt wird.

Die Sattelhöhe und Neigung spielt ebenfalls eine wichtige Rolle. Der beste Sattel bringt nichts, wenn Sie zu weit hinten, zu tief oder schief sitzen. Auf diese Thematik geht Kapitel *12.4 Sattelposition* noch ein.

6.4 Ledersattel

Das britische Unternehmen Brooks stellt Ledersättel her, von denen der Bestseller »B17« seit 1896 durchgehend im Programm ist. Weil das Leder über einen Metallrahmen gespannt wird, passt es sich mit der Zeit an das Gesäß des Fahrers an. Dies dauert aber bis zu 1000 Kilometer. Darüber hinaus ist regelmäßige Pflege mit einem Lederfett nötig, damit der Sattel keine Risse bekommt.

Einige Käufer beschleunigen das Einfahren, indem sie den Ledersattel einige Zeit in einem Wassereimer einweichen und dann im nassen Zustand eine längere Tour fahren. Dies ist natürlich nur bei sommerlichen Temperaturen möglich und kann auch zur irreparablen Beschädigung des Sattels führen.

Für den Fall, dass Sie das Fahrrad doch einmal bei schlechter Witterung draußen abstellen, nehmen Sie einfach eine Plastiktüte mit, die Sie überstülpen. Nicht geeignet sind Ledersättel für Pedelecs ohne Schutzblech, denn die Sattelunterseite ist für Feuchtigkeit besonders empfindlich.

---

99   https://www.radforum.de/threads/3033037-gepolsterte-radhose-vs-gelsattel

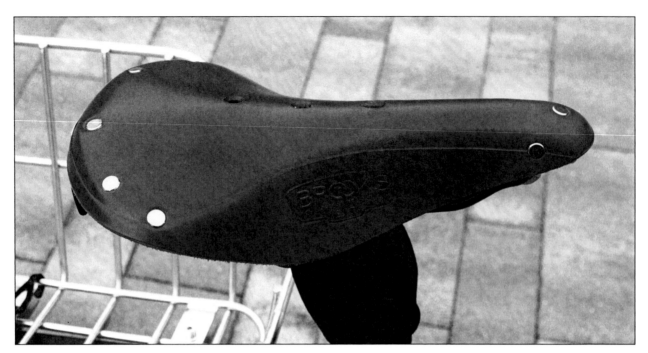

Brooks B17 Standard Trekkingsattel.

Brooks-Sattel sind in verschiedenen Farben und Ausführungen erhältlich und mit Preisen zwischen ca. 70 bis 150 Euro leider recht teuer. Sollten Sie das nötige Kleingeld haben und mit den bisherigen Sattelanschaffungen unzufrieden sein, könnte Ihnen vielleicht ein »Brooks« die gewünschte Erlösung von Ihren Schmerzen bringen!

In einem ähnlichen Preisbereich wie Brooks ist der niederländische Sattelproduzent Lepper aktiv. Dessen Produkte sind teilweise sogar mit Spiralfedern ausgestattet, die eine Alternative zu den im Kapitel *6.5 Gefederte Sattelstütze* vorgestellten Federgabeln darstellen.

Im Luxusbereich sind die Ledersattel-Hersteller Gilles Berthoud[100] und Selle Anatomica[101] aktiv, für deren Produkte Sie mindestens 130 Euro auf den Tisch legen.

Recht preiswert mit 40 Euro sind dagegen die Wittkop-Ledersättel von Büchel[102], die sich in der Bauform an modernen Satteldesigns orientieren. Gleiches gilt auch für den Hersteller Comfort Line[103] (ab 130 Euro).

Vorsicht ist geboten bei »Ledersätteln« chinesischer Hersteller, die teilweise für 20-30 Euro im Online-Handel verramscht werden. Einige bestehen aus in Harz getauchter Presspappe (!), bei anderen aus echtem Leder ist wiederum die Verarbeitung mangelhaft oder die Lackierung färbt an der Hose ab.

Ledersattel dürften Sie nur in größeren Fahrradläden im Regal finden, da sie aufgrund ihres hohen Preises eine Nische bedienen, die Normalkunden nicht anspricht.

6.5 Gefederte Sattelstütze

Während Mountainbikes in der Version als Fully (siehe Kapitel *3.3.4 Mountainbike (MTB)*) mit einer Federung vorne und im Rahmen erhältlich sind, verfügen Trekkingräder in der Regel nur über eine Federgabel (siehe Kapitel *3.5 Federung des Treckingrads*). Das Nachrüsten der Federung in Form einer Federsattelstütze stellt aber kein Problem dar[104].

Zwei verschiedene Systeme gibt es: Die **Teleskopsattelstütze** besteht aus einem Standrohr, das gefedert in einem Touchrohr lagert. **Parallelogrammsattelstützen** bauen dagegen durch ihre

100 http://www.gillesberthoud.fr/_en
101 https://selleanatomica.com
102 https://www.buechel-online.com
103 https://www.comfort-line.de
104 Zeitschrift Aktiv radfahren 05/2010

Drehpunktanordnung die Stöße ab und können im Gegensatz zu den Teleskopsattelstützen nicht verkannten.

Die SR Suntour SP12-NCX ist eine Parallelogrammsattelstütze. Damit die offen liegende Mechanik nicht verschmutzt, ist ein sogenannter Fingerschutz aus Neopren erhältlich.

Für die Federung sorgen entweder Luft, Elastomere (Gummi), Stahlfedern oder eine Kombination aus Stahlfedern mit Elastomeren. Bei Systemen mit Stahlfeder, beispielsweise von SR Suntours, sollte man die passende Feder für das eigene Körpergewicht mitkaufen. Es gibt drei Verschiedene (bis 65 kg, 70-95 kg, 100-120 kg).

Für den Mechanismus der Federsattelstütze muss genügend Platz vorhanden sein, weshalb Sie am besten schon beim Pedelec-Kauf an eine Federsattelstütze denken sollten. Ein sogenannter Fingerschutz, der den Mechanismus vor Staub schützt, sollte beiliegen. Wenn es Ihr Budget erlaubt, empfehlen wir eine Parallelogrammsattelstütze.

Die Federung stellen Sie auf der Unterseite der Sattelstütze mit einem Imbus ein.

Grundsätzlich ist eine gefederte Sattelstütze dann optimal eingestellt, wenn sie unter dem Gewicht des Fahrers um etwa 20 bis 30 Prozent des gesamten Federwegs einsinkt. Beispiel: Bei einem verfügbaren Federweg von 50 Millimetern sollte die Sattelstütze ca. 10 bis 15 Millimeter einsinken.

Ein **Schnellspanner** am Sattelrohr (linkes Foto) ist praktisch für die schnelle Höhenverstellung. Wenn Sie sich aber einen hochwertigen Sattel oder eine gefederte Sattelstütze zugelegt haben, steigt die Gefahr, dass jemand Ihre Sattelstütze ausbaut und mitnimmt. Sie sollten sich daher, wie rechts im Foto zu sehen, eine sogenannte **Sattelschelle** (Sattelstützenklemme) zulegen. Diese wird mit einer Imbusschraube befestigt und hält zumindest Gelegenheitsdiebe ab. Achten Sie darauf, dass die Sattelschelle die passende Größe für das Sattelrohr hat. Das Festschrauben sollte mit einem Drehmomentschlüssel erfolgen, den Sie entsprechend der Nm-Einprägung an der Schelle eingestellt haben.

7. Schaltung

Jeder Motor hat einen optimalen Drehbereich, in dem er seine maximale Leistung entfaltet. Das gilt auch für die Beine eines Menschen beim Radfahren. Radfahrer empfinden 60 bis 80 Kurbelbewegungen pro Minute als angenehm[105] Über eine Gangschaltung muss daher die Übersetzung (Anzahl der Radumdrehungen pro Kurbelumdrehung) an die gewünschte Geschwindigkeit angepasst werden.

In der Ebene wählen Sie eine hohe Übersetzung für maximales Tempo, während am Berg eine niedrige Übersetzung für bessere Kraftentfaltung und niedrigeren Tretwiderstand sorgt.

Für Pedelecs sind mehrere Schaltungsarten erhältlich, die jeweils ihre Zielgruppe haben.

7.1 Nabenschaltung

Wie der Name schon sagt, ist das Getriebe der Nabenschaltung in der Radnabe untergebracht[106]. Üblich sind bei Nabenschaltungen 7 bis 8 Gänge.

Die Vorteile:

- Das Getriebe liegt staub- und wassergeschützt in der Nabe.

- Der Verschleiß ist geringer als bei Kettenschaltungen, sofern man sich an die Wartungsintervalle hält. Fünfstellige Kilometerleistungen sind problemlos möglich. Kette und Ritzel halten zudem bis zu fünf Mal länger als bei der Kettenschaltung.

- Auch das Schalten im Stand ist möglich, was sich in der Stadt mit seinem Stop-and-go-Verkehr als nützlich erweist.

- Die Gefahr, dass die Kette vom Ritzel springt, ist im Vergleich zur Kettenschaltung, äußerst gering.

- Nabenschaltungen sind auch mit einer elektrischen Schaltung (siehe Kapitel *7.3 Elektronische Schaltung Di2*) erhältlich.

- Es sind auch Nabenschaltungen mit Rücktrittbremse erhältlich, worauf besonders Umsteiger von einem konventionellen Fahrrad häufig Wert legen.

- Einsatz von Antriebsriemen (siehe Kapitel *7.8 Riemen oder Kette?*) möglich.

- Der Ausbau des Hinterrads für den Reifenwechsel meist einfacher als bei einem System mit Kettenschaltung.

Die Nachteile:

- Für den Gangwechsel während der Fahrt muss der Fahrer kurz das Treten einstellen. Einige Nabenschaltungen sind aber auch unter Last schaltbar, indem sie automatisch beim Schalten die Motorleistung reduzieren.

- Nabenschaltungen haben eine komplizierteren Aufbau als Kettenschaltungen und sind deshalb schwerer und teurer.

- Eine Umrüstung auf andere Gangübersetzungen ist in der Regel nicht vorgesehen.

- Nabenschaltungen sind sehr komplex, weshalb sie im Schadensfall beim Hersteller eingeschickt oder sogar einfach gegen eine neue ausgetauscht werden.

- Im Vergleich zur Kettenschaltung ist der Leistungsverlust höher.

- Manchmal ist der Motor bei einem Pedelec mit Nabenschaltung im Vergleich zur Kettenschaltung in der Leistung gedrosselt, damit das Getriebe nicht überlastet wird.

Wir gehen später noch in einem Kapitel auf die Besonderheiten der Nabenschaltungen von Nu-

---

105 https://de.wikipedia.org/wiki/Gangschaltung
106 https://www.test.de/Fahrradtechnik-im-Ueberblick-in-die-Gaenge-kommen-1791218-5151696/

vinci und Rohloff ein (siehe Kapitel *7.5 NuVinci* und *7.6 Rohloff*). Hier soll es vor allem um die Nabenschaltungen des Marktführers Shimano gehen.

Shimano Nexus-Nabenschaltung bei einem Kalkhoff-Pedelec.

Der Gangwechsel erfolgt bei der Nabenschaltung – hier eine Shimano Nexus – über einen Drehschal - ter.

Fast alle Pedelecs mit Nabenschaltung nutzen heute Shimano-Technik. Der letzte größere Konkurrent SRAM[107] hat 2017 seine Schaltnabenproduktion eingestellt, ist also nur noch in gebrauchten Pedelecs zu finden.

---

107 https://www.velostrom.de/das-ende-eine-aera-sram-stellt-produktion-aller-schaltnaben-ein/

Shimano liefert zwei verschiedene Serien[108]: Nexus und Alfine, die nicht nur in Pedelecs, sondern auch konventionellen Fahrrädern verwendet werden.

In günstigen Pedelecs finden Sie meistens die Shimano Nexus mit 7 oder 8 Gängen vor. Auf Wunsch ist das System auch mit Rücktrittbremse erhältlich. Die teurere Shimano Alfine mit 8 oder 11 Gängen gibt es nur ohne Rücktrittbremse als Freilaufversion. Sie hat den Vorteil, dass man beim Anhalten, beispielsweise an einer Ampel, die Pedale rückwärts in eine passende Position drehen kann. Das Antreten bei der Weiterfahrt ist somit müheloser.

Von Shimano wird die Wartung der Nabenschaltungen alle 5.000 km oder aber alle 2 Jahre empfohlen. Wenn das Fahrrad unter harten (Wetter-)Bedingungen gefahren wird, ist es eventuell notwendig, diese Intervalle zu verkürzen. Wenn Sie sich aus Knauserigkeit nicht an diese Vorgaben halten, sollten Sie die Wartung spätestens nachholen, sobald die Nabenschaltung schwergängig wird oder Geräusche von sich gibt. Normalerweise werden Sie die Wartung Ihrem Fachhändler überlassen, im Internet gibt es aber auch Anleitungen für geschickte Selbermacher[109]. Für den Austausch einer Nabe müssen Sie übrigens mit Materialkosten von 60 bis 120 Euro, bei der Alfine 11 sogar mit 280 Euro rechnen.

Wie erwähnt, spielt die Nabenschaltung insbesondere in der Stadt mit seinem Stopp-und-Go-Verkehr ihre Stärken aus. Für ältere Personen ist die Nabenschaltung zudem wegen der einfachen Handhabung und des geringen Wartungsaufwands ideal. Es ist daher umso bedauerlicher, dass die Auswahl an Pedelecs mit Nabenschaltung inzwischen sehr klein ist.

7.2 Kettenschaltung

Kettenschaltungen bestehen aus der Kette, dem Ritzelpaket (auch als Zahnkranzpaket oder Kassette bezeichnet) am Hinterrad, dem Kettenblatt am Tretlager und dem Schaltwerk.

Im einfachsten Fall hat eine Kettenschaltung 6 bis 11 Gänge. Durch Hinzufügen eines weiteren Kettenblatts am Tretlager wird die Gangzahl verdoppelt. 10 oder 11 Gänge reichen bei Trekkingrädern vollkommen aus, denn Sie nutzen ohnehin nur einige der höheren Gänge.

Vorteile:

- Im Vergleich zur Nabenschaltung ein geringeres Gewicht und ein höherer Wirkungsgrad.
- Unkomplizierter Aufbau, deshalb günstiger als eine Nabenschaltung.
- Das Zahnkranzpaket lässt sich einfach austauschen, falls eine andere Übersetzung gewünscht wird.
- Wartung und Reparatur ist auch für Laien möglich.
- Während des Tretens kann der Fahrer schalten.

Nachteile

- Meist sind nicht alle Gänge schaltbar und es gibt Überschneidungen (wenn zusätzliches Kettenblatt am Tretlager verwendet wird).
- Auf Kette und Ritzel setzen sich Staub und Sand fest, die für Abrieb sorgen und die abgegebene Leistung reduzieren.
- Sie müssen ab und zu mit einer dreckigen Hose rechnen, weil man keinen Kettenschutz anbringen kann.
- Häufiges Schalten reduziert die Lebensdauer der Kette.
- Regelmäßiges Säubern und Ölen ist nötig, außerdem müssen Schaltwerk und Umwerfer ab und zu neu eingestellt werden.
- Schalten ist nur in Bewegung möglich, was insbesondere in der Stadt ein vorausschauendes

108 https://www.2rad.nrw/project/shimano-nabenschaltungen-vergleich-test/
109 https://www.2rad.nrw/project/nexus-wartung-shimano/

Fahren mit rechtzeitigem Herunterschalten vor Ampeln und Verkehrszeichen voraussetzt.

- Im Winter können Schnee- und Eisklumpen die Ritzel blockieren.

- Spätestens nach dem vierten Kettenwechsel sind der Austausch des Kurbelritzels und des Ritzelpakets an der Hinterradnabe empfehlenswert.

Die Komponenten einer 11-Gang-Kettenschaltung an einem Pedelec mit Hinterradantrieb: (1) Ritzelpaket, (2) Umwerfer mit (3) Kettenspanner, (4) Kettenblatt am Tretlager. Nicht im Bild ist die Schaltung am Lenkrad.

Ritzelpaket mit 9 Ritzeln (= 9 Gänge).

Foto: KMJ[110]

110 https://commons.wikimedia.org/wiki/File:Ritzelpaket_01_KMJ.jpg (Fotograf: KMJ. This file is licensed under the Creative Commons Attribution-Share Alike 3.0 Unported license).

7.2.1 Shimano

An fast jedem Pedelecs findet man eine Kettenschaltung von Shimano, weshalb wir einen genauen Blick darauf werfen[111].

Shimano vermarktet die meisten seiner Teile als »Gruppen«, die aus Nabensatz, Schaltwerk, Umwerfer, der Kurbelgarnitur und dem Bremsensatz bestehen. In den Gruppen stehen zusätzliche Komponenten zur Verfügung, mit denen die Fahrradhersteller ihre Zielgruppen bedienen. Beispielsweise sind verschiedene Ritzelpakete lieferbar[112].

Wir führen hier nur diejenigen Schaltungen auf, auf die wir während unserer Marktforschung hauptsächlich gestoßen sind. Die Auflistung erfolgt nach den Preis sortiert, also von billig nach teuer:

- **Acera**: Ist meist in Pedelecs unter 2000 Euro verbaut. Eine ältere Modellbezeichnung ist Altus[113]. Für Gelegenheitsradler vollkommen ausreichend.

- **Alivio**: Im Vergleich zur Acera bietet die Alivio einen besseren Kettenumwerfer.

- **Deore**: Die beliebteste Shimano-Schaltung wird nicht nur in Trekkingrädern, sondern auch Mountainbikes eingesetzt. Sie übernimmt zahlreiche Features der höherklassigen SLX- und XT-Schaltgruppen.

- **LX**: Der SLX-Vorgänger wird inzwischen ausschließlich für Trekking-Räder vermarktet. LX ist nicht ganz so robust wie SLX.

- **SLX / XT**: Beide unterscheiden sich nur durch Kleinigkeiten wie der Bremsbelaghalterung und der Druckpunkteinstellung des Bremshebels[114]. Sie können daher beruhigt zur günstigeren SLX greifen.

- **XT Di2**: Bis auf das höhere Gewicht fast baugleich zur XT. Ein elektronische Schaltung übernimmt mit Servomotoren den Schaltvorgang. Das System justiert sich selbst.

- **XTR**: Besteht aus hochwertigen Materialien wie Carbon, Titan und Aluminium und liegt preislich über der XT. Geringere Produktionstoleranzen sollen weichere Schaltvorgänge gewährleisten. Die Vorteile gegenüber der XT halten sich also in Grenzen.

- **XTR Di2**: Eine Version der XTR mit elektronischer Schaltung ist derzeit das Highend-System von Shimano. Es ist leichter ist als die XT Di2, aber schwerer als die XTR.

Ab Deore sind die Schaltungssysteme mit einem »Shadow Plus«-Mechanismus ausgestattet, der während der Fahrt die Kettenspannung erhöht und somit das Kettenabspringen verhindert. Der Schaltvorgang benötigt mit Shadow Plus etwas mehr Kraft, weshalb man ihn mit einem Knopf am Lenker deaktivieren kann.

Ein nachträglicher Umbau zu einem anderen Schaltsystem ist nicht nur durch den Fachhändler möglich, sondern kann auch in Eigenarbeit durch den Anwender durchgeführt werden.

Teilweise bedienen sich Pedelec-Hersteller aus verschiedenen Gruppen. Ein Beispiel ist die Kombination des Shimano LX-Schaltwerks mit dem Deore-Schalthebel. Auch der Einsatz von Komponenten von Drittherstellern ist üblich und muss keine Qualitätseinbuße im Vergleich zu den Originalteilen bedeuten.

---

111 https://www.bikeexchange.de/blog/mtb-schaltgruppen
112 https://wikipedalia.com/index.php?title=Kategorie:Shimano
113 https://www.radforum.de/threads/348215-qualitaetsunterschiede-zwischen-altus-acera-alivio-und-deore-naben
114 https://www.mtb-news.de/forum/t/unterschied-xt-und-slx-bremsen.717646/

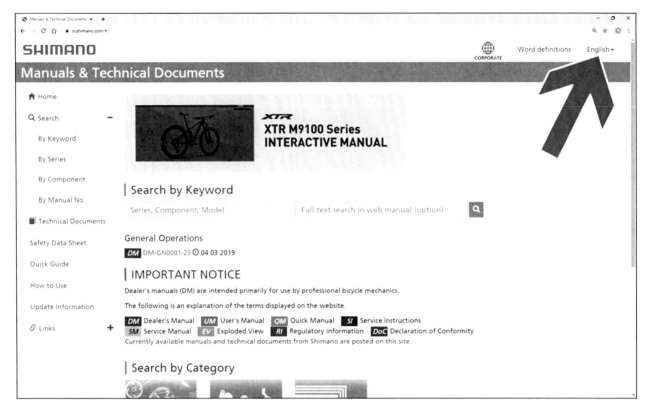

Ausführliche Wartungs- und Bedienungsanleitungen stellt der Schaltungshersteller Shimano unter der Webadresse *si.shimano.com* bereit. Die Benutzeroberfläche sollten Sie oben rechts auf Deutsch (Pfeil) umstellen, damit Ihnen die Suchfunktion deutschsprachige Dokumente auswirft.

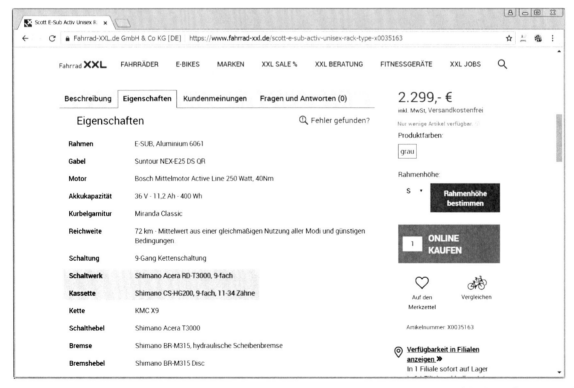

Vorsicht ist bei günstigen Pedelec-Angeboten angebracht, bei denen ein Marken-Schaltwerk mit No-name-Komponenten kombiniert wird. Es lohnt sich also vor dem Kauf auf jeden Fall ein Blick ins Datenblatt. In diesem Beispiel ist das angebotene »Scott E-Sub Activ Unisex Rack Type« weitgehend mit Shimano-Komponenten ausgestattet.

7.3 Elektronische Schaltung Di2

Statt manuell über Drehschalter oder Wippen können Sie mit dem Di2-Bedienelement von Shimano auch vollautomatisch schalten. Unterstützt wird die **Nabenschaltung** Alfine mit 8 oder 11 Gängen und die Nexus mit 8 Gängen, sowie die Kettenschaltungen Shimano XTR Di2 und Deore XT Di2

Di2 wählt automatisch den effizientesten Gang, indem Geschwindigkeits- und Trittfrequenz-Daten sowie der Leistungsinput des Fahrers, also der »Druck«, den er auf das Pedal bringt, erfasst und ausgewertet werden. Der Fahrer kann natürlich weiterhin manuell schalten, wenn er es wünscht.

Findige Bastler haben auch bereits eine mechanische Kettenschaltung nachträglich auf Di2 umgebaut, wobei je nach Rad nachträglich noch die Motorsteuerung mit einem Softwareupdate aktualisiert werden muss (nur durch einen Fachhändler möglich)[115].

Die elektronische Schaltung Di2 von Shimano übernimmt vollautomatisch den Schaltvorgang. Foto: Glory Cycles[116]

115 https://www.emtb-news.de/forum/threads/steps-e8000-auf-di2-upgraden.393/
116 https://www.flickr.com/photos/glorycycles/14541576288

Das Di2-Bedienelement zeigt den eingelegten Gang (»6«) an. Foto: Shimano.

7.4 Tretlagerschaltung

Die Idee, eine Gangschaltung im Tretlager einzubauen, ist schon fast hundert Jahre alt, konnte sich aber wegen des hohen Gewichts und technischer Unzulänglichkeiten bisher nicht durchsetzen. Das Unternehmen Pinion[117] versucht mit der selbst entwickelten Tretlagerschaltung einen neuen Anlauf. Aktuell gibt es zwei Modellreihen: Die P-Serie hat 18 Gänge, die C-Serie 6, 9 oder 12.

Vorteile:

- Hohe Übersetzungsbandbreite von bis zu 636%.

- Tiefer Schwerpunkt sorgt für besseres Handling des Pedelecs.

- Hoch- und Runterschalten von mehreren Gängen per Drehgriff, auch im Stand.

- Wartungsarme, gekapselte Konstruktion.

- Einsatz von Antriebsriemen (siehe Kapitel *7.8 Riemen oder Kette?*) möglich.

- Die Gefahr, dass die Kette vom Ritzel springt, ist – im Vergleich zur Kettenschaltung – äußerst gering.

Nachteile:

- Höheres Gewicht als andere Schaltungen.

- Nachrüstung bei bestehenden Fahrrädern/Pedelecs nicht möglich, weil eine spezielle Aufnahme benötigt wird.

- Hohe Anschaffungskosten.

Der Antrieb erfolgt bei den Pinion-Pedelecs über einen Radnabenmotor, denn an der Position, wo sich sonst der Mittelmotor befinden würde, ist das Pinion-Getriebe untergebracht.

Beachten Sie, dass das Pinion-System zwar den Riemenantrieb (Kapitel *7.8 Riemen oder Kette?*) unterstützt, dieser aber nicht so effektiv wie der Kettenantrieb ist[118]: Der Riemen muss schneller laufen und dessen Kerben werden deshalb häufiger gebogen, was einen höheren Kraftaufwand verursacht. Außerdem wird eine hohe Riemenspannung benötigt. Wir empfehlen deshalb den Griff zum Kettenantrieb. Der Kettenantrieb ist beim Pinion im Vergleich zu konventionellen Pedelecs mit Kettenschaltung sehr leise und langlebig, weil keine Umleitung über die Schaltungsrädchen am Hinterrad erfolgt.

---

117 https://www.fahrrad-xxl.de/beratung/zubehoer/pinion-tretlagerschaltung
118 https://www.rad-lager.de/riemenspannung.htm#pinion

Radnabenschaltung von Pionion mit Gates-Riemenantrieb (siehe Kapitel *7.8 Riemen oder Kette?*).
Foto: www.pd-f.de / Paul Masukowitz

Auf dem Markt spielt die Pinion-Schaltung derzeit keine große Rolle, weshalb man entsprechende Pedelecs suchen muss. Auf der Pinion-Website werden allerdings inzwischen über 20 Pedelecs[119] gelistet. Falls Sie sich für diese interessante Technologie interessieren, sollten Sie sich direkt an Pinion für Auskunft über Händler in der Nähe wenden.

7.5 NuVinci

Die stufenlose NuVinci-Nabenschaltung des amerikanischen Herstellers Enviolo[120] macht keine Schaltgeräusche, denn im Grunde wird nicht geschaltet. Stattdessen erfolgt die Übersetzungs-änderung (welche einem Gangwechsel entspricht) stufenlos über Kugeln und Scheiben, die sich nicht berühren. Weil der Kraftschluss über ein spezielles Öl erfolgt, ist die Nabe fast wartungsfrei und lange haltbar.

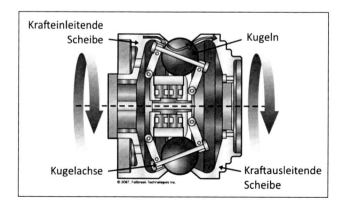

Aufbau der Nuvinci-Schaltung. Zum Ändern des Übersetzungsverhältnisses wird der Drehpunkt der Kugeln geneigt. Die Kraft-übertragung erfolgt ohne Reibung über das von den Kugeln mit gezogene Spezialöl.

Abbildung: Enviolo

119 https://pinion.eu/bike-selection/#module-id-5
120 https://www.enviolo.com

Nuvinci 360 an einem Mountainbike mit Scheibenbremsen. Foto: Richard Masoner / Cyclelicious [121]

Auseinandergebaute Nuvinci-Nabenschaltung. Sehr gut sind die Kugeln zu erkennen, die sich in einem Ölbad drehen. Foto: Richard Masoner / Cyclelicious [122]

121 https://www.flickr.com/photos/bike/4527234172
122 https://www.flickr.com/photos/bike/4526605177

Die NuVinci ist insbesondere für die Nutzung in der Stadt interessant, denn Sie müssen sich nicht um die Schaltung kümmern, sondern können sich auf den Verkehr konzentrieren. Sie stellen einfach die gewünschte Übersetzung ein – dabei ist das Runterschalten auch im Stand möglich. Für den Einsatz »am Berg« ist NuVinci nach Meinung einiger Nutzer aber weniger geeignet[123].

Je nach Zielgruppe ist die NuVinci-Schaltung mit unterschiedlichen Leistungsmerkmalen auf dem Markt[124]: Die **N380** bietet einen Übersetzungsbereich von maximal 380 %, die **N360** von maximal 360 % und die **N330** – sie ahnen es schon – von maximal 330 %. Die N380SE ist baugleich zur N380 und unterscheidet sich nur im Design.

Vorteile:

- Das Getriebe liegt staub- und wassergeschützt in der Nabe.

- Kette und Ritzel werden im Gegensatz zur Kettenschaltung durch den Schaltvorgang nicht belastet und halten daher erheblich länger.

- Stufenloses, geräuschloses und ruckelfreies Gangverhalten.

- Schalten auch im Stand oder unter Last möglich.

- Übersetzungsverhältnis bis 380%

- Im Vergleich mit anderen Schaltungen vergleichsweise günstig.

- Die Gefahr, dass die Kette abspringt, ist im Vergleich zur Kettenschaltung, äußerst gering.

Nachteile:

- Vergleichsweise hohes Gewicht.

- Bei einem Defekt können Fachhändler die Nabe meistens nicht selbst reparieren und müssen sie einschicken.

- Im Vergleich zur Kettenschaltung ist der Leistungsverlust höher.

Bei der Kaufentscheidung für ein Fahrrad mit NuVinci-Schaltung kommt es nicht nur auf das Schaltungsmodell (N330, N360 oder N380) an, sondern auch auf das Bedienelement am Lenker. In den nächsten drei Kapiteln stellen wir diese vor.

7.5.1 NuVinci Standardschaltung

Will der Pedelec-Hersteller Geld sparen, verbaut er die Bedienelemente C3, C8 oder C8s. Das C3 verzichtet auf ein Display; beim C8s wurden hochwertigere Materialien als beim C8 verwendet.

Mit den C-Bedienelementen können Sie nur manuell die Übersetzung über einen Drehgriff verstellen. Produziert werden die Bedieneinheiten vom Unternehmen Enviolo. Die meisten Pedelec-Modelle mit NuVinci-Schaltung sind mit dem C3-Bedienelement ausgestattet.

7.5.2 NuVinci Harmony

Bei der NuVinci Harmony stellt der Fahrer die gewünschte Trittfrequenz (Kadenz) am Drehgriff ein, worauf das System automatisch, je nach Steigung der Strecke, die Übersetzung automatisch stufenlos hoch- oder runter schaltet. Auch das Harmony-System stammt vom Unternehmen Enviolo.

Beim H3-Bedienelement für das N330 lässt sich die Trittfrequenz nur in drei Stufen (niedrig, mittel, hoch) festlegen, während das H8 für N360 und N380 eine freie Einstellung der Trittfrequenz erlaubt.

Unsere Marktuntersuchung hat ergeben, dass nur sehr wenige Pedelec-Hersteller zur Harmony

---

123 https://www.pedelecforum.de/forum/index.php?threads/nuvinci-n380-harmony-h-sync-unterschiede-equivalent-zu-shimano.40145/
124 https://www.emotion-ebikes.de/ebikeinfo/e-bike-gangschaltungen/enviolo-nabenschaltung/

greifen, sondern stattdessen das im nächsten Kapitel beschriebene H|Sync-System verbauen.

Links: H3 (für NuVinci N330). Rechts: H8s für NuVinci N360 und N380. Fotos: Fallbrook Tech nologies

7.5.3 NuVinci H|Sync

Eine Erweiterung des Harmony-Systems ist NuVinci H|Sync[125], das aktuell nur für Bosch-Antriebssysteme angeboten wird. Hier kann man ähnlich der Harmony-Steuerung die Trittfrequenz zwischen 30 und 80 Umdrehungen einstellen[126]. Das System passt, wie bei der Harmony, abhängig von der Topografie die Übersetzung an die Trittfrequenz an und ist auch für S Pedelecs geeignet. Muss der Fahrer halten, schaltet H|Sync automatisch einen kleinen Gang ein.

Zusätzlich kann der Fahrer 9 manuell auswählbare »Gänge« programmieren, auf die er bei Bedarf umschaltet. Er hat also die freie Wahl zwischen Automatik und manueller Gangschaltung. Weil die komplette Steuerung über das Bosch Intuvia-Bordcomputer erfolgt, wird auf den Harmony-Griff beziehungsweise die Bedieneinheit verzichtet. Im manuellen Modus kann der Fahrer allerdings nicht die Höhe der Motorunterstützung ändern. Dies ist nur nach Verlassen des manuellen Modus möglich[127].

7.6 Rohloff

Die Nabenschaltung Speedhub 500/14 des hessischen Unternehmens Rohloff wird bereits seit 20 Jahren verkauft. Sie hat einen Übersetzungsbereich von maximal 500 Prozent und 14 Gänge. Das System funktioniert mit einem Planetengetriebe.

---

125 https://pedelec-elektro-fahrrad.de/news/nuvinci-hsync-harmony-schaltung-mit-bosch-intuvia-steuern/9731/
126 https://www.bosch-ebike.com/de/produkte/eshift/
127 https://www.elektrorad-mott.de/nuvinci/

Links: Schnittmodell des Rohloff Speedhub 500/14. Rechts: Die Rohloff-Nabe mit elektronischer Steuerung für das Bosch eShift-System (siehe Kapitel 4.2.2.h Bosch eShift). Fotos: Rohloff AG

Vorteile[128]:

- Die einzige Nabenschaltung mit einem Übersetzungsbereich wie eine Kettenschaltung.
- Gleichmäßige Gangabstufung über Drehschalter am Lenker.
- Das Schalten ist auch im Stand oder unter Last möglich.
- Das Getriebe liegt staub- und wassergeschützt in der Nabe.
- Kette und Ritzel werden im Gegensatz zur Kettenschaltung durch den Schaltvorgang nicht belastet und halten daher erheblich länger.
- Die Gefahr, dass die Kette vom Ritzel springt, ist – im Vergleich zur Kettenschaltung – äußerst gering.

Nachteile:

- Sehr teuer.
- Der Fachhändler vor Ort wird eine defekte Nabe nicht reparieren können, sondern muss sie beim Hersteller einschicken.

Die Rohloff-Nabe ist zwar fast verschleißfrei, es sollte aber alle 5000 km oder einmal im Jahr ein Ölwechsel durchgeführt werden[129]. Das kann der Nutzer beim Händler erledigen lassen oder selbst durchführen.

7.7 Welches Schaltungssystem ist zu empfehlen?

Jeder Radfahrer hat andere Gewohnheiten und Ansprüche. Im Stadtbereich mit vielen Stopps an Ampeln und Einmündungen lohnt sich eine Nabenschaltung, die Sie auch im Stand schalten können.

Geht es auf Touren, welche auch Bergfahrten einschließen, sind Sie mit einer Kettenschaltung, bei der weniger Kraft verloren geht (siehe Kapitel *7.2 Kettenschaltung*) im Vergleich zur Nabenschaltung meistens besser bedient.

Kettenschaltungen sind so einfach aufgebaut, dass sogar Laien mit etwas Übung einfache War-

128 https://www.rad-lager.de/rohloffvorteile.htm
129 https://www.rohloff.de/fileadmin/user_upload/3_Service_2015_03_web.de.pdf

tungsarbeiten wie einen Kettenwechsel durchführen können. Die nötigen Ersatzteile oder Werkstätten, die eine Reparatur übernehmen, gibt es auch im nichteuropäischem Ausland. Mit den Nabensystemen, insbesondere von Nuvinci oder Rohloff, wird es dagegen mitunter schwierig im Ausland eine kompetente Werkstatt zu finden.

Der ADFC (Allgemeiner Deutscher Fahrrad-Club) empfiehlt eine Trittfrequenz von 80 bis 100-Pedal-Umdrehungen pro Minute. Dies schütze vor Überlastung von Gelenken, Sehnen und Muskulator. Je mehr Gänge Ihnen zur Verfügung stehen, desto besser können Sie die empfohlene Trittfrequenz einhalten. Auf längeren Touren mit unterschiedlichem Anstieg spielen daher Kettenschaltungen mit 10 oder mehr Gängen, aber auch die Nuvinci- und Rohloff-Nabe ihre Stärken aus.

7.8 Riemen oder Kette?

Die Entwicklung des Kettenantriebs hat das moderne Fahrrad erst ermöglicht, denn vorher war die Kurbel direkt am Vorderrad angebracht, was unter anderem zur kuriosen Konstruktion des Hochrads[130] führte.

Als Alternative zur Kette hat vor etwa 10 Jahren das US-Unternehmen Gates Corporation einen Carbonzahnriemen vorgestellt. Der Zahnriemen ist im Vergleich zur Kette laufruhiger und verzichtet auf eine Schmierung, sodass dreckige Hosen oder Beine passé sind. Als maximale Lebensdauer werden 20.000 km angegeben.

Analog zu einer Fahrradkette wird der Carbonriemen zwischen zwei sogenannten Zahnscheiben (»Riemenscheiben«), einer an der Kurbel, einer an der Nabe, gespannt. Die Kraftübertragung erfolgt durch den im Zahnriemen eingebetteten Zugstrang.

Der Carbonriemen darf nicht geknickt werden, deshalb muss das Pedelec eine Nabenschaltung (siehe Kapitel *7.1 Nabenschaltung*) haben. Ein nachträglicher Umbau von Ketten- auf auf Riemenbetrieb ist übrigens nur selten möglich, weil das Pedelec mit einer teilbaren Sitzstrebe (sogenanntes Rahmenschloss, »Rahmenkupplung«) ausgestattet sein muss, durch den der nicht teilbare Riemen eingelegt wird. Das Gewicht des Rahmenschlosses macht den Gewichtsvorteil des Riemens von etwa 200 Gramm im Vergleich zur Kette wieder teilweise zunichte[131].

Erhältlich sind die Gates-Riemen in der Version CDC und CDX[132]. Bei Letzterem verläuft in der Riemenmitte eine Nut, die durch einen Steg in der Mitte der Riemenscheibe läuft. Dies verhindert das Abspringen des Riemens unter widrigen Bedingungen, wie man sie als Mountainbike-Fahrer häufig erlebt. CDX-Riemen sind mit etwa 80 Euro leider nochmal erheblich teurer als die CDC-Variante, die nur etwa 40 Euro kostet.

130 https://de.wikipedia.org/wiki/Fahrrad
131 https://de.wikipedia.org/wiki/Zahnriemenantrieb_(Fahrrad)
132 https://followmestore.de/hilfeartikel/bike/gates-riemenantrieb-cdx-und-cdc

Riemenantrieb mit Gates-Carbonriemen. Foto: www.pd-f.de / gatescarbondrive.com

Über die Vor- und Nachteile des Carbonriemens wird viel in Radfahrerkreisen diskutiert. So gibt es zu den von der Gates Coporation produzierten Riemen aktuell keine Konkurrenz, was sich in den Preisen bemerkbar macht, die ein Vielfaches über denen von Ketten liegen. Auch muss der Ersatzriemen genau zum Pedelec passen und setzt beim Einbau viel Geschick voraus, weil Sie die Riemenspannung genau einstellen müssen. Sie sollten deshalb diese Aufgabe einer Fahrradwerkstatt überlassen.

Nicht nur bei Touren im Ausland werden Sie bei einem Defekt Probleme haben, eine Werkstatt zu finden, die mit dem Riemenantrieb zurecht kommt oder zumindest einen Ersatzriemen vorrätig hat.

Im Vergleich zu einem Kettenantrieb muss beim Umbau eines Fahrrads/Pedelecs auf das Gates-System mit Mehrkosten von 300 Euro gerechnet werden. Dazu tragen nicht nur der teure Riemen, sondern auch die bereits erwähnte teilbare Sitzstrebe und eine Vorrichtung zur Einstellung der Riemenspannung bei. Weiterhin macht Gates strenge Vorgaben zur Maßhaltigkeit des Rahmens, was den Fahrradherstellern höhere Kosten für Qualitätskontrollen verursacht.

Zwar spricht der Hersteller Gates Corporation davon, dass der Riemenantrieb wesentlich unempfindlicher ist als die Kette, in der Realität ist allerdings das regelmäßige Abbürsten und Abspritzen des Riemens mit dem Wasserschlauch Pflicht[133] (Achtung: Niemals Hochdruckreiniger verwenden, weil Sie damit die Selbstschmierung des Nabengetriebes zerstören!). Durch Sand und Staub nutzen sonst Riemen und Zahnscheiben rapide ab. Der oben erwähnte CDX-Riemen ist übrigens wegen seiner Nut etwas umständlicher zu reinigen.

Vorsicht ist auch beim Transport oder Anlehnen des Pedelecs angesagt, denn der Riemen darf nicht seitlich belastet werden. Zudem können Schottersteinchen auf schlechten Wegen oder scharfkantiges Split im Winter ins Riemensystem gelangen und es beschädigen.

Fest steht[134], dass der Riemen etwas weniger effizient als die Kette ist, weil durch die Walkbewegung und die Reibung beim Eingreifen der Zähne in die Zahnscheibe Energie verloren geht. Hinzu kommt noch die, je nach Nabenschaltungssystem, geringere Effizienz im Vergleich zur Kettenschaltung. Allerdings: Vom Energieverlust bekommen Sie im Alltag kaum etwas mit, weil ja der Motor den größten Teil der Antriebsarbeit übernimmt. Die Akkureichweite ist natürlich etwas geringer im Vergleich zum Kettenantrieb.

133 https://www.mybike-magazin.de/fahrraeder_und_ebikes/fahrradreparatur_und_fahrradpflege/zahnpflege/a4821.html
134 https://www.rad-lager.de/riemenantrieb.htm

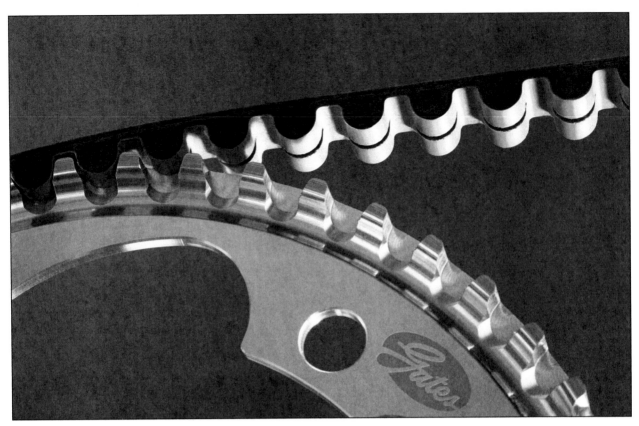

Riemenantrieb mit Gates-CDX-Carbonriemen. Deutlich ist die Nut im Riemen zu sehen, die das Ab -
springen des Riemens verhindert. Foto: www.pd-f.de / gatescarbondrive.com

Konkurrenz zum vergleichsweise teuren Gates-Riemenantrieb gibt es leider nicht. Der Auto-
mobilzulieferer Continental hatte einen ähnlichen Riemenantrieb im Angebot, nahm diesen aber
Mitte 2018 im Rahmen eines Rückrufs wegen Qualitätsproblemen aus dem Programm.

Seit einiger Zeit vertreibt das US-Unternehmen Veer (*www.veercycle.com*) mit dem Split Belt-
System eine Nachrüstlösung. Hier lässt sich der geöffnete Riemen einfach einziehen und wird
anschließend mit Nieten geschlossen. Voraussetzung für den Umbau ist wie beim zuvor beschriebenen Gates-Riemen allerdings ein Fahrrad/Pedelec mit Nabenschaltung. Uns ist allerdings
kein Pedelec-Anbieter bekannt, der seine Produkte direkt ab Werk mit dem Veer-System ausrüstet.

8. Bremsanlage

Die Straßenverkehrsordnung[135] schreibt in § 65[136] für Fahrräder und damit den gleichgestellten Pedelecs zwei voneinander unabhängige Bremsen vor. Ist ein Fahrrad bereits mit einer Rücktrittbremse ausgerüstet, dann reicht eine zusätzliche Handbremse.

Vier verschiedene Bremsen, die teilweise auch in Kombination verwendet werden, sind auf dem Markt anzutreffen:

- Rücktrittbremse
- Rollenbremse
- Felgenbremse
- Scheibenbremse

8.1 Rücktrittbremse

Nur bei Pedelecs mit Nabenschaltung wird ab und zu eine Rücktrittbremse (»Nabenbremse«) angeboten. Sie ist vor allem für Menschen sinnvoll, die vorher ein Fahrrad genutzt haben und sich nicht auf den Freilauf umgewöhnen möchten. Die ersten Rücktrittbremsen wurden bereits vor mehr als 100 Jahren in Fahrrädern verbaut.

Die Funktionsweise: Beim Treten gegen die Fahrtrichtung wird ein Bremskonus gedehnt, der an die Innenseite der Nabe gedrückt wird und damit die Bremswirkung erzielt. Bei Nachlassen den Bremsdrucks bewegt eine Feder den Bremskonus wieder in die Ausgangsstellung zurück und der Bremssattel zieht sich darauf hin wieder zusammen[137].

Vorteile der Rücktrittbremse sind der geringe Wartungsaufwand, die Wetterunabhängigkeit und Robustheit. Auch braucht man im Gegensatz zu Trommel-/Felgenbremsen nicht die Hand vom Lenker nehmen, was unsicheren Fahrern zugute kommt. Dafür ist allerdings bei einer Vollbremsung ein höherer Kraftaufwand nötig und bei abgesprungener Kette verliert die Rücktrittbremse ihre Funktion. Darüber hinaus ist die Dosierbarkeit des Bremsdrucks teilweise abhängig von der aktuellen Pedalstellung und lässt sich kaum dosieren, zudem ist für die Bremswirkung etwa eine Vierteldrehung nach hinten nötig, was bei einer plötzlich nötigen Bremsung wertvolle Zeit kostet und den Bremsweg verlängert.

Wegen der geringen Bremsleistung der Rücktrittbremse sollte man immer gleichzeitig mit Rücktritt und Vorderradbremse verzögern. Gewöhnen Sie es sich am besten an, die Vorderradbremse als Hauptbremse einzusetzen, denn wenn Sie nur den Rücktritt verwenden, besteht zum einen die Gefahr, dass die Bremskraft nicht ausreicht, zum anderen kann das Hinterrad blockieren und unkontrolliert ausbrechen. Bremsen Sie immer etwas kraftvoller mit der Vorderradbremse, die Sie als Hauptbremse einsetzen.

Für längere Bergabfahrten ist die Rücktrittbremse wegen Überhitzungsgefahr ungeeignet – im Extremfall kann sie dann blockieren und den Fahrer auf die Straße befördern. Müssen Sie dennoch mal häufig bremsen, dann sollte dies intervallartig erfolgen, also Rücktritt nicht schleifen lassen, sondern diesen kräftig durchtreten, dann wieder loslassen.

Macht sich die Rücktrittbremse mit Schleifgeräuschen, Quietschen oder niedriger Bremskraft bemerkbar, dann sollten Sie sie von einer Werkstatt untersuchen und gegebenenfalls austauschen lassen. Es handelt sich schließlich um ein sicherheitsrelevantes Teil!

---

135 https://www.adfc-nrw.de/kreisverbaende/kv-rheinberg-oberberg/aktuelles/aktuelles/article/welche-bremse-und-beleuchtung-muss-am-fahrrad-sein.html

136 http://www.verkehrsportal.de/stvzo/stvzo_65.php

137 https://veloklassiker.ch/service/bremsen/ruecktrittbremse/

Bestandteile einer Nabenschaltung mit Rücktrittbremse. Foto: Markus Schweiss [138]

8.1.1 Rollenbremse

Eine besondere Art der Rücktrittsbremse ist die von Shimano entwickelte Rollenbremse (»Roller-brake«). Diese fast wartungsfreie Bremse wird nicht mit dem Fuß, sondern einem Hebel am Lenker, welche wiederum einen Seilzug betätigt, bedient. Für die Bremswirkung sorgen mehrere an einer Nockenscheibe befestigte Metallrollen, die von innen gegen einen Bremsmantel gedrückt werden. Prinzipbedingt reduziert sich die Bremsleistung bei höherem Tempo, sodass Notbremsungen nicht möglich sind. Regelmäßiges Schmieren ist zudem wichtig, denn sonst droht die Bremse zu blockieren. Pedelecs mit Rollenbremse sind nur sehr selten und dann eher im untersten Preisbereich zu finden, da sie gegenüber den Nabenschaltungssystemen mit integrierter Rücktrittsbremse (siehe Kapitel *7.1 Nabenschaltung*) keine Vorteile hat.

Eine Shimano-Rollenbremse erkennen Sie am großen Kühlkörper. Foto: Richard Masoner / Cycleli - cious[139]

8.2 Felgenbremse

Die Felgenbremse funktioniert durch Aufdrücken der Gummi-Bremsbeläge auf die Felgenflanken des Laufrads. Die dabei entstehende Reibung sorgt für die Bremswirkung[140]. Für die Felgenbremse sprechen niedriger Preis, leichte Wartbarkeit und geringes Gewicht. Auch gestaltet sich der Radausbau für den Reifenwechsel mit der Felgenbremse einfacher als mit der Scheibenbremse.

Demgegenüber machen sich eine schlechte Bremswirkung bei Nässe und hoher Verschleiß an Felge und Bremsbelägen bemerkbar. Ab und zu sollten Sie zudem für volle Bremswirkung Schmutz von den Felgen beseitigen.

Im Handel sind Felgenbremsen häufig bei Pedelecs mit Nabenschaltung anzutreffen. Bei Trekkingrädern mit Kettenschaltung hat sich dagegen die Scheibenbremse durchgesetzt.

Unsere Marktanalyse hat ergeben, dass bei Pedelecs mit Felgenbremse bis etwa 2500 Euro Verkaufspreis eine Magura HS11 verbaut wird, ab etwa 3000 Euro eine Magura HS22. Die HS33 ist für die höheren Geschwindigkeiten der S Pedelecs konstruiert worden und bei den langsameren Pedelecs nicht zu finden.

Die heute verbauten Felgenbremsen haben natürlich nur noch eine entfernte Ähnlichkeit mit den Bremsen, über die Sie sich in Ihrer Kindheit am Fahrrad herumärgerten. So arbeiten alle Bremsen des deutschen Herstellers Magura nicht per Seilzug, sondern mit einer zuverlässigeren Hydraulik (Öldruck sorgt für die Kraftübertragung).

---

139 https://www.flickr.com/photos/bike/4352473566
140 https://www.profirad.de/bremsen/

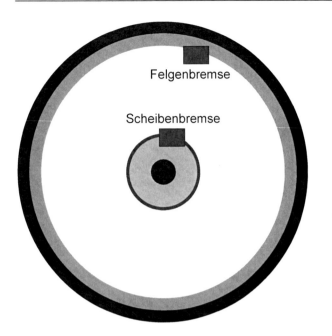

Ein Vorteil der Felgen- gegenüber der Scheibenbremse wird erst auf dem zweiten Blick deutlich: Die Scheibenbremse liegt nahe am Drehpunkt, weshalb auf den Bremsbacken der Scheibenbremse größere Kräfte wirken als auf der Felgenbremse.

Hydraulische Felgenbremse Magura HS11. Foto: *www.velo-radsport.de*[141]

Magura HS11: Die Zielgruppe der HS11 sind Cityräder (siehe dazu Kapitel *3.1 Rahmenformen*). Im Gegensatz zur HS22 oder HS33 ist keine Einstellung der Bremshebelweite möglich. Nachstellen der Bremsen, um den Bremsbelagverschleiß auszugleichen, erfolgt über einen Torx-Schlüssel.

Magura HS22/HS33r: Laut Hersteller eignet sich die HS22 nicht nur für City- sondern auch Trekkingräder. Dagegen finden Sie die robustere HS33r nur an S Pedelecs. Die Bremshebelweite der HS22/HS33r lässt sich stufenlos einstellen, die Bremsen stellen Sie über eine Rädelschraube nach.

---

141 https://www.flickr.com/photos/velo-radsport/32926716804

Achten Sie beim Nachkauf der Bremsbeläge auf deren Typ, denn es gibt vier Varianten, die für verschiedene Felgentypen gedacht sind und sich allein schon durch die Farbe unterscheiden. Standard ist schwarz für die Verwendung mit unbeschichteten, polierten Felgenoberflächen[142].

Tipp: Von Magura sind Brakebooster (engl. Bremskraftverstärker) erhältlich[143], welche die Bremskraft um 10 bis 15 Prozent verstärken. Besonders für Personen über 90 kg Gewicht kann sich deren Einbau lohnen.

Der früher bei Felgenbremsen übliche Seilzug wurde – bis auf die Baumarkträder (siehe Kapitel *11.4 Baumarkträder*) – fast vollständig durch das zuverlässigere Hydrauliksystem ersetzt. Gebrauchte Pedelecs sind aber noch häufig mit Seilzügen ausgestattet.

Aufbau einer Felgenbremse am Beispiel der Magura HS11:

Über die Ölleitung (3) wird der Bremsdruck an den Bremskolben (2) auf beiden Seiten weitergegeben. Diese drücken jeweils den Bremsklotz (1) gegen die Felge.

Die Position der Bremsklötze an der Felge wird über einen Hebel (4) angepasst.

8.3 Scheibenbremsen

Eine Scheibenbremse besteht jeweils aus einer Metallscheibe an der Nabe. Die Bremswirkung wird durch Andrücken von Bremsbacken an die Bremsscheibe erzielt. Erfolgte die Kraftübertragung früher über Seilzüge, so ist heute die zuverlässigere Hydraulik üblich.

Die erste Scheibenbremse wurde in den 1970er Jahren an Fahrrädern montiert[144], über die Mountainbikes fand dieses Bremssystem auch bei Freizeiträdern und schließlich bei Pedelecs Verbreitung. Verglichen mit Felgenbremsen ist die Belastbarkeit und Lebensdauer höher, was aber durch ein höheres Gewicht erkauft wird. Der Austausch der Bremsbeläge ist zudem nicht trivial und erfordert Übung. Laien sollten das besser einer Fachwerkstatt überlassen.

Vor allem bei widrigen Wetterverhältnissen spielen Scheibenbremsen ihre Vorteile aus, denn sie liegen weiter innen am Rad und werden nicht so schnell nass oder dreckig.

---

142 https://www.bike24.de/p1786.html
143 https://www.utopia-velo.de/radratgeber/ausstattung/hydraulische-bremsen/
144 https://de.wikipedia.org/wiki/Fahrradbremse#Scheibenbremse

Tektro-Scheibenbremse am Vorderrad.

Vorsicht: Wenn Sie das Pedelec in einem Fahrradständer abstellen, darf dieser die Scheibenbremse nicht berühren (Pfeil). Die Scheibenbremse wird sonst beschädigt. Wir raten daher, **niemals** Ihr Rad – wenn es eine Scheibenbremse hat – in einem Ständer abzustellen. Foto: www.wsm.eu | pd-f

8.3.1 Wartung

Die Bremsbeläge werden automatisch nachgeführt, das heißt, Sie müssen sie nicht wie bei Felgenbremsen nachstellen. Falls die Bremsscheiben schmutzig sind, reinigen Sie sie mit Isopropylalkohol, Brennspiritus, alternativ mit Wasser, Seife und einem trockenen Tuch. Bremsenreiniger verbieten übrigens die meisten Hersteller in ihren Betriebsanleitungen[145]!

Abhängig von Ihrer Fahrweise sind nach etwa 500 bis 3000 km die Bremsbeläge fällig. Die Bremsscheiben halten dagegen wesentlich länger, meistens zwischen 10.000 (Vorderrad) bis 25.000 km (Hinterrad)[146]. Spätestens wenn die Bremsleistung deutlich nachlässt oder Sie beim Verzögern ein Kratzen hören, müssen Sie sofort den Bremsbelag wechseln lassen. Warten Sie damit zu lange, so beschädigen Sie die Bremsscheibe, für die dann ebenfalls ein Austausch ansteht.

Wie stark die Bremsbeläge (Pfeil) bereits abgenutzt sind, können Sie kaum ausmachen. Wer etwas Geschick hat, baut die Räder zur Kontrolle der Bremsbeläge aus.

Die Trägerplatte und der Bremsbelag sind jeweils ca. 2 mm dick. Bei einer Belagstärke von etwa 1 - 1,5 mm sollten die Beläge gewechselt werden. Prüfen Sie jeweils Vorder- und Hinterradbremse, denn die Abnutzung ist, wie erwähnt, bei beiden unterschiedlich.

Das Foto zeigt ein Scheibenbremssystem von Tektro.

Wichtig: Achten Sie bei Wartungsarbeiten am Pedelec – zum Beispiel beim Ölen der Ketten – darauf, dass kein Öl an die Scheibenbremsen gelangt, weil die Auswirkungen auf die Bremswirkung drastisch sind. Selbst mit Bremsenreiniger bekommt man das Öl aus den Bremsbelägen nicht wieder heraus, sodass neue Bremsbeläge nötig werden.

Für die Hydraulik der Scheibenbremsen verwenden die Hersteller unterschiedliche Flüssigkeiten auf Chemie- oder Mineralölbasis[147]. Shimano, Magura und Tektro setzen auf Mineralöl, andere Hersteller wie Sram auf Chemieprodukte, die als DOT bezeichnet werden. Die DOT-Bremsflüssigkeit hat den Vorteil eines höheren Siedepunkts, sollte allerdings einmal im Jahr ausgetauscht werden.

Wenn mal ein Austausch der Bremsflüssigkeit nötig ist, was sich an fehlender Bremskraft oder Geräuschen (leises Klimpern der Belaghaltefedern an den Scheiben) bemerkbar macht[148], ist ein Besuch der Werkstatt angesagt. Vom Selbsttausch der Bremsflüssigkeit raten wir ab, weil die anfallende Flüssigkeit Sondermüll ist, den eine Fachwerkstatt korrekt entsorgt.

Beachten Sie auf jeden Fall die mitgelieferte Anleitung Ihres Pedelecs, die auch Hinweise enthält, ob und wo die Bremsen gegebenenfalls nachzuziehen beziehungsweise zu ölen sind.

145 http://si.shimano.com/pdfs/dm/DM-MDBR001-03-GER.pdf (Anleitung Shimano BR-M315)
146 https://www.pedelecforum.de/forum/index.php?threads/bremsscheiben-wann-austauschen.55302/
147 http://wiki.fahrradbremsen.de/?cat=14
148 Scheibenbremsen Kompendium von Helmut Fröhlen Kapitel 2.3.1

8.3.2 Einbremsen

Haben Sie Ihr Pedelec neu gekauft oder wurden die Bremsbeläge ausgetauscht, so sollten Sie das Pedelec erst »einbremsen«. Eventuelle Unebenheiten werden dadurch abgeschliffen und die Lebensdauer sowie Bremsleistung erhöhen sich[149].

Beschleunigen Sie auf ebener Strecke auf 25 bis 30 km/h und bremsen Sie sehr stark bis auf Schrittgeschwindigkeit ab. Das Pedelec darf dabei nicht zum Stillstand kommen und die Bremsen nicht blockieren. Diesen Vorgang wiederholen Sie mehrmals. Mit jedem Bremsvorgang ergibt sich eine bessere Verzögerung. Wenn Sie keine Verbesserung mehr feststellen, was nach 10 bis 30 maligem Bremsen der Fall sein sollte, ist das Einbremsen abgeschlossen.

Fragen Sie am besten Ihren Fahrradhändler beim Kauf Ihres Pedelecs, ob noch ein Einbremsen nötig ist. Sollte er nicht wissen, was »Einbremsen« überhaupt ist, dürfte auch seine Kaufberatung kaum besser sein.

Einbremsen lohnt sich: Das Enduro Mountainbike-Magazin hat 2018 bei einem Test von Mountainbike-Bremsen eine Verbesserung des Bremsmoments um ungefähr 60 Prozent festgestellt[150]. Dieser Wert dürfte sich auch auf die Trekkingräderbremsen übertragen lassen.

8.3.3 Bremsscheibenmaterial

Den Bremsenherstellern stehen für die Bremsbeläge zwei Materialien zur Verfügung, die sich deutlich voneinander unterscheiden:

- **Gesinterte Bremsbeläge**: Bestehen aus einem Metallpulver, das bei hohen Temperaturen gepresst wurde.
- **Organische Bremsbeläge**: Verschiedene Kohlenstoffe wurden mit Kunstharz gemischt.

Die folgende Tabelle fasst die Vor- und Nachteile der beiden Materialien zusammen. Bitte beachten Sie, dass die aufgeführten Unterschiede in der Praxis teilweise minimal sind und von der Fahrweise abhängen.

	Gesinterter Bremsbelag	Organischer Bremsbelag
Lärmentwicklung beim bremsen	Niedrig	Hoch
Bremsbelagverschleiß	Niedrig	Hoch
Verschleiß der Bremsscheibe	Hoch	Niedrig
Bremsleistung im kalten Zustand	Niedrig	Hoch
Bremsleistung bei Nässe	Hoch	Niedrig

Es dürfen nur von den Bremsenherstellern vorgegebene Komponenten eingebaut werden, das heißt auch: Falls Sie von einem gesinterten Bremsbelag auf einen organischen oder umgekehrt wechseln, müssen Sie auch die Bremsscheibe gegen eine passende austauschen.

8.3.4 Handhabung

Die Bremse verliert an Wirkung, wenn sie überhitzt, deshalb sollte man bergab immer im Intervall bremsen. Das heißt, Bremse nicht schleifen lassen, sondern den Handhebel kräftig durchdrücken, dann wieder loslassen. Vergessen Sie nicht, beide Bremsen gleichmäßig einzusetzen, um die Bremslast zu verteilen. Stellen Sie fest, dass die Bremsleistung merklich nachlässt, dann sollten Sie eine kurze Pause einlegen, während der die Bremsen abkühlen. Dabei müssen Sie die Bremshebel loslassen, weil sonst die Bremsbeläge »gebacken« werden[151].

149 https://www.e-bike-darmstadt.de/bremsscheiben-und-bremsbelege-am-e-bike-deine-lebensversicherung/
150 https://enduro-mtb.com/die-beste-mtb-scheibenbremse/
151 http://trickstuff.de/de/know-how/index.php

Bremsbeläge können durch Überhitzung »verglasen«, was beispielsweise passiert, wenn Sie die Bremse schleifen lassen. Neben der verminderten Bremswirkung macht sich die verglaste Bremse mit Quietschen oder Vibrieren bemerkbar. Sofern Sie es sich zutrauen, bauen Sie die Bremsbeläge aus und halten sie ins Licht. Die Bremsbelagoberfläche sieht wie poliert und nicht matt aus. Gehen Sie kein Risiko ein und tauschen Sie die verglasten Bremsbeläge aus[152].

Blau angelaufene Bremsscheiben sind nach hoher Belastung völlig normal. Sollten sich die Bremsscheiben aber verziehen (erkennbar an deutlichem Quietschen) oder gar Risse entwickeln, ist aus Sicherheitsgründen der sofortige Austausch nötig.

Vorsicht ist angesagt, wenn Sie das Pedelec in einem **Fahrradständer** abstellen, denn die Bremsscheiben dürfen **nicht** mit der Halterung in Berührung kommen.

Für den Autotransport muss in der Regel das Vorderrad abgenommen werden. Wird nun während des Transports aus Versehen der Bremshebel betätigt, können die Bremsklötze unlösbar »zusammenbacken«, weshalb man zwischen den Bremsklötzen einen Abstandhalter legen muss. Dies kann einfach eine Pappe oder besser eine von den Bremsenherstellern angebotene »Transportsicherung« oder ein »Belagspreizer« sein[153]. Beim Wiedereinbau des Laufrads dürfen die Bremsbeläge nicht auf die Bremsscheibe »klackern«.

Sie möchten selbst Ihre Scheibenbremsen warten? Dann dürfte das umfangreiche und kostenlose »Scheibenbremsen Kompendium« für Sie interessant sein. Auf mehr als 100 Seiten zeigt der Autor Helmut Fröhlen, wie Sie Probleme erkennen und beseitigen. Sie finden es mit einer Google-Suche nach »Scheibenbremsen Kompendium«.

8.3.5 Bremsenhersteller

Marktführer bei den Scheibenbremsen ist das japanische Unternehmen Shimano mit deutlichem Abstand vor Magura und Tektro.

8.3.5.a Shimano

Das Shimano BR-M315-Bremssystem wird in den meisten Pedelecs bis zu einem Verkaufspreis von ca. 3000 Euro verbaut. Übrigens sind die Unterschiede zwischen der BR-M315 und der nächstgrößeren BR-M365 so gering, dass sie sogar die gleichen Bremsscheiben verwenden. Der Bremshebel ist bei der BR-M315 aus Stahl, bei der BR-M365 zur Gewichtsreduzierung aus Alu.

8.3.5.b Magura

Der deutsche Hersteller Magura spielt bei den Pedelec-Scheibenbremsen derzeit keine große Rolle.

Der Belagwechsel ist hier sehr einfach, da die Beläge nicht, wie bei anderen Herstellern, von einer Spreizfeder an den Kolben gedrückt, sondern magnetisch gehalten werden, was Magura als »magnetiXchange« bezeichnet. Zudem lassen sich die Beläge sehr simpel nach oben aus dem Bremsattel entnehmen und nach dem Ersetzen der Beläge ist kein erneutes Ausrichten nötig[154].

Verbaut werden aktuell in Pedelecs die Magura-Modelle MT4, MT5 und MT8, welche sich unter anderem im Übersetzungsverhältnis des Bremshebeldrucks unterscheiden. Die MT4 deckt den Bereich City-/Trekkingrad ab und besitzt einen Aluhebel, der im Vergleich zu den Carbonhebeln der anderen Magura-Bremssysteme ein anderes Druckpunktgefühl vermittelt. In der Bremse des MT5, welche die Zielgruppe der Mountainbiker bedient, sind vier statt zwei Kolben integriert, um die Bremskraft zu erhöhen[155]. Das Schwestermodell MT5e wird in S Pedelecs verbaut.

152 https://www.kurbelix.de/anleitungen/bremsen/verglaste-scheibenbremsbelaege-erkennen-und-richten
153 https://forum.tour-magazin.de/showthread.php?289049-Rad-mit-Scheibenbremsen-im-Auto-transportieren-was-beachten
154 https://www.rund-ums-rad.info/magura-mt8-bremse-im-test/
155 https://www.bike-components.de/blog/2015/08/2-oder-4-kolbenbremse/

8.4 ABS

Die Gefahr, dass man bei einer Vollbremsung die Kontrolle über sein Pedelec verliert, ist recht groß. Deshalb machen sich Zubehörlieferanten und Zweiradhersteller schon länger Gedanken darüber, wie man der Sturzgefahr mit Sensoren vorbeugt.

8.4.1 ABS von Bosch

Deshalb bietet Bosch inzwischen für seine Antriebe (siehe Kapitel *4.2.2 Bosch*) ein Antiblockiersystem (ABS) an. Zur Markteinführung Ende 2018 hoben die Hersteller Centurion, Cresta, Flyer, Kalkhoff und Riese & Müller[156] entsprechende City- und Trekkingräder mit mindestens 28 Zoll-Reifen[157] ins Programm. Die damit verbundenen Mehrkosten dürften dafür sorgen, dass Sie mindestens 4000 Euro für ein ABS-Pedelec auf den Tisch legen müssen.

Das Bosch-ABS besteht aus den Komponenten[158]:

- ABS Kontrolleinheit mit

- 2 ABS Radgeschwindigkeitssensoren, je einem am Vorder- und Hinterrad

- Von Magura entwickelte Bremse CMe ABS

- ABS Sensor- und Bremsscheiben

Das Mehrgewicht gegenüber einem konventionellem Pedelec beträgt etwa 800 Gramm. Laut Bosch ist das ABS mit allen Pedelecs kompatibel, die mit Bosch-Komponenten ab Modelljahr 2019 ausgestattet sind. Zur Frage, ob man das ABS nachrüsten kann, gibt es unterschiedliche Auskünfte. Zumindest für die Marke Flyer nennt ein Händler[159] Nachrüstkosten von 500 Euro.

Außen vor bleiben Pedelecs mit eShift (siehe Kapitel *4.2.2.h Bosch eShift*), COBI.Bike (Kapitel *4.2.2.f COBI.Bike* und *4.2.2.g SmartPhone Hub*).

Das ABS wirkt zweifach: Droht das Vorderrad beim starken Bremsen zu blockieren, wird das Bremsverhalten entsprechend reguliert. Zusätzlich überwacht ein Sensor die Drehzahl des Hinterrads. Hebt dieses ab, erhöht sich die Drehzahl, worauf die Bremskraft der Vorderradbremse reduziert wird. Dies vermindert die Überschlagsgefahr. Die Folge ist ein kürzerer Bremsweg, denn Vollbremsungen sind nun auch bei Nässe gefahrlos.

8.4.2 ABS von Blubrake

Nur kurz nach Bosch hat der italienische Hersteller Blubrake[160] sein ABS zur Marktreife geführt. Die Funktionsweise ist identisch zum Bosch-System.

Derzeit sind Pedelecs mit dem Blubrake-System von den Herstellern Bulls, Crescent und Trefecta erhältlich. Unklar ist, ob die Umrüstung eines vorhandenen Pedelecs möglich ist.

---

156 https://radmarkt.de/nachrichten/fuenf-ausgesuchte-e-bike-marken-debuetieren-bosch-abs
157 https://pedelec-elektro-fahrrad.de/news/bosch-2019-die-revolution-bleibt-vorerst-aus/175346
158 https://www.bosch-ebike.com/de/produkte/abs
159 https://www.fafit24.de/blog/bosch-abs-antiblockiersystem-fuer-e-bikes
160 https://blubrake.it/product

9. Reifen

Die ersten Fahrradreifen bestanden im 19. Jahrhundert noch aus Holzrädern mit Eisenbändern, später aus Vollgummi. Heute kommen bei allen handelsüblichen Fahrrädern und Pedelecs nur luftgefüllte Fahrradreifen zum Einsatz.

Falls Sie sich übrigens interessieren, wie es sich mit Vollgummireifen fährt, empfehlen wir Ihnen mal ein Leihrad auszuprobieren. Einige Fahrradverleiher setzen tatsächlich wieder auf die wartungsärmeren Vollgummireifen.

Die Bestandteile eines Reifens[161]:

- Wulst: Der Wulst hält den Reifen auf der Felge. Der Wulstring besteht aus Draht oder gebündelten Kevlarfäden.

- Karkasse: Stellt das Gerüst des Reifens dar. Es besteht aus einem Polyamid (Nylon)-Gewebe, das beidseitig mit Gummi beschichtet ist. Für Stabilität sorgt, dass mehrere Gewebeschichten im 45-Grad-Raster übereinander verlaufen.

- Pannenschutz: Über der Karkasse befindet sich der Pannenschutzgürtel, der beispielsweise aus mit Kevlar-Fasern verstärktem Naturkautschuk besteht. Der Pannenschutzgürtel verhindert, dass spitze Gegenstände bis zum Schlauch vordringen.

- Lauffläche: Die konturierte Außenfläche besteht ebenfalls aus einer Gummimischung.

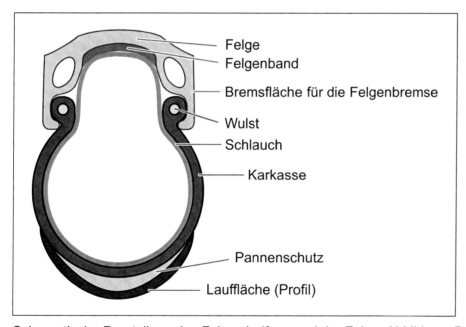

Schematische Darstellung des Fahrradreifens und der Felge. Abbildung: Deerwood [162]

9.1 Reifenumfang

Die früher üblichen Zollbezeichnungen haben sich bei den Reifengrößen erhalten. 1 Zoll sind umgerechnet 2,54 cm. Die Zollgröße gibt den Außendurchmesser des Reifens an.

Je nach Zielgruppe sind bei Pedelecs üblich:

- 20 oder 24 Zoll: Leichte Pedelecs für den Stadteinsatz, Falträder, Jugendräder.

- 26 Zoll: Wird häufig von Personen unter 1,80 m Körpergröße gewählt[163].

---

161 https://wikipedalia.com/index.php/Fahrradreifen_und_-schläuche
162 Deerwood iThe source code of this SVG is valid. This vector image was created with Inkscape. (https://commons.wikimedia.org/wiki/File:Bicycle-wheel_cross_section.svg), „Bicycle-wheel cross section", Beschriftung, Lauffläche, https://creativecommons.org/licenses/by-sa/3.0/legalcode
163 https://www.kcp-bikes.de/groessenberater

- 27,5 Zoll: Für Mountainbikes. Auch bei einigen Trekkingrädern verwendet.

- 27,5+: Reifen von bis zu 3 Zoll Breite sitzen auf bis zu 4 cm breiten Felgen für Mountainbikes.

- 28 Zoll: Standardbereifung für City- und Trekkingräder.

- 29 Zoll: Hauptsächlich bei Mountainbikes, aber auch einigen Trekkingrädern zu finden.

Die Größen von Fahrradreifen sind durch die Europäische Reifen- und Felgennorm ETRTO (European Tire and Rim Technical Organization) genormt. Die älteren englischen und französischen finden aber weiterhin Verwendung[164].

Wenn Sie einen Blick auf die Bereifung Ihres Fahrrads/Pedelecs werfen, finden Sie häufig drei Bezeichnungen vor. Bei diesem Schwalbereifen an einem Trekkingrad sind es: **40-622, 28×1.50** und **700x38 C:**

- 40-622 (europäisch): Gibt die Breite (40 mm) und den Innendurchmesser des Reifens (622 mm) an. Diese Bezeichnung erlaubt eine klare Zuordnung zur Felgengröße.

- 28×1.50 (englisch): Angabe von Innendurchmesser des Reifens (28 Zoll) und der Breite in Zoll.

- 700×38 C (französisch): Der ungefähre Außendurchmesser (700 mm) und die Reifenbreite (38 mm). Der Buchstabe am Ende gibt einen Hinweis auf den Innendurchmesser des Reifens. Das C steht in diesem Fall für 622 mm. Nicht für alle Reifengrößen gibt es eine französische Bezeichnung.

Einige Besonderheiten sind bei den für Mountainbikes entwickelten Reifengrößen 29 Zoll und 27,5 Zoll zu beachten: 29 Zoll-Reifen haben den gleichen Innendurchmesser wie 28 Zoll, also 622 mm. 27,5 Zoll-Reifen sind für Mountainbikes gedacht, die ebenfalls vom Vorteil eines größeren Reifendurchmessers profitieren sollen, aber keinen Platz für 29 Zoll-Räder haben. Der Innendurchmesser beträgt hier 584 mm.

Seit einigen Jahren sind Reifen mit 27,5-Plus, 27,5+, 650B+ oder kurz B+ auf den Markt. Gemeint ist immer dasselbe: Laufräder mit einem Durchmesser von 27,5 Zoll, gepaart mit breiteren Reifen um 3,0 Zoll[165].

164 https://www.fahrradreifen.de/reifeninfos-groessen.html
165 https://www.bike-magazin.de/komponenten/reifen_schlaeuche/reifen-im-plus-format-aktuelle-groessen-im-vergleich/a26795.html

9.2 Pedelec-geeignet

Pedelecs sind schwerer als normale Fahrräder und beanspruchen die Reifen durch höhere Durchschnittsgeschwindigkeiten. Zwar macht der Gesetzgeber hier keine besonderen Vorschriften, trotzdem sollte man auf geeignete Reifen achten, damit nicht hoher Verschleiß an der Lauffläche beziehungsweise Pannen das Fahrvergnügen trüben[166].

Von außen lässt sich die Reifenqualität nicht beurteilen. Der Hersteller Schwalbe kennzeichnet seine Pedelec-geeigneten Reifen deshalb mit E-BIKE READY und der Geschwindigkeitsangabe 25 oder 50 km/h.

Beim Hersteller Continental finden Sie dagegen das Symbol **ED25** oder **ED50** an der Reifenflanke.

Für die S Pedelecs gelten besondere Vorschriften, auf die wir bereits im Kapitel *2.2 S Pedelec* eingehen. Kurz zusammengefasst: Sie dürfen auf S Pedelecs nur Reifen aufziehen, die in den Zulassungspapieren aufgeführt sind.

Die Wahrscheinlichkeit, mal in einen Nagel oder eine Scherbe zu fahren, ist zwar gering, steigt aber mit der Zahl der zurückgelegten Kilometer. Deshalb ist fast jeder Reifen mit einem sogenannten Pannenschutz ausgestattet. Dabei handelt es sich um einen Belag aus Spezialkautschuk unterhalb der Lauffläche. Beim »Marathon Plus« von Schwalbe ist der Pannenschutzstreifen sogar 5 mm dick, sodass selbst Heftzwecken keinen Platten verursachen. Foto: www.schwalbe.com | pd-f

9.3 Fahrkomfort

Für den Fahrkomfort sorgen mehrere Faktoren: Die Reifenbreite, der Luftdruck, das Profil und die Beschaffenheit der Karkasse, also des Reifenkörpers.

9.3.1 Reifenbreite

Je geringer die Reifenbreite, desto niedriger ist der Rollwiderstand und damit der Akkuverbrauch. Das ist der Grund, warum Rennräder immer schmale Reifen haben. Trotzdem hat sich nicht ohne Grund für Trekkingräder die Reifenbreite von 40 mm etabliert. Breite Reifen dämpfen Stöße (siehe

---

166 https://www.kurbelix.de/ratgeber/reifen-schlaeuche/unterschiede-zwischen-normalen-fahrradreifen-und-speziellen-e-bike-reifen

Kapitel *9.3.2 Luftdruck*) und sinken auf unbefestigten Wegen nicht so leicht ein. Darüber hinaus bringen die Reifenhersteller in den breiten Reifen einen Pannenschutzstreifen unter, der den Rennradreifen aus Gewichtsgründen fehlt.

Der Wechsel zu einer geringen Reifenbreite macht wegen des Komfortverlustes und der Kosten keinen Sinn, denn Sie benötigen dann eine dünnere Felge und die angepasste Bremsen.

9.3.2 Luftdruck

Der Luftdruck[167] im Schlauch des Fahrradreifens hat nicht nur Einfluss auf den Fahrkomfort, sondern auch auf die Lebensdauer der Reifen. Mit einem hohen Luftdruck ist die Auflagefläche auf der Straße niedriger, damit sinkt der Rollwiderstand und damit der Akkuverbrauch. Das Fahrrad »fühlt« sich außerdem anders an. Im Gelände ist dagegen ein niedriger Luftdruck im Vorteil, weil sich die Auflagefläche und damit der »Grip« des Reifens verbessert. Gleiches gilt auch für den Fahrkomfort, denn der Reifen federt Stöße ab. Allerdings erhöht ein dauerhaft zu niedriger Luftdruck den Laufflächenabrieb und führt zu Rissen in der Reifenaußenseite.

Weil Sie mit dem Pedelec hauptsächlich auf der Straße beziehungsweise befestigten Wegen unterwegs sind, sollten Sie eher einen höheren Luftdruck wählen. Welcher Luftdruck ideal ist, hängt vom Gewicht des Fahrers, dem Reifen und dem gewünschten Fahrkomfort ab.

Auf der Reifenaußenseite ist angegeben, welcher Luftdruck zulässig ist. Bei diesem Schwalbe Marathon sind es 3,5 bis 6,0 Bar Druck.

Übrigens gilt: Je dünner der Reifen, desto höher ist der nötige Luftdruck. Rennradreifen mit 20 mm Breite benötigen ca. 9 Bar, während 60 mm breite Reifen nur auf 2 Bar aufgepumpt werden.

Für den idealen Reifendruck bei Trekkingrädern gibt es zahlreiche, sich teilweise widersprechende Empfehlungen. In der Regel dürften 3,5 Bar vorne und 4,0 Bar hinten (wo das größere Gewicht liegt) eine guten Kompromiss darstellen. Wiegen Sie mehr als 80 kg beziehungsweise führen Sie schweres Gepäck mit, wird der Reifen vielleicht platt wirken. In diesem Fall geben Sie noch etwas Druck hinzu. Achten Sie darauf, niemals den zulässigen Maximaldruck zu überschreiten!

9.3.3 Karkasse

Die Qualität der Karkasse, also des Reifenkörpers, hat großen Einfluss auf die Fahreigenschaften. Wie bereits oben erwähnt, besteht die Karkasse aus einem mehrlagigem Polyamid-Gewebe.

Als Maßeinheit für die Dichte des Karkassengewebes wird in EPI oder TPI (Ends per Inch, Threads per Inch = Fäden pro Zoll) angegeben. Ein Reifen ist umso hochwertiger, je engmaschiger die Karkasse gewebt ist. Die Vorteile sind ein geringerer Rollwiderstand, der sich durch die Walkarbeit des Reifens – beim Abrollen auf der Straße plattet sich der Reifen ab[168] – ergibt und damit die Akkureichweite erhöht.

---

167 https://www.fahrradmagazin.net/ratgeber/luftdruck-bei-fahrradreifen
168 https://www.fahrradmonteur.de/Reifenbreite_und_Rollwiderstand

9.3.4 Reifenprofil

Reifen für Trekkingräder sind profiliert, damit sie auch auf unbefestigten Wegen genug Bodenhaftung haben. Auf der Straße sind dagegen profillose Reifen, sogenannte Slicks, im Vorteil, weil sie kaum Rollwiderstand bieten und auch bei Nässe unschlagbar auf der Straße haften (Fahrradreifen kennen wegen des Anpressdrucks kein Aquaplaning).

Sobald aber eine Straße nur leicht verschmutzt ist, spielen profilierte Reifen ihre Stärke aus. Trekkingreifen sind daher ein Kompromiss zwischen Straßenhaftung und Geländegängigkeit. Grobe Stollenreifen, die man an manchen Fahrrädern oder Pedelecs sieht, dienen deshalb dem Ego des Besitzers, sind aber fahrtechnisch auf der Straße eine Katastrophe.

Im Gegensatz zu Autoreifen müssen Sie abgefahrene Reifen ohne Profil nicht sofort ersetzen. Erst wenn der eingefärbte Pannenschutz sichtbar wird, ist der Austausch nötig.

Reifenprofil des Schwalbe Marathon.

9.4 Wie schützt man sich vor Reifenpannen?

Einen absoluten Schutz gegen Reifenpannen würden nur Vollgummireifen bieten. Sie können aber mit einigen Maßnahmen die Pannenhäufigkeit bei Ihren Luftreifen reduzieren[169]:

- Greifen Sie zu einem hochwertigen Reifen wie Schwalbe Marathon Plus oder Continental E.Contact mit gutem Pannenschutz.

- Kontrollieren Sie den Reifendruck mindestens einmal im Monat. Ein zu niedriger Luftdruck belastet die Reifenflanke, außerdem ist dann der Pannenschutz nicht so effektiv.

- Überprüfen sie die Reifen ab und zu auf eingefahrene Fremdkörper, die Sie entfernen.

- Abgefahrene Reifen, die Sie dadurch erkennen, dass der eingefärbte Pannenschutz sichtbar wird, sollten Sie sofort ersetzen. Je nach Fahrweise kommen Sie mit Ihren Reifen mindestens 2000 km weit.

- Verwenden Sie einen qualitativ hochwertigen Fahrradschlauch.

- Das Felgenband, das zwischen Schlauch und Felge gelegt wird, schützt den Schlauch vor Beschädigungen durch die Speichenköpfe. Sparen Sie nicht an der Qualität des Felgenbands.

Wovon wir abraten:

- Einige Händler verkaufen sogenannte Pannenschutzbänder, die man zwischen Reifen und Schlauch einlegt. In der Praxis verursachen Pannenschutzbänder manchmal durch Reibung selbst Probleme, zumal sie wegen des in hochwertigen Reifen vorhandenen Pannenschutzes unnötig sind.

- Latex-Schläuche[170] sind gegenüber den Standardluftschläuchen aus Butyl wesentlich pannensicherer, weil Einstiche dem Schlauch kaum etwas anhaben. Allerdings sind sie teurer

169 https://www.schwalbe.com/de/pannenschutz.html
170 https://www.kurbelix.de/ratgeber/reifen-schlaeuche/vorteile-und-nachteile-von-latex-fahrradschlaeuchen

und halten die Luft nicht so gut, weswegen man vor jeder Ausfahrt den Luftdruck kontrollieren muss. Wir raten daher davon ab.

- Pannensprays[171] dichten mit einer zähen Flüssigkeit den Schlauch bei einer Panne ab und pumpen ihn auch meistens auch gleich dabei auf. Der flüssige Flicken hält aber nur wenige Wochen und flickt nur kleinere Löcher. Darüber hinaus verlangt die Handhabung des Pannensprays sehr viel Geschick, damit die Flüssigkeit im Schlauch landet und nicht das Rad versaut. Ein Schlauchwechsel ist ja ohnehin nötig, weshalb sich das Pannenspray meistens erübrigt.

Reifen- oder Schlauchtausch können Sie mit einigem Geschick auch selbst durchführen oder überlassen es einer Fahrradwerkstatt.

9.5 Winterreifen

Eine Winterreifenpflicht gibt es für Fahrräder nicht[172]. Sofern die Reifen an Ihrem Trekkingrad noch genügend Profil haben, kommen Sie auch auf einer Schneedecke damit zurecht. Zusätzlich können Sie die Haftung verbessern, indem Sie die Luft in den Reifen auf den Minimaldruck (zum Luftdruck siehe Kapitel *9.3.2 Luftdruck*) reduzieren.

Sind Sie häufiger mit dem Pedelec im Winter unterwegs, beispielsweise, weil Sie damit zur Arbeit fahren, bietet sich das Aufziehen des Winterreifens Continental Contact Winter II an. Dieser besteht aus einer besonderen Gummimischung und hat ein spezielles Profil mit viel Grip.

Schwalbe produziert dagegen keine Winterreifen ohne Spikes und empfiehlt stattdessen für die kalten Jahreszeiten seinen Allwetterreifen Marathon GT 365[173].

Spikes-Reifen, kurz »Spikes« sind Reifen, die mit kleinen Metallstiften versehen sind, welche auf Eis die Haftung erhöhen[174]. Spikes-Reifen sind in Deutschland für Autos verboten, für Fahrräder und Pedelecs aber erlaubt und auf vereisten Strecken durchaus sinnvoll. An S Pedelecs dürfen Sie dagegen keine Spikes-Reifen verwenden!

Unter den Namen[175] »Ice Spiker Pro«, »Marathon Winter« und »Winter« hat Schwalbe drei verschiedene Spike-Reifen im Programm, die sich in ihren Fahreigenschaften unterscheiden:

- Ice Spiker Pro: Hat ein grobes Stollenprofil und enthält bis zu 400 Spikes.
- Winter und Marathon Winter: Straßentauglicheres Profil mit wenigen Spikes. Die Spikes sitzen an der Reifenflanke und kommen daher hauptsächlich in Kurven zum Einsatz. Bei eisiger Fahrbahn reduziert man den Reifendruck, sodass die Spikes permanent greifen.

Im Laufe des Fahrradlebens verlieren die Winterreifen einige Spikes, was aber für die Fahrtüchtigkeit kein Problem darstellt. Im Handel gibt es passendes Werkzeug, mit denen Sie Spikes neu in den Reifen einziehen.

Tipp: Reifen mit Spikes bedeuten extra Gewicht, das mitbewegt werden muss. Deshalb kann es sich lohnen, nur das Vorderrad mit Spikes auszustatten. Während nämlich ein wegrutschendes Vorderrad fast immer den Sturz bedeutet, ist ein rutschendes Hinterrad nicht ganz so riskant.

171 https://www.tomsbikecorner.de/fahrrad-tipps/pannenschutzmittel-oder-ersatzschlauch-fuer-fahrradreifen
172 https://utopia.de/ratgeber/fahrrad-winterreifen-das-hilft-bei-schnee-und-eis/
173 https://www.schwalbe.com/de/winterreifen.html
174 https://de.wikipedia.org/wiki/Spikes_(Reifen)
175 https://www.schwalbe.com/de/spikes.html

Wer auch bei einer geschlossenen Schneedecke nicht vom Radfahren lassen kann, ist mit Spikes-Reifen bestens beraten. Foto: www.pd-f.de / Kay Tkatzik

10. Sonderfahrzeuge

Die Entwicklung im Fahrrad- beziehungsweise Pedelec-Bereich ist weitgehend abgeschlossen. Zwar bringen die Hersteller jährlich neue Modelle auf den Markt, deren Neuerungen halten sich aber in Grenzen, sodass es sich meistens preislich die Anschaffung eines Vorjahresmodells lohnt.

Sie mögen den Eindruck haben, dass inzwischen jede Zielgruppe mit dem passenden Pedelec bedient wird, dem ist aber nicht so. Insbesondere ältere Personen oder Menschen mit Behinderung haben riesige Probleme auf dem Pedelec das Gleichgewicht zu halten und die Koordination von Schaltung und Antrieb bei gleichzeitiger Verkehrsumsicht stellt schon für »normale« Nutzer in der Stadt eine große Herausforderung dar.

10.1 Dreiräder

Für Ältere und Menschen mit Behinderung sind Dreiräder interessant, auf die man wie auf einem Fahrrad sitzt. Vor oder hinter dem Fahrer besteht in der Regel eine Ablagemöglichkeit für Einkäufe oder ähnliches.

Uns bekannte Anbieter sind:

- Draisin (*www.draisin.de*)
- Helkama (keine deutsche Website)
- Huka (*www.huka.nl/de*)
- Lanztec (*www.lanztec.de*)
- Pfau-Tec (*www.pfiff-vertrieb.de*)
- Van Ram (*www.vanraam.com*)
- Velo-Trike (*www.velotrike.de*)
- Wulfhorst (*www.wulfhorst.de*)

Die Anbieter habe einige ihrer Gefährte auch in Pedelec-Ausführung im Programm.

10.1.1 Liegerad

Liegeräder gibt es mit zwei oder drei Rädern. Erstere lassen sich fasst wie normale Fahrräder nutzen, außer dass man bequem in einer Art Schalensitz Platz nimmt. Unser Fokus soll in diesem Kapitel aber auf den Fahrzeugen mit drei Rädern liegen.

Im Liegedreirad (»Trike«) sitzt beziehungsweise liegt der Fahrer. Der Antrieb erfolgt – je nach Modell – mit oder ohne Motorunterstützung. Auf ebener Strecke lassen sich mit Liegedreirädern allein durch Muskelkraft hohe Geschwindigkeiten erreichen, denn der Fahrer stellt aufgrund seiner liegenden Haltung kein Windhindernis dar. Bis in die 1930er Jahre waren übrigens Liegeräder im Straßenrennsport verbreitet, wurden dann aber wegen ihres deutlichen Vorteils verbannt.

Weniger gut sieht es mit der Sicherheit aus: Zwar liegt der Schwerpunkt ziemlich tief, weil das Gefährt aber nur drei statt vier Räder hat (auf den Grund kommen wir noch), ist die Kippgefahr in schnell durchfahrenen Kurven extrem hoch. Dafür ist die Fahrt auch auf glatter Straße möglich, denn zumindest ein Umkippen ist ausgeschlossen.

Das Fahrzeug wird im Straßenverkehr wegen seiner niedrigen Höhe leicht übersehen und bietet seinem Fahrer auch nicht die gleiche Übersicht wie ein Fahrrad. Der manchmal angebrachte Wimpel hilft da auch nicht weiter, denn andere Verkehrsteilnehmer rechnen mit einem langsamen Kinderfahrrad und nicht mit einem schnellen Gefährt.

Liegeräder benötigen mehr Platz auf der Straße, weshalb sich Schlaglöcher nur schlecht umfahren lassen. Empfehlenswert ist die Anbringung eines Rückspiegels, denn der vom Fahrrad gewohnte Schulterblick ist auf dem Liegedreirad nicht möglich. Auch die Wendigkeit lässt sich nicht mit einem Fahrrad vergleichen.

Liegerad von HP Velotechnik. Quelle: www.hpvelotechnik.com | pd-f

Die übliche Bauform für Liegedreiräder sind **zwei lenkbare Räder vorne und ein angetriebenes Rad hinten**. Meistens sind die Vorderräder kleiner als das Hinterrad. Der Lenker befindet sich entweder oberhalb der Beine oder läuft neben dem Oberkörper in zwei Griffen aus, wie auch auf der obigen Abbildung zu sehen.

Warum bei Liegerädern drei statt vier Räder Standard sind? Das hat ganz praktische Gründe, denn bei vier Rädern müssen zwei davon angetrieben werden, weshalb dann ein Differential Pflicht ist. Durchfahren Sie eine Kurve, würde das zur Kurveninnenseite liegende Rad, welches ja weniger Strecke zurück legen muss, ohne Differential durchrutschen. Die Differentialmechanik bedeutet aber mehr Gewicht, das man sich durch die Verwendung von nur einem angetriebenen Rad ersparen kann.

Optional bieten einige Hersteller eine Plexiglasabdeckung oder ein Verdeck an, das gegen den Fahrtwind und leichten Regen schützt.

Plexiglasabdeckung bei einem Liegerad von HP Velotechnik. Quelle: www.hpvelotechnik.com | pd-f

Anbieterliste für Liegeräder (teilweise ohne Motor):

- AnthoTech (*www.anthrotech.de*)
- Flux (*www.flux-fahrraeder.de*)
- Hase Bikes (*www.hasebikes.com*)
- HP Velotechnik (*www.hpvelotechnik.com*)
- KMX (*www.kmxkarts.de*)
- Icletta (*www.icletta.com*)
- Ruder Rad (*www.ruder-rad.de*)
- Velomo (*www.velomo.eu*)
- Sinner (*www.sinnerbikes.com*)
- Zox Bikes (*www.zoxbikes.com*)

Liegeräder sind aufgrund geringer Nachfrage und kleiner Produktionsmenge vergleichsweise teuer und nur bei wenigen Fachhändlern im Angebot. Vor dem Kauf empfiehlt sich eine längere Pobefahrt.

10.2 Velomobile

Velomobile sind eine besondere Spielart der Liegeräder mit Vollverschalung, meistens aus mit in Kunstharz getränktem Kohlefasergewebe.

Das Cockpit ist in der Regel offen, das heißt, es schaut nur der Kopf hinaus, optional steht eine Cockpit-Haube zur Verfügung, damit auch Regenwetter kein Problem darstellt. Durch die geschlossene Bauweise ist bei kühlem Wetter in der Regel keine zusätzliche Heizung nötig, weil die vom Nutzer abgegebene Körperwärme vollkommen ausreicht. Das Einsteigen ins meistens enge Cockpit setzt etwas Übung voraus.

Velomobile werden in sehr geringen Stückzahlen produziert und sind – je nach Ausstattung – mit aufgerufenen Preisen von 5.000 bis 10.000 Euro sehr teuer. Dafür ist allerdings auch der Wiederverkaufswert recht hoch. Vor dem Kauf sollten Sie sich über Abstellmöglichkeiten und Versicherungskosten informieren, denn Velomobile sind ein gefragtes Diebesgut!

Die wichtigsten Hersteller/Anbieter:

- Alleweder (*www.alleweder.com*)

- Go One (*www.go-one.de*)

- Sinner (*www.sinnerbikes.com*)

Dem Vorteil des geringeren Luftwiderstands im Vergleich zu den offenen Liegerädern steht das höhere Gewicht von mindestens 30 kg entgegen. Sind Bergfahrten geplant, empfiehlt sich auf jeden Fall der Einbau eines Motors für den Pedelec-Betrieb.

Fast immer kommt das Velomobil nicht aus dem Regal, sondern wird nach Kundenwunsch produziert. In der Grundausstattung kostet zum Beispiel das Mango Plus[176] von Sinner Bikes 5650 Euro und die optionale Antriebseinheit mit Akku schlägt mit weiteren 1600 Euro zu Buche. Die Aufpreisliste für Zubehör und Ausstattungsvarianten weist mehrere dutzende Einträge auf, welche die Kosten bis über 10.000 Euro hochtreiben können.

Unfälle sollte man nach Möglichkeit vermeiden, denn die Reparatur ist von Laien ohne entsprechende Erfahrung in der Kunstharzverarbeitung nicht durchführbar. Hier sollte man eine Fachwerkstatt beauftragen. Leider führt jede Reparatur zu einem höheren Fahrzeuggewicht.

10.2.1 Velomobil-Markt im Umbruch

Für die großen Fahrradproduzenten lohnt sich das Risiko eines Einstiegs in die Velomobil-Produktion wohl nicht. Damit Velomobile dennoch zum Massenprodukt werden, müssen unserer Ansicht nach einige Voraussetzungen erfüllt werden:

- Vier statt drei Räder: Für eine bessere Straßenlage.

- Komfort: Betreten des Fahrzeugs muss so einfach wie beim Auto sein, was bei den bananenförmigen Velomobilen mit engem Cockpit nicht der Fall ist.

- Regenfest: Verdeck, das diesen Namen auch verdient.

- Preis: Nur bei einem Verkaufspreis von deutlich unter 10.000 Euro finden sich genügend Käufer.

In den letzten zwei Jahren haben manche Hersteller, von den wir hier einige vorstellen möchten, sehr große Fortschritte bei der Entwicklung von praxistauglichen Velomobilen gemacht:

Das **Podbike Frikar** (*www.podbike.com*) aus Norwegen hat ein futuristisches Design und wiegt dank der Verwendung von Leichtbaumaterialien nur knapp 90 kg. Beispielsweise besteht der Boden aus einer wabenförmigen Aluminiumsandwichplatte. Der Nutzer wird durch eine gewölbte Plexiglasscheibe, ähnlich einer Flugzeugkanzel, vor Wind und Wetter geschützt. Genaue technische Daten und mögliche Optionen sind noch nicht bekannt, weil sich das Frika noch in Entwicklung befindet. Der Grundpreis soll aber um 5000 Euro netto zuzüglich Umsatzsteuer betragen. Die Produktion ist Ende 2020 gestartet, wobei derzeit nur eine Version mit kleinem Stauraum geplant ist, in dem man auch ein Kleinkind mitnehmen kann. Interessenten können sich das Fahrzeug mit einer Anzahlung bereits reservieren, müssen aber wegen den hohen Nachfrage mit einem Liefertermin in 2022 rechnen. Die genauen Ausstattungspreise für das Podbike Frika werden Ende Januar 2021 bekannt gegeben.

---

176 https://www.sinnerbikes.com/wp-content/uploads/2017/06/Prijs-en-optielijst-Mango-Plus-2017-D.pdf (abgerufen am 31.07.2020)

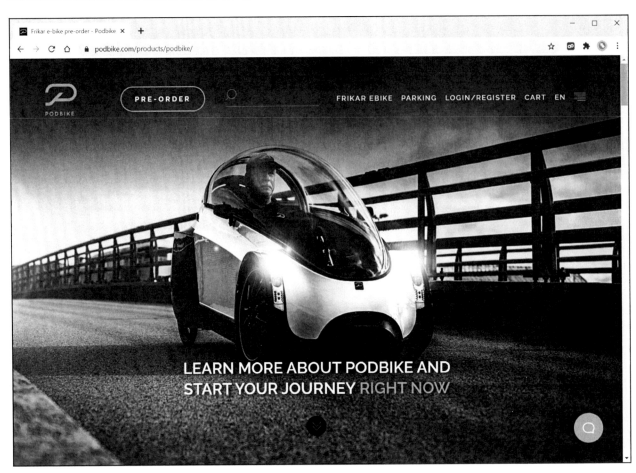

Screenshot von der Podbike-Website (*www.podbike.com*)

Unter dem Namen **Bio-Hybrid** (*www.biohybrid.com*) entwickelt die Tochterfirma des Autozulieferers Schaeffler ein Velomobil als Passagier- und Transportversion. Mit 100kg ist die »Passenger«-Version recht schwer, bietet dafür aber auch Platz für die Mitnahme einer zweiten Person. Die Reichweite beträgt ca. 50 km, lässt sich aber mit einem Zweitakku verdoppeln. Die »Cargo«-Version dient dem Transport von bis zu 200 kg und kann durch Aufbauten angepasst werden. Bereits für 9490 Euro vorbestellbar ist das Bio-Hybrid Duo mit Platz für zwei Personen.

Bio-Hybrid als Cargo- und Passenger-Version (Foto: Schaeffler Bio-Hybrid GmbH)

Das **CityQ** des gleichnamigen norwegischen Herstellers (*www.cityq.com*) soll 70 kg wiegen und mit 2 Akkus eine Reichweite von 100 km haben. Als Endpreis werden 7450 Euro zuzüglich gesetzliche Steuern und Transportkosten genannt. Die Vorbestellung ist bereits möglich, den genauen Liefertermin nennt der Hersteller allerdings noch nicht. Erste Exemplare sollen Anfang 2021 ausgeliefert werden.

10.3 Urban Bikes

Die nachfolgend vorgestellten Elektrofahrräder eignen sich vor allem für Stadtbewohner, die Wert auf ein stylisches Gefährt legen, was schon die Bezeichnung »Urban Bike« (engl. Stadt-Fahrrad) suggeriert. Damit verbunden sind in der Regel Komfortfunktionen wie elektronischer Diebstahlschutz und Smartphone-Anbindung. Für sehr lange Strecken oder gar Fahrten im Bergland oder holpriger Strecke sind diese Design-Pedelecs eher nicht gedacht. Dazu reicht zum einen der Motordrehmoment meistens nicht aus, zum anderen verzichten die Hersteller auf Federgabeln und verlassen sich darauf, dass Stöße durch die Reifen abgefangen werden. In der Stadt können Design-Pedelecs allerdings ihr geringes Gewicht für schnelles Anfahren ausspielen. Auch der im Vergleich zu konventionellen Pedelecs um mindestens 1000 Euro günstigere Preis spricht für diese Fahrzeuggattung.

Der Übergang zwischen »normalen« Pedelecs und Urban Bikes ist übrigens fließend, denn genau genommen kann man auch manche günstige Pedelecs mit einfachster Ausstattung dieser Klasse zuordnen, wenngleich die Smartphone-Anbindung fehlt.

Vom gleichnamigen belgischen Unternehmen (Website: *de.cowboy.com*) stammt das Cowboy, welches inzwischen in dritter Neuauflage als **Cowboy 3** verkauft wird. Erwähnenswert sind das kantige, aufgeräumte Design mit Zahnriemenantrieb und im Rahmen integrierter Beleuchtung. Auf eine Gangschaltung wurde verzichtet, was zum niedrigen Gewicht von 16,9 kg beiträgt. Der Hinterradmotor bietet 30 Nm maximales Drehmoment und kommt mit dem 360 Wh (10 A)-Akku laut Hersteller auf bis zu 70 km Reichweite. Der Preis beträgt 2290 Euro.

Das Cowboy 3 ist in den Farbvarianten schwarz, grau und hellgrau erhältlich (Foto: Cowboy)

Aus den Niederlanden kommt das **VanMoof S3**, das auch mit kleineren Rahmen als X3 erhältlich ist. Der Vorderradmotor 19 kg schweren Pedelecs mit 59 Nm Drehmoment bezieht seinen Strom aus einem 504 Wh-Akku und kommt laut Hersteller auf 60 bis 150 km Reichweite. Im Hinterrad befindet sich eine elektronische 4-Gang-Nabenschaltung, die Kraftübertragung von den Pedalen erfolgt über eine Kette. Sollten Sie mal den Akku leer fahren, ist der Tretbetrieb weiterhin möglich, weil genügend Akkureserve für die Schaltung reserviert bleibt. Der Akku lässt sich nicht entnehmen, weshalb Sie am Abstellort eine Steckdose einplanen müssen. In den Farbvarianten hellgrau und schwarz kostet das VanMoof S3 jeweils knapp 1998 Euro.

Weitere Urban Bikes in der Übersicht (ohne Anspruch auf Vollständigkeit):

- BMW Urban Hybrid E-Bike (ca. 3000 Euro)
- Sushi Bike (ca. 1000 Euro)
- Coboc One Brooklyn (ca. 3000 Euro)
- Ampler Curt (ca. 2900 Euro)

11. Kaufentscheidung

Die Anschaffung eines Pedelecs muss gut überlegt sein, denn schließlich reißt das Gefährt je nach Ausstattung ein Loch von mehreren Tausend Euro in Ihren Geldbeutel. Grundsätzlich empfehlen wir zwar die Beratung durch einen Fachhändler, Sie sollten sich aber trotzdem schon vorab einige Gedanken über die künftige Nutzung machen.

Fahren Sie nur in der Stadt und müssen Sie nur selten Steigungen bewältigen? Dann bietet sich ein Rad mit Nabenschaltung an. Das Runterschalten ist damit auch nach dem Stopp an der Ampel problemlos möglich. Das Rad sollte mindestens 7 Gänge haben. Zwei Felgenbremsen beziehungsweise eine Felgenbremse in Kombination mit einer Rücktrittbremse sorgen für ausreichende Verzögerung. Leider sind inzwischen Räder mit Nabenschaltung nur noch vereinzelt im Lieferprogramm der Hersteller zu finden.

Für längere Ausflüge, gerne auch auf schlechten Wegen und mit Steigungen, empfiehlt sich dagegen ein Trekkingrad mit ausreichend großem Akku und Kettenschaltung. Fall es das Budget zulässt, kann auch eine Rohloff-Nabenschaltung interessant sein. Achten Sie auf den maximalen Drehmoment des Motors, denn gerade am Berg sind je nach Steigung 40 bis 50 Newtonmeter (Nm) vielleicht zu wenig.

Ziehen Sie in Ihre Betrachtungen auch das später mitgeführte Gepäck, die Anbringung eines Korbs oder eines Kindersitzes mit ein, denn einige Räder haben nur ein zulässiges Gesamtgewicht von 120 kg. Nach Abzug des Pedelec-Eigengewichts von meistens 20 bis 25 kg darf der Fahrer maximal 95 bis 100 kg auf die Waage bringen. Für schwergewichtige Fahrer hat der Handel allerdings passende XXL-Pedelecs im Angebot.

Nicht zu unterschätzen ist ohnehin das Gewicht des Pedelecs, das Sie wohl kaum täglich die Treppe in die Wohnung oder den Keller schleppen möchten.. Sofern in der Garage oder Gartenhütte kein Platz ist, bietet sich die Anschaffung einer speziellen Fahrradgarage oder zumindest eines Unterstands an. Dauerhaftes Regenwetter oder Sonneneinstrahlung schaden der Elektronik. Zudem sind gerade hochwertige Marken-Pedelecs, die unbeaufsichtigt draußen stehen, eine begehrte Diebesbeute.

Eine Probefahrt vor dem Kauf ist – sofern Sie nicht online kaufen – unumgänglich. Lassen Sie sich aber vorher von Ihrem Händler Sattel und Lenker passend einstellen.

Hilfreich bei der Kaufentscheidung sind Bewertungen in Diskussionsforen und Testberichte im Internet.

11.1 Online-Kauf eines Markenfahrrads

Wir haben den Begriff »Markenfahrrad« ganz bewusst in die Überschrift übernommen, denn bei den sogenannten Baumarkträdern, auf die wir im Kapitel *11.4 Baumarkträder* eingehen, ist einiges anders.

Wenn Sie sich durch die Angebote der Online-Shops im Internet klicken, werden Sie etwas Interessantes feststellen: Die Preise sind bei den Markenrädern in der Regel identisch zu denen im stationären Fachhandel. Obwohl vom Gesetzgeber strikt verboten, schaffen es die Hersteller also, verbindliche Verkaufspreise durchzusetzen. Schon deshalb lohnt sich der Besuch beim stationären Fachhändler. Mit ein bisschen Geschick dürfte es dort allerdings möglich sein, noch einige Prozent des Kaufpreises herunterzuhandeln oder eine Zugabe wie eine Satteltasche oder Werkzeug zu erhalten.

Achten Sie beim Preisvergleich darauf, dass Sie immer auch das gleiche Modell vergleichen. Manchmal unterscheiden sich die Produktbezeichnungen nur in einem Buchstaben. Gleiches gilt auch für die Saison (siehe Kapitel *11.5 Bei Markenrädern sparen*), die häufig als Jahreszahl in der Produktbezeichnung steht.

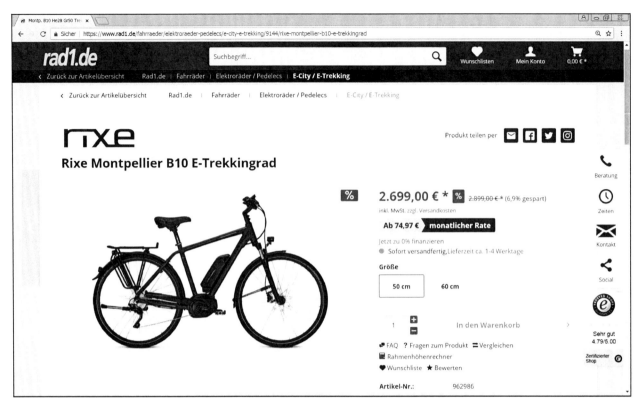

Viele Online-Shops suggerieren Sonderpreise, in der Regel kann man aber die angebotenen Pedelecs auch überall anderes zum gleichen Preis über das Internet und in Fachgeschäften erwerben. Bildschirmfoto: Rad1.de

Ein Vorteil des Online-Handels ist die große Modellvielfalt. Während sich der kleine Fachhändler vor Ort häufig auf einige Hersteller beschränkt, sind bei Online-Händlern 20 bis 30 verschiedene Marken mit jeweils dutzenden Modellen keine Seltenheit.

Das Risiko eines Online-Kaufs ist heute recht gering, denn Sie haben ein 14-tägiges Rückgaberecht. Weil die Rücksendung über einen Paketdienst wegen der Abmessungen in der Regel nicht möglich ist, wird das Pedelec meistens im Auftrag des Online-Shops durch eine Spedition abgeholt. Beachten Sie, dass der Händler bei Nutzungsspuren die Rückerstattung des Kaufpreises anteilig kürzen darf. Auspacken und Aufsitzen ist also erlaubt, Ausfahrten sollten Sie dagegen nicht vornehmen, wenn Sie das Rad wieder zurückschicken möchten. Über den im Tacho abgelegten Kilometerstand kann der Händler später nachvollziehen, ob Sie das Pedelec aktiv genutzt haben.

Geht das Pedelec innerhalb der zweijährigen gesetzlichen Gewährleistungsfrist kaputt, muss der Online-Händler die Reparatur übernehmen. Bei Markenfahrrädern wird es wohl so ablaufen, dass Sie vom Händler an den Hersteller verwiesen werden, welcher je nach Schadensbild das Rad abholen lässt, einen Techniker vorbeischickt oder eine Fahrradwerkstatt in der Nähe beauftragt. **Eine Verpflichtung, dass Sie selbst den Hersteller-Service kontaktieren, besteht nicht**, denn der Händler ist Ihr Vertragspartner und damit auch alleinig für die Instandsetzung verantwortlich.

Außerhalb der Garantie können Sie sich für Reparaturen einfach an eine Fahrradwerkstatt beziehungsweise einen Händler wenden. Auch wenn ein Händler Ihr Rad nicht führt, stellt die Besorgung der passenden Ersatzteile für ihn kein Problem dar. Ohnehin stammen viele Teile wie Gabel, Bremsen, Sattel, Kette, Schaltung, usw. von unabhängigen Zulieferern.

11.2 Markenhersteller

Unter dem Begriff »Markenhersteller« verstehen wir Unternehmen, deren Pedelecs hauptsächlich über den Fachhandel vertrieben werden. Wie bereits erwähnt, halten sich fast alle Händler – auch diejenigen mit Online-Shop – an die Preisvorgaben der Markenhersteller.

In den letzten Jahrzehnten ging es der deutschen Fahrradbranche nicht besonders gut, denn billige

Importräder aus Asien sorgten für erheblichen Preisdruck. Der Trend hat sich dank des Elektrorad-Booms inzwischen umgedreht, sodass inzwischen wieder neue europäische Hersteller an den Start gehen.

An dieser Stelle müssen wir den Begriff »Hersteller« etwas relativieren, denn in der Regel werden in den europäischen Fahrradfabriken heutzutage nur noch aus aller Welt zugelieferte Komponenten zusammengesteckt. Die vor 40 Jahren übliche hohe Fertigungstiefe gehört der romantischen Vergangenheit an, was heute zu austauschbaren Produkten führt. Auch wenn viele Teile wie der Rahmen ausschließlich aus Asien kommen, sind mit Bosch, Brose, Continental, Magura, usw. auch deutsche Unternehmen als Zulieferer erfolgreich.

Einige Fahrradhersteller haben mehrere Marken aufgebaut beziehungsweise zusammengekauft, die unterschiedliche Kundengruppen bedienen. In unserer Auflistung führen wir nur in Deutschland angebotene Pedelec-Marken auf.

- Die **Derby Cycle Holding GmbH** ist der größte Fahrradhersteller in Deutschland und der Drittgröße in Europa. Das Unternehmen gehört zur niederländischen Pon Holdings B.V., die weitere Fahrradmarken führt. Die Pedelec-Marken der Derby Cycle Holding: Kalkhoff, Focus, Rixe, Univega und Raleigh.

- Die **Winora-Staiger GmbH** gehört zur niederländischen Accell Group N.V. und produziert die Marken Winora und Haibike.

- Für die **Zweirad-Einkaufs-Genossenschaft (ZEG)** werden die Marken Pegasus, Hercules und Bulls von Drittfirmen produziert.

Unsere Auflistung umfasst die unserer Ansicht nach wichtigsten Marken. Die angegebenen Preisspannen orientieren sich an den Verkaufspreisen in verschiedenen großen Online-Shops im August 2018. Es sind auch heruntergesetzte Modelle des Vorjahres in die Preisfindung eingegangen, was die Aussagekraft etwas einschränkt.

Hersteller	Art	Preisspanne (Euro)	Website
Bergamont	City, Trekking, MTB	2000 - 3500	www.bergamont.com
Bulls	Trekking, MTB[177]	2600 - 4700	www.bulls.de
Carver[178]	City, Trekking, MTB	1800 - 3000	www.carver.de
Cube	City, Trekking, MTB	1800 - 8000	www.cube.eu
Diamant	City, Trekking	1900 - 4700	www.diamantrad.com
Flyer	City, Trekking, MTB	2500 - 6300	www.flyer-bikes.com
Gazelle	City, Trekking	2100 - 3400	www.gazelle.de
Ghost	Trekking, MTB	2000 - 6500	www.ghost-bikes.com
Giant	City, Trekking, MTB	2000 - 5000	www.giant-bicycles.com
Focus	MTB	3000 - 7000	www.focus-bikes.com
Haibike	MTB, Trekking	1700 - 12.000 (!)	www.haibike.com
Husqvarna[179]	City, Trekking, MTB	1900 - 4500	www.husqvarna-bicycles.com
Kalkhoff	City, Trekking	1800 - 4000	www.kalkhoff-bikes.com
Kettler	City, Trekking, MTB	2200 - 5000	www.kettler-alu-rad.de
KTM	City, Trekking, MTB	2100 - 5600	www.ktm-bikes.at
Riese & Müller	City, Trekking	2800 - 6300	www.r-m.de
Rixe	City, Trekking	1800 - 2700	www.rixe-bikes.de

---

177 Abkürzung für Mountainbike
178 Hausmarke des Fahrradhändlers Fahrrad-XXL Group GmbH
179 Das Unternehmen hat mit dem gleichnamigen Rasenmäherhersteller nichts zu tun.

Scott	MTB, Trekking	1700 - 7200	*www.scott-sports.com*
Specialized	MTB, Trekking	2700 - 6700	*www.specialized.com*
Univega	Trekking, MTB	2000 - 4600	*www.univega.com*
Winora	City, Trekking	1800 - 3300	*www.winora.com*

Alle Hersteller decken mindestens den Preisbereich ab 2000 bis etwa 4000 Euro ab.

11.2.1 Unterschiede in Preis und Ausstattung

Sie werden sich zu Recht fragen, was denn nun der genaue Unterschied zwischen einem günstigen und einem teuren Trekkingrad ist. Wir haben deshalb zwei Gefährte mit 1000 Euro Preisabstand genauer unter die Lupe genommen:

Hersteller	Bergamont	Cube
Modell	E-Horizon 6.0 Lady - 400 Wh - 2018 - 28 Zoll - Damen Sport[180]	Touring Hybrid SL 500 - 500 Wh - 2018 - 28 Zoll - Damen Sport[181]
Straßenpreis	1999 Euro	3079 Euro
Gewicht	24,2 kg	22,6 kg
Gabel	Suntour NEX LO DS	Rock Shox Paragon Gold Air
Motor	Bosch Active Line	Bosch Active Line Plus
Max. Motordrehmoment	40 Nm	50 Nm
Bedieneinheit	Bosch Intuvia	Bosch Intuvia
Akku	11,2 Ah (400 Wh)	14 Ah (500 Wh)
Schaltwerk	Shimano Deore RD-M591	Shimano XT RD-M8050 Di2
Gänge	9	11
Bremse	Shimano BR-M315	Shimano XT BR-M8000

Zuerst sei die Anmerkung erlaubt, dass die Angaben der Hersteller beziehungsweise Händler nicht immer der Realität entsprechen müssen. So dürfte das Gewicht der Pedelecs je nach Rahmengröße um einige hundert Gramm von den Angaben abweichen. Außerdem sind häufig die technischen Daten nur ungenügend dokumentiert, sodass ein Vergleich zweier Pedelec-Modellen schwierig wird.

Die **Federgabel** (siehe Kapitel *3.5 Federung des Treckingrads*) basiert beim günstigen Bergamont auf einer Metallfeder, während das Cube eine höherwertige Luftfederung verwendet.

Beim **Motor** setzen Bergamont und Cube auf unterschiedlich leistungsfähige Modelle von Bosch (siehe Kapitel *4.2.2 Bosch*) und auch der **Akku** (siehe Kapitel *5.2 Akku-Leistung*) ist beim Bergamont um 100 Wh kleiner.

Ein Highlight des Cube ist die **elektronische Di2-Schaltung**, die automatisch die Gänge wechselt (siehe Kapitel *7.3 Elektronische Schaltung Di2*).

Zusammengefasst: Der Preisunterschied zwischen dem Bergamont und Cube-Pedelec ist gerechtfertigt, weil letzteres wesentlich hochwertigere Komponenten nutzt.

11.3 Individualisierung

Geld spielt für Sie keine Rolle? Sie möchten etwas ganz Besonderes und kein Pedelec »von der Stange«? Dann kommen die sogenannten Manufakturen ins Spiel. Darunter verstehen wir Hersteller, die das Pedelec für jeden Kunden individuell zusammenstellen, was entweder im Kunden-

---

180 https://www.fahrrad-xxl.de/bergamont-e-horizon-6-0-lady-x0036266 (aufgerufen am 08.09.2018)
181 https://www.fahrrad-xxl.de/cube-touring-hybrid-sl-500-x0036045 (aufgerufen am 08.09.2018)

gespräch oder über einen Online-Konfigurator auf der Firmenwebsite erfolgt. Einige Hersteller arbeiten mit lokalen Fachhändlern zusammen, bei denen Sie das fertige Rad später abholen können.

Stellen Sie sich selbst das gewünschte Rad zusammen. Bildschirmfoto: *www.velo-de-ville.de*.

Beachten Sie, dass die folgende Auflistung nicht vollständig ist.

Marke	Unternehmen	Adresse	Website
Velo de Ville	Velo de Ville AT Zweirad GmbH	Zur Steinkuhle 2 48341 Altenberge	*www.velo-de-ville.com*
MAXX	MAXX Bikes & Components GmbH	Theodor-Gietl-Str. 1 83026 Rosenheim	*www.maxx.de*
Flyer	Biketec AG	Schwende 1 CH-4950 Huttwil	*www.flyer-bikes.com/de-de/ flyer_konfigurator*
Riese & Müller	Riese & Müller GmbH	Feldstraße 16 64331 Weiterstadt	*www.r-m.de*
Contura, isy	Hermann Hartje KG	Deichstr. 120-122 27318 Hoya	*www.hartje-konfigurator.de*
Velofaktum	Velofaktum /Andreas Ahner	Garnsdorfer Str. 20 09244 Lichtenau	*www.velofaktum.de*
Müsing	Radsportvertrieb Ditmar Bayer GmbH	Zum Acker 1 56244 Freirachdorf	*www.muesing-bikes.de/de/ konfigurator*
MiTech	Jürgen Militzer	Zur Schönen Aussicht 18a 58579 Schalksmühle	*www.mi-tech.de*
Möve Bikes	Möve Bikes GmbH	Felchtaer Str. 27 99974 Mühlhausen	*www.moeve-bikes.de*

Die Konfigurationsmöglichkeiten unterscheiden sich zwischen den Manufakturen deutlich, denn während Sie bei einigen nur Rahmen, Motor und Farbe auswählen können, erlauben andere eine sehr individuelle Festlegung jeder einzelnen Komponente, von der Federgabel bis zum Sattel.

11.4 Baumarkträder

Zuerst sei gesagt: Ein Pedelec aus dem Baumarkt oder vom Lebensmitteldiscounter muss nicht unbedingt schlecht sein. Man darf aber an ein Billiggefährt für 1000 Euro nicht die gleichen Ansprüche stellen wie an ein Markenprodukt für 3000 Euro.

Baumärkte und Lebensmittel- oder Elektronikdiscounter leben vom Ruf günstiger Preise. Deshalb vertreiben sie vornehmlich Billigräder von darauf spezialisierten Herstellern, die man im Fachhandel nur selten findet.

Wir haben für die folgende Liste jeweils die dahinter stehenden Hersteller recherchiert. Bitte beachten Sie, dass es noch viele weitere Hersteller beziehungsweise Importeure gibt, die aber hauptsächlich über eigene Online-Shops verkaufen:

- **Chrisson**: Importeur ist vermutlich die Firma Brachnarova & Hadjistefanov GbR aus Berlin (*b2b.chrisson.de*).

- **Fischer**: Hinter der Marke »Fischer« steht die Inter-Union Technohandel GmbH aus Mannheim. Die Unternehmenswebsite finden Sie unter *www.fischer-die-fahrradmarke.de*.

- **LeaderFox**: Ein tschechischer Anbieter mit umfangreichem Lieferprogramm (Website: *e-shop.leaderfox.com*).

- **Llobe**: Die 2012 gegründete LLobe GmbH & Co KG mit Sitz in Nettetal lässt alle Pedelecs in China herstellen. Derzeit arbeitet Llobe mit vier Fabriken zusammen: Zwei im Süden Chinas im Großraum Guangzhou und zwei im Norden Chinas im Großraum Shanghai[182]. Die Website: *www.llobe-bike.de*.

- **NCM**: Dies eine Marke der Leon Cycle GmbH aus Hannover. Website: *www.leoncycle.de*.

- **Prophete**: Die Prophete GmbH u. Co. KG mit Sitz in Rheda-Wiedenbrück ist ein deutscher Hersteller mit 400 Mitarbeitern an vier Standorten. Website: *www.prophete.de*.

- **Sachsenring**: Die Sachsenring Bike Manufaktur assembliert sämtliche von ihr vertriebenen Fahrräder und E-Bikes in ihren eigenen Werkstätten in Sangerhausen[183]. Website: *www.sachsenring-bike.de*.

- **SAXXX**: Die SFM Bikes Distribution GmbH aus Nürnberg hat die Reste der ehemaligen ostdeutschen Mifa-Werke übernommen und vermarktet die SAXX-Pedelecs. Website: *www.sfm-bikes.de/saxxx*.

- **Telefunken**: Mit der Marke Telefunken ist die Karcher AG[184] aus Birkenfeld seit 2016 aktiv. Website: *www.karcher-products.de*.

- **Teutoburg**: Eine weitere Marke der Karcher AG.

- **Tretwerk**: Die Tretwerk GmbH hat ihren Sitz in Essen, wo das Unternehmen auch einen Laden betreibt.

- **Vecocraft**: Hersteller ist die Intercraft GmbH in Lauffen. Website: *www.vecocraft-ebikes.de*.

- **Vermont**: Eine Marke der Traffic Handels- und Dienstleistungsgesellschaft für Sport und Mobilität mbH aus Reutlingen. Das Unternehmen weist darauf hin[185], dass die Endmontage der Räder in Deutschland und europäischem Ausland erfolgt. Website: *www.vermont-bikes.de*.

- **Zündap**: Dies ist eine Eigenmarke des Discounters Real, die derzeit von Prophete produziert wird[186].

---

182 https://www.transvendo.de/llobe
183 http://www.sachsenring-bike.de/produktion/
184 https://www.karcher-products.de/index.php/newsreader-371/e-bikes-von-telefunken.html
185 https://www.vermont-bikes.de/ueber-vermont
186 https://ebike-forum.eu/neu-zuendapp-e-bike-pedelec-vorstellung-aktuell/

Keine weitere Infos haben wir zu den Marken Aqulia, Dohiker, Remington, Samebike und Viron gefunden.

Typisch für die Baumarktangebote sind Verkaufspreise zwischen 600 und 1700 Euro, während die günstigsten Markenräder im Fachhandel in der Regel häufig ab etwa 2000 Euro anfangen. Einige Pedelec-Hersteller bedienen sowohl die Billigschiene als auch den Fachhandel, wofür sie mehrere verschiedene Marken einsetzen. Ein Beispiel ist die Sachsenring Bike Manufaktur mit der Billigmarke »Sachsenring« und der Nobelmarke »Grace«.

> Die Preisunterschiede zwischen den verschiedenen Händlern sind bei den Baumarkträdern teilweise drastisch – achten Sie aber darauf, dass es sich jeweils um ein Pedelec mit der gleichen Ausstattung handelt.

Die Preise für die sogenannten Baumarkt- oder Discounter-Pedelecs liegen zwischen 600 bis 1700 Euro. Bildschirmfoto: Obi[187]

Ist es Ihnen auch aufgefallen? Unter den Discount-Pedelecs tummeln sich Zündap und Sachsenring. Diese auch heute noch wohlklingenden Namen haben mit den teilweise schon vor Jahrzehnten untergegangenen deutschen Fahrzeugherstellern überhaupt nichts zu tun, sondern wurden wie Zombies wiederbelebt. Dies geschieht über Kauf oder Lizenzierung der Marke von den Markeninhabern. Ähnliches darf man wohl auch bei »Remington« annehmen. Auf die Spitze wird die Markenhype mit »Telefunken« getrieben, das früher ausschließlich für hochwertige Elektronikprodukte stand. Beim Kauf eines Discounter-Pedelecs sollte man aber nicht auf den glanzvollen Markennamen, sondern auf die Produktqualität achten. Das gilt im Übrigen auch für die restlichen Komponenten eines Pedelecs, aber darauf kommen wir noch.

Eine Randnotiz: Das Online-Angebot des Discounters Real (*www.real.de*) umfasst auch mehr als 2000 Euro teure Markenräder von Kalkhoff, Winrora und anderen Herstellern. Unsere Stichproben haben ergeben, dass diese von Fachhändlern meistens deutlich günstiger verkauft werden.

---

187 https://www.obi.de/search/ebike (Abruf am 04.01.2021)

Pedelecs aus dem Versandhandel werden als Bausatz geliefert, bei dem man noch Lenker, Sattel und Pedale anbringen muss. Kontrollieren Sie danach, ob alle Schrauben festsitzen, damit Sie bei der ersten Ausfahrt keine Überraschung erleben. Das Foto zeigt ein NCM Milano Plus im Versandkarton.

11.4.1 Wartung und Reparaturen

Beim Service **innerhalb des Garantie- beziehungsweise Gewährleistungszeitraums** gibt es zwei Möglichkeiten: Entweder repariert ein Techniker des Herstellers vor Ort oder der Händler, der Ihnen das Rad verkauft hat, muss sich um Reparatur kümmern. Handelt es sich um kleinere Probleme, die der Kunde selbst beheben kann, wird häufig einfach das Ersatzteil vom Hersteller zugeschickt.

Möchten Sie ein Baumarktrad online bestellen, dann sollten Sie sich auf jeden Fall vorab erkundigen, wie der Service abläuft. Im ungünstigsten Fall könnte es sein, dass das Rad zur Reparatur von Ihnen eingesandt werden muss, was umständlich und teuer ist.

Nach Garantieablauf wenden Sie sich an eine Fahrradwerkstatt in der Nähe. Bitte beachten Sie, dass einige davon die Reparatur von Baumarkträdern verweigern. Der Grund liegt darin, dass die Werkstätten wegen der teilweise mangelnden Haltbarkeit von Rahmen und Anbauteilen keine Haftung für Qualitätsprobleme übernehmen möchten. Teilweise spielt natürlich auch eine Rolle, dass die Werkstattbetreiber nicht gerne den Service von nicht bei Ihnen erworbenen Pedelecs übernehmen. Die Hersteller bieten deshalb teilweise auch nach dem Kauf einen kostenpflichtigen Wartungs- beziehungsweise Reparaturservice an.

Die gesetzliche Gewährleistungspflicht beträgt 24 Monate ab dem Erstverkaufsdatum beziehungsweise 6 Monate für Batterien und Akkumulatoren. Wir führen in der folgenden Auflistung nur Unternehmen auf, die über die gesetzlichen Vorgaben hinaus weitere Garantien geben, oder einen Vorort-Service anbieten. Bitte beachten Sie, dass uns von vielen Unternehmen keine Angaben zum Service oder Garantieleistungen vorliegen. Auf unsere Anfragen wurde manchmal auch auf die Zuständigkeit des jeweiligen Verkäufers hingewiesen, was ja auch nicht falsch ist.

- **Fischer**: 30 Jahre auf Rahmenbruch; 12 Monate auf 36 V Akkus, 24 Monate auf 48 V Akkus; kostenloser Vorort-Service; Vorort-Service auch außerhalb der Garantie kostenpflichtig möglich.

- **NCM**: Es besteht eine Garantiezeit von 1 Jahr auf den Motor, den Controller, den Sensor und das Display. Auch auf den Akku erhalten Sie 12 Monate Garantie. Verschleißteile wie Reifen, Bremsen, Beleuchtung, Felgen, Speichen, Rahmen u.s.w. sind nicht Bestandteil der Garantiezeit und werden in Einzelfällen, ausschließlich aus Kulanz, innerhalb der ersten 6 Monate ersetzt bzw. repariert. Ersatzteile können im freien Fahrradzubehör-Handel erworben werden. Sollten Probleme mit dem Motor oder dem Akku auftreten, sollte man den Hersteller Leon Cycle kontaktieren. In der Regel können Mängel von einer Fahrradwerkstatt behoben werden. Sollten sich aufgesuchte Fachwerkstätten weigern, die Reparatur durchzuführen, übernimmt Leon Cycle die Reparatur in der hauseigenen Werkstatt (Rücksendung des Fahrrades erforderlich). Dies ist ebenfalls nach Ablauf der Garantie möglich.

- **Prophete**: Vorort-Service mit werkseigenen Monteuren; Vorort-Service auch außerhalb der Garantie kostenpflichtig möglich. Auf Rahmen und Gabel 10 Jahre Garantie auf Bruchsicherheit[188]; 12-monatige Funktionsgarantie auf den Akku.

- **Vecocraft**: Abhängig vom Reparaturfall werden Ersatzteile zugesandt oder das Rad wird abgeholt. Sollte der Schaden durch einen Handhabungsfehler entstanden sein, muss der Kunde nur die Versandkosten übernehmen. Auch außerhalb der Garantiezeit sind Ersatzteile direkt beim Vecocraft erhältlich.

Die Service-Qualität der einzelnen Hersteller scheint stark zu schwanken, weshalb wir den Kauf vor Ort im Baumarkt oder beim Discounter empfehlen. Der Händler ist dann während des Garantiezeitraums für Reklamationen beziehungsweise Reparaturen zuständig. Er kann Sie zwar beispielsweise an die Hersteller-Hotline verweisen, Sie müssen aber darauf nicht eingehen.

11.4.2 Günstiger ans Rad

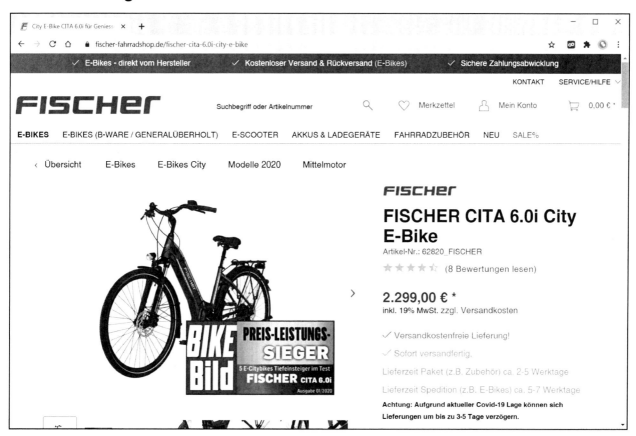

Im Gegensatz zu den Markenherstellern haben die meisten Hersteller/Importeure der Baumarkträder auf ihrer Website einen Online-Shop wo Sie teilweise auch zu günstigen Preisen Rückläufer beziehungsweise B-Ware erwerben können. Bildschirmfoto: Fischer-Online-Shop [189].

---

188 https://www.prophete.de/de/service/faq.php
189 https://www.fischer-fahrradshop.de/fischer-cita-6.0i-city-e-bike (abgerufen am 04.01.2021)

11.4.3 Wie kommt der günstige Preis der Baumarkträder zustande?

Dies möchten wir an drei Beispielen zeigen:

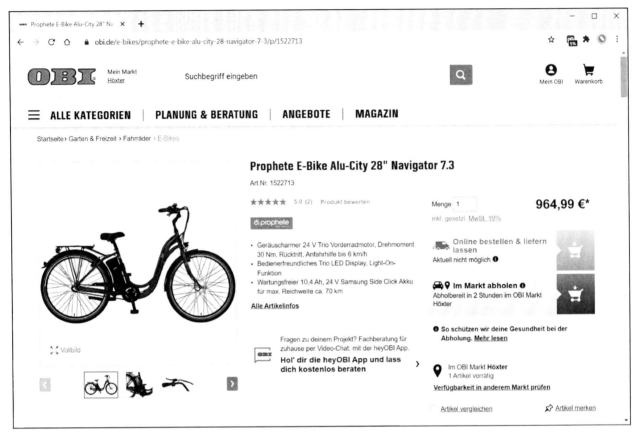

Bildschirmfoto: Obi-Website[190]

Das **Prophete E-Bike Alu-City 28" Navigator 7.3** wurde im Januar 2021 bei Obi im Online-Shop für rund 965 Euro angeboten. Die Produktbeschreibung hebt nur Highlights hervor und auf der Prophete-Website wird das Gefährt nicht gelistet. Vermutlich handelt es sich um ein Auslaufmodell.

- Bremsen: Neben einer Rücktrittbremse gibt es auch eine Felgenbremse, vermutlich mit Seilzug, was technisch überholt ist.

- Motor: Vorderradmotoren haben den Nachteil schlechter Traktion auf steilen Strecken und erhöhen die Sturzgefahr bei glitschiger Straße. 30 Nm Unterstützung sind nicht mehr zeitgemäß, auch wenn ein Radnabenmotor effizienter als ein Mittelmotor ist. Besser wären mindestens 40 Nm.

- Bedieneinheit: Zeigt vermutlich die eingestellte Unterstützungsstufe per LED an. Sie können zwischen 5 Unterstützungsstufen wählen.

- Akku: Mit 10,4 Ah hat der 24 V-Akku eine Leistung von rund 250 Wh, was nicht besonders viel ist, aber für kurze Touren ausreicht. Die angegebenen 70 Kilometer Reichweite dürften aber nur auf gerade Strecke realistisch sein.

- Schaltung: Die Nabenschaltung hat 3 Gänge und kann auch im Stand geschaltet werden, was für die Stadt mit häufigen Halts an Ampeln und Kreuzungen ideal ist. Touren über hügeliges Terrain dürften wegen des Übersetzungsverhältnisses aber kaum möglich sein.

Die restlichen Bauteile sind nicht zu beurteilen, weil Prophete keine Angaben macht oder Eigenfabrikate einbaut.

---

190 https://www.obi.de/e-bike/prophete-e-bike-alu-trekking-28-entdecker-e8-6-herren/p/2831378

Fazit: Dieses Pedelec eignet sich sehr gut für die Stadt, für Radwandertouren sind aber Motor, Akku und Gangschaltung unterdimensioniert.

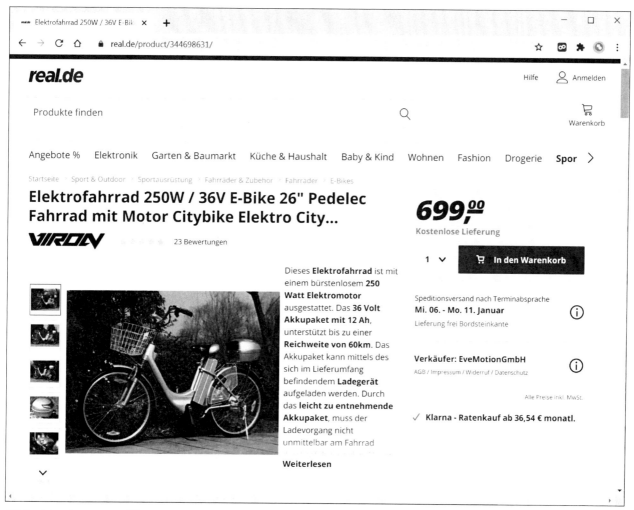

Bildschirmfoto: Real[191]

Unser nächstes Untersuchungsobjekt, ein **Viron**-Pedelec mit einem so langem Produktnamen, dass wir hier auf die Wiedergabe verzichten, markiert mit einem Verkaufspreis von 699,99 Euro im Online-Shop von Real die unterste Preisschwelle (Stand: Januar 2018).

An diesen Stellen hat der Hersteller beim Teutoburg gespart:

- Auffällig ist das ungewöhnlich hohe Gewicht von 26 kg, denn normal sind je nach Ausstattung 22 bis 25 kg. Vermutlich ist der Rahmen aus Stahl und nicht aus Alu. Mit Akku kommen 40 kg zusammen, weshalb wir mit einem trägen Anfahrverhalten rechnen.

- Schaltung: Die Shimano-Kettenschaltung hat nur 6 Gänge, was für einige Nutzer zu wenig sein kann. Üblich sind bei Pedelec-Kettenschaltungen 8 bis 10 Gänge.

- Akku: Der Akku ist zwar entnehmbar, nur dürfte der Transport zum Aufladen in die Wohnung angesichts von 14 kg Gewicht keinen Spaß machen. Offenbar aus Kosten-gründen verwendet der Hersteller Blei-Gel-Batterien, denn ein konventioneller Lion-Akku würde nur maximal 4 kg wiegen.

- Zum Hinterradmotor und den Bremsen gibt es keine weiteren Angaben.

- Positiv sind die Federgabel, das abschließbare Topcase, die straßenverkehrstaugliche Ausstattung und der verstellbare Sattel zu bewerten.

Fazit: Das Viron-Pedelec kann seine Abstammung von einem asiatischen E-Bike nicht verleugnen.

---

191 https://www.real.de/product/344698631 (abgerufen am 04.01.2021)

Wir erkennen das am abschließbaren Zündschloss und dem mitgelieferten Topcase. Menschen mit einem Körpergewicht von mehr als 80 kg dürfen das Gefährt übrigens nicht nutzen, weil dann das Gesamtgewicht von 120 kg überschritten wird. Auch ist es mühsam, das 26 kg schwere Gefährt – wenn man den Akku entnommen hat – alleine über eine Treppe in den Keller oder die eigene Wohnung zu tragen.

Das Foto zeigt ein NCM Milano Plus.

Im oberen Billigbereich rangiert das **NCM Milano Plus** mit einem Preis von 1579 Euro (Stand: Dezember 2020). Dieses Pedelec ist das teuerste des Anbieters Leon Cycle aus Hannover und im Besitz des Autors, der damit inzwischen 3.500 km zurückgelegt hat.

Von den Leistungsdaten her lässt das Milano Plus mit einem 48 Volt-System und 768 Wh-Akku viele Marken-Pedelcs hinter sich. Die Scheibenbremsen und die 8-Gang-Kettenschaltung funktionieren wie sie sollen.

Das Bedienelement zeigt neben der eingestellten Unterstützungsstufe (von der 6 zur Verfügung stehen), die zurückgelegten Kilometer und die Geschwindigkeit an. Ungewöhnlich ist die Anzeige der aktuellen Motorleistung und der Akkuspannung als Voltzahl.

Am Hinterradnabenmotor des chinesischen Herstellers Bafang gibt es nichts zu meckern, denn der Anzug ist sehr flott. Nur bei längeren oder steilen Bergfahrten im höchsten Gang kommt der Antrieb ins Schwitzen, es reicht dann aber, ein oder zwei Gänge herunterzuschalten. Am Berg überholen wir trotzdem noch problemlos andere Pedelec-Fahrer.

Der Motor beziehungsweise dessen Steuerung, hält aber auch einige Schattenseiten bereit, denn die 6 Unterstützungsstufen funktionieren anders sonst gewohnt. Jeder Unterstützungsstufe ist eine bestimmte Maximalgeschwindigkeit zugeordnet, ab der abgeregelt wird. Das heißt, nur in Stufe 6 erhalten Sie die maximale Motorunterstützung.

Manchmal scheint der Motor im höchsten Gang, in dem man eigentlich immer fährt, einfach nicht einzusetzen, das heißt, man trampelt und trampelt, aber der Motor rührt sich nicht… In diesem Fall schaltet man einige Gänge herunter und trampelt normal weiter, worauf der Motor einsetzt (das Display zeigt über einen Balken die abgegebene Leistung an), danach schaltet man wieder hoch.

Bei Stopps ist das Herunterschalten wirklich wichtig, denn beim Anfahren dauert es sonst einige Kurbelbewegungen bis zum Motoreinsatz.

Hat man sich einmal an die Motoreigenheiten gewöhnt, machen auch längere Touren Spaß, zumal der Akku auf höchster Unterstützungsstufe nach unserer Erfahrung 60 bis 70 Kilometer durchhält. Die vom Anbieter Leon Cycle versprochenen 150 km Reichweite halten wir nur in einer niedrigen Unterstützungsstufe auf ebener Strecke für realistisch. Im Handel sind übrigens auch Akkus von Drittanbietern mit Kapazitäten über 800 Wh erhältlich.

Nach einiger Zeit werden Sie vermutlich den unbequemen Sattel und den Lenker gegen etwas anderes austauschen, was aber nicht besonders ins Geld geht.

Eine Weber-Anhängekupplung (siehe Kapitel *2.5 Fahrradanhänger*) konnten wir nicht an der Radnabe befestigen, weil dessen Schraube zu dick ist. Da auch andere Befestigungsmöglichkeiten ausschieden, mussten wir zu einer Weber B-Kupplung mit Ständer greifen.

Fazit: Das NCM Milano Plus verlangt etwas Eingewöhnung, bietet aber ein ausgezeichnetes Preis-leistungsverhältnis.

11.5 Bei Markenrädern sparen

Sofern Sie nicht zu einem gebrauchten Pedelec greifen möchten, worauf nächstes Kapitel eingeht, sind Ihre Einsparmöglichkeiten eingeschränkt. Im besten Fall können Sie Ihren Händler um 5 bis 10 Prozent herunterhandeln oder kleine Zugaben wie besseren Sattel, gefederte Sattelstütze, Lenkradkorb oder Satteltasche aushandeln.

Eine weitere Sparmöglichkeit ergibt sich durch Rahmenverträge, die von größeren Firmen und Institutionen mit bestimmten Herstellern oder Händlern abgeschlossen werden. Uns ist beispielsweise eine regionale Krankenkasse bekannt, deren Mitarbeiter zeitweise 16 Prozent Rabatt bei einem Händler bekamen. Fragen Sie einfach mal bei Ihrem Arbeitgeber nach, ob solche Sparmöglichkeiten angeboten werden.

Größe Rabatte sind teilweise zum Saisonwechsel möglich. Dazu muss man wissen, dass die Pedelec-Hersteller inzwischen jährlich einige Modelle aus dem Programm nehmen oder austauschen. Üblicherweise werden die Modelle des nächsten Jahres zur Jahresmitte vorgestellt und sind meistens direkt lieferbar. Das heißt, bis August 2020 sind bereits viele 2021er-Modelle erschienen. Die Modelle der Vorjahre sind dann in der Regel etwas verbilligt zu haben. Übrigens sind die Unterschiede zwischen den verschiedenen Saison-Modellen häufig nur gering und häufig gibt es sogar Verschlechterungen beim Nachfolger.

Im Folgenden analysieren wir mal die wichtigsten Unterschiede zweier Modelljahrgänge anhand des »Husqvarna Gran Tourer GT5 Damen« für 2019 und 2020.

	Jahrgang 2019[192]	Jahrgang 2020[193]
Niedrigster Handelspreis[194]	3000,-	3800,-
Gewicht	24,6 kg	25,3 kg
Vorbau	Tranz-X, JD-ST69A, 7°, 31.8mm	Husqvarna, Adjust, Aluminium, 80mm, -10° - +60°, 31.8mm
Lenker	Tranz-X, JD-MTB-477A, Rise: 0mm	Husqvarna, Rise, Lenkerbreite: 720mm, Rise: 38mm Rise, Back Sweep: 9° , Bar Bore 31.8mm
Griffe	Velo, VLG-649AD3, 135/135mm	Husqvarna Ergo, 135mm, D2 Compound, Lock-on
Steuersatz	Feimin, FP-H868PX, FP-HW20	Acros ZS44/56 Husqvarna Custom Spec, Semi-Integrated
Felgen	Ryde Disc 35H	Ryde Rival 30, 32H

---

192 https://www.fahrrad-xxl.de/husqvarna-gran-tourer-gt5-x0045809
193 https://www.fahrrad-xxl.de/husqvarna-gran-tourer-5-x0050284
194 Untersuchungstermin: 25.04.2020

Nabe vorne/hinten	Formula DC-71/Formula, DC-1248, Boost	Husqvarna Pro Boost, 15x110mm/Husqvarna Pro Boost, 12x148mm
Sattel	Selle Royal VL-6310	Husqvarna GT-Ergo
Sattelstütze	Tranz-X JD-SP89T.1	Husqvarna
Schutzbleche	SKS A 65 R	Husqvarna AL-65
Ständer	Massload TD1358A HQV Logo	Husqvarna STD GT
Schaltwerk	Shimano Deore XT	Sram NX-11
Kassette	Shimano SLX CS-HG7000-11	Sram NX PG-1130
Kette	Shimano CN-HG601	Sram PC1110
Schalthebel	Shimano SLX, SL-M7000-R	Sram NX Trigger

Schon auf dem ersten Blick fällt auf, dass Husqvarna beim 2020er-Modell zahlreiche Komponenten aus dem eigenem Haus verbaut. In der Regel dürfte es sich allerdings um Produkte von Drittanbietern handeln, die nach Husqvarna-Vorgaben produziert wurden. Das muss nicht unbedingt schlechtere Qualität zu den Markenkomponenten bedeuten, erschwert aber die Vergleichbarkeit mit Pedelecs anderer Hersteller. Die gleiche Strategie sieht man auch bei im Billigsegment aktiven Anbietern wie Fischer und Prophete.

Der Wechsel bei Schaltwerk, Kassette, Kette und Schalthebel von Shimano nach Sram spielt dagegen keine große Rolle, da klassische Mittelklasse-Komponenten verwendet werden, die sich qualitativ kaum unterscheiden.

Ärgerlich ist auch das um 700 Gramm höhere Gewicht des 2020er-Modells, für das wir keinen Grund finden.

Mit dem Griff zum Vorjahresmodell machen Sie also in der Regel nichts falsch und sparen sogar Hunderte Euro!

11.6 Gebrauchtkauf

Machen Sie sich zuerst Gedanken, welche technischen Daten Ihr Wunschrad aufweisen soll.

Wenn Sie nur ab und zu wenige Kilometer zur Arbeit beziehungsweise in der Stadt fahren, muss der Akku keine 50 km Reichweite haben, die Gangschaltung darf ruhig eine Nabenschaltung mit 7 Gängen haben und eine Felgenbremse reicht vollkommen aus.

Möchten Sie dagegen längere Radtouren vornehmen, kommt nur ein Rad mit großem Akku, leistungsfähigem Motor, Scheibenbremsen und Kettenschaltung in Frage.

Die lokalen Anzeigenblätter oder Anzeigen in der Lokalzeitung sind heute nicht mehr angesagt, denn heute läuft fast alles über das Internet. Suchen Sie in Ebay (*www.ebay.de*), Ebay Kleinanzeigen (*www.ebay-kleinanzeigen.de*) oder Quoka (*www.quoka.de*) nach »E-Bike« oder »Pedelec«. Die Suche können Sie auch auf Ihren Umkreis eingrenzen, nachdem Sie neben dem Suchfeld Ihre Postleitzahl eingegeben haben.

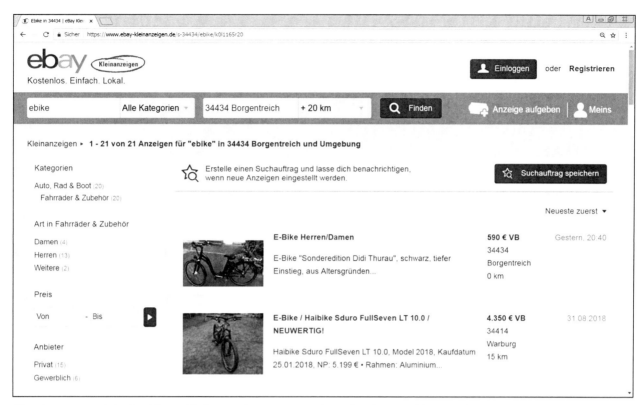

Sie können sich in Ebay-Kleinanzeigen entweder durch die Kategorien klicken (Auto, Rad & Boot/Fahrräder & Zubehör) oder führen eine Suche durch, die sich auch auf den Umkreis Ihres Wohnorts eingrenzen lässt. Beachten Sie, dass viele Verkäufer ihre Pedelecs als »E-Bike« einstellen, weshalb Sie »E-Bike« Suchbegriff vermutlich mehr Ergebnisse erhalten. Bildschirmfoto: www.ebay-kleinanzeigen.de.

Ohne weiteres Nachdenken aussortieren können Sie alle Anzeigen von:

- Pedelecs mit unpassender Rahmengröße (siehe Kapitel *12.2 Rahmengröße*).

- »Echten« E-Bikes (siehe Kapitel *2.3 E-Bike*), die meistens ohnehin keine Straßenzulassung haben.

- Wenn kein Akku mehr vorhanden ist, oder der Akku beziehungsweise das Ladegerät einen Defekt aufweisen. Es besteht dann keine Möglichkeit, das Pedelec zu testen.

- Pedelecs mit 24 Volt-Antriebssystem, denn längst sind die leistungsstärkeren 36 Volt aktuell.

- Pedelecs, die älter als 4 Jahre sind, weil es bei älteren Modellen Probleme mit der Ersatzteilbeschaffung gibt und der Akku häufig nach ca. 5-10 Jahren den Geist aufgibt. Prüfen Sie, ob der Akku noch nachgekauft werden kann.

- Baumarkt-Pedelecs (siehe Kapitel *11.4 Baumarkträder*), sofern sie nicht mehr in der Garantie sind.

- Pedelecs, die offenbar einen Unfall hatten, denn eventuell ist danach der Rahmen verzogen oder wichtige Teile wie der Akku sind beschädigt. Unfälle erkennen Sie meist an deutlichen Lackschäden und Kratzern. Achten Sie auf Risse am Sattelrohr.

- Pedelecs mit Seilzug- statt Hydraulikbremsen (sofern es sich nicht um ein Baumarktrad handelt).

Wie bereits im Kapitel *4.2.2.c Performance Line CX* erläutert, hat Bosch den Antrieb im Modelljahr 2020 stark verbessert. Dies sollten Sie bei Ihrer Entscheidung zwischen verschiedenen Angeboten berücksichtigen.

Okay, Sie haben ein interessantes Pedelec gefunden und besuchen den Verkäufer:

- Der günstigste Zeitpunkt zum Kauf sind Herbst bis Frühling, weil dann viele Verkäufer ihren Keller freiräumen.

- Sollte der Verkäufer den Namen des Pedelecs nicht exakt in seiner Anzeige angegeben haben, dann fragen Sie vor dem Besuch danach. Sie können so schon vorab Gebraucht- und Neupreis vergleichen, was für beide Seiten die Verkaufsverhandlung erleichtert.

- Interessant sind Angebote von älteren Menschen, sowie die von Personen, die aus gesundheitlichen Gründen nicht mehr fahren können. Deren Pedelecs sind meist in erstklassigem Zustand.

- Pedelecs sind ein beliebtes Diebesgut. Ein seriöser Verkäufer sollte die Originalrechnung vorweisen können, selbst wenn das Gefährt schon aus der zweijährigen Gewährleistung ist. Manche Hersteller geben auf den Rahmen eine gesonderte Garantie von 10 oder mehr Jahren, wofür Sie die Rechnung benötigen.

- Die Bedieneinheit der meisten Pedelecs zeigt die zurückgelegten Gesamtkilometer an. Zwar lässt sich dieser Zähler meistens mehr oder wenig umständlich zurücksetzen, nur macht davon nicht jeder Verkäufer Gebrauch. Sofern der Zähler unter 500 km steht, ist das Rad als praktisch neu anzusehen.

- Sind die Reifen abgefahren, obwohl der Verkäufer das Pedelec nur wenig genutzt haben will? Erkennen Sie zudem einen deutlichen Verschleiß an den Pedalen oder der Kette, dann dürfte der Verkäufer damit schon viele Tausend Kilometer zurückgelegt haben.

- Schaut das Pedelec gepflegt aus? Weisen Kratzer auf einen Unfall hin? Ist der Akku beschädigt? Funktioniert das Laden mit dem Ladegerät? In welchem Zustand sind Bremsen, Kette und Schaltung? Wurde eine jährliche Wartung in der Werkstatt durchgeführt und hat der Verkäufer bereits Teile tauschen lassen?

- Bei hochwertigen Pedelecs wird sich ein Besuch beim Fachhändler lohnen, denn bei vielen Fabrikaten ist es möglich, am Diagnosestand die verbleibende Akkukapazität, die Anzahl der Ladezyklen, den Getriebeverschleiß und die Gesamtkilometer zu ermitteln.

- Geht es um den Kauf eines S Pedelecs (siehe Kapitel *2.2 S Pedelec*), dann muss Ihnen der Verkäufer auch die Zulassungsbescheinigung (COC) übergeben. Wichtig: Prüfen Sie, ob der Verkäufer vielleicht bauliche Änderungen vorgenommen hat, beispielsweise den Sattel, den Lenker oder die Reifen getauscht hat, denn bei S Pedelecs gibt es genaue Vorgaben, was zulässig ist (siehe Kapitel *2.10.2 S Pedelec*).

Eine längere Probefahrt mit voll aufgeladenem Akku ist immer nötig, damit Sie nicht nur den Akku, sondern auch die Fahreigenschaften prüfen können. Schalten Sie durch alle Gänge, probieren Sie die Bremsen aus und testen Sie die verschiedenen Motorunterstützungsstufen. Die einzelnen Komponenten dürfen keine ungewöhnlichen Geräusche von sich geben.

Der Verkaufspreis bildet sich in der freien Marktwirtschaft durch Angebot und Nachfrage. Als Richtwert verliert ein Pedelec innerhalb eines Jahres 30 Prozent seines Wertes und ist nach zwei Jahren nur noch die Hälfte des Anschaffungspreises wert[195]. Wichtig ist die Akkureichweite, denn wenn Sie den Akku für 400 bis 700 Euro nachkaufen müssen, wird so manches Pedelec-Angebot uninteressant.

11.6.1 Kaufvertrag

Die meisten Verkäufe zwischen Privatpersonen laufen formlos, quasi per Handschlag, ab. Wir raten aber trotzdem zu einem Kaufvertrag.

Stellt es sich nachträglich heraus, dass Ihr im guten Glauben erworbenes Pedelec Diebesgut war, so kann es ohne Entschädigung eingezogen werden, um es dem Eigentümer zurückzugeben. Ohne

---

195 https://www.elektrobike-online.com/know-how/tipps-zum-e-bike-gebrauchtkauf.1286374.410636.htm

Kaufvertrag haben Sie eventuell nur geringe Chancen, den Kaufpreis vom Verkäufer zurückzuerhalten. Übrigens ist es nicht selten, dass Verkäufe unautorisiert stattfinden, beispielsweise weil es in einer Familie Krach gab und nun einer der Ehepartner das Eigentum des anderen mutwillig veräußert.

Wird Ihr Pedelec mal gestohlen und später wiedergefunden, so benötigen Sie ebenfalls einen Eigentumsnachweis damit sie es zurückerhalten, was ohne Rechnung schwierig wird.

Was gehört in den Kaufvertrag?

- Name und Anschrift des Verkäufers und es Käufers

- Kaufort und Kaufdatum

- Kaufpreis

- Genaue Modellbezeichnung des Pedelecs oder alternativ eine Angaben zu wichtigen Merkmalen

- Hinweis auf Privatverkauf unter Ausschluss von Gewährleistung beziehungsweise Hinweis »gekauft wie gesehen«.

- Unterschrift des Verkäufers und/oder bei Barzahlung eine Bestätigung des Verkäufers: »Betrag am xx.xx.xxx Bar erhalten« mit dessen Unterschrift.

11.6.2 Verkaufsportale

Neben den bereits erwähnten Anzeigenmärkten Ebay, Ebay-Kleinanzeigen und Quoka gibt es einige weitere, die regional unterschiedlich stark mit Angeboten bestückt sind.

- **Rebike1** (*www.rebike1.de*) kauft und verkauft ausschließlich Pedelecs. Die Räder werden vor dem Wiederverkauf untersucht und Verschleißteile gegebenenfalls ausgetauscht, weswegen jedes Gebrauchtrad 2 Jahre Garantie hat.

- Auf **Bike-Exchange** (*www.bikeexchange.de*) bieten ausschließlich Händler Fahrräder und Zubehör an. Insbesondere bei den Pedelec-Vorjahresmodellen lässt sich hier Geld sparen. Bitte beachten Sie, dass viele gelistete Händler nur lokal aktiv sind und nicht versenden.

- Den Marktplatz **Speiche24** (*www.speiche24.de*) nutzen hauptsächlich private Verkäufer.

- Das Angebot von **bikesale.de** (www.bikesale.de) umfasst einen An- und Verkaufsdienst, wobei Käufer von der gesetzlichen einjährigen Gewährleistung profitieren, sowie einem privaten Marktplatz.

- Wenn Sie ein E-Mountainbike suchen, sind Sie vielleicht auf dem Bikemarkt von MTB News richtig, das Sie unter *bikemarkt.mtb-news.de* aufrufen.

- **Markt.de** (*www.markt.de/marktplatz/fahrraeder*) listet Anzeigen von privaten und gewerblichen Verkäufern.

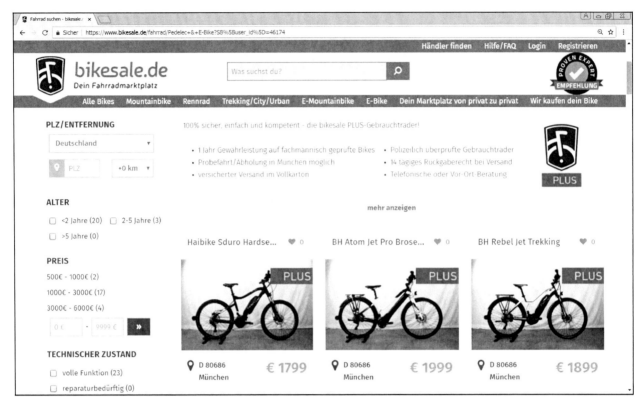

Bildschirmfoto: bikesale.de (*www.bikesale.de*).

12. Fahrrad korrekt auswählen und einstellen

Schon vor dem Kauf sollten Sie sich Gedanken über den Einsatzzweck Ihres Pedelecs machen. Wir gehen darauf im Kapitel *11 Kaufentscheidung* ein. Es lässt aber jetzt schon sagen, dass Sie sehr wahrscheinlich zu einem Trekkingrad greifen werden, das einfach universeller einsetzbar ist.

Uns sei der Hinweis erlaubt, dass Sie von Ihrem Fachhändler nicht nur Unterstützung bei der Auswahl von Rad- und Rahmengröße, sondern auch bei der richtigen Einstellung der Sitz- und Lenkerposition erwarten dürfen.

12.1 Radgröße

Bei Cityrädern können Sie wahlweise zu einem Gefährt mit 26 oder 28 Zoll großen Rädern greifen, die sich übrigens entgegen landläufiger Meinung nicht viel tun bei Rollwiderstand oder Reifenverschleiß. 26 Zoll kann für Personen unter 1,80 Meter Körpergröße interessant sein oder wenn einem subjektiv 28 Zoll-Räder zu groß sind.

Dagegen ist das Angebot von Trekkingrädern mit 26 Zoll-Rädern eng begrenzt, weil hier von den Kunden fast nur 28 Zoll nachgefragt wird.

12.2 Rahmengröße

Damit das Radfahren auch über längere Strecken Spaß macht, sollte das Pedelec zur Statur des Fahrers passen. Sonst drohen durch Fehlhaltung Nacken- und Rückenschmerzen sowie Beschwerden an den Knie- und Handgelenken.

Je besser die Körperhaltung ist, desto längere Strecken lassen sich erschöpfungs- und schmerzfrei zurücklegen. Leider sind viele Radfahrer mit falscher Körperhaltung unterwegs.

Eine nur leicht nach vorne geneigte Sitzposition genügt bereits, damit der Rücken die natürliche S-Form der Wirbelsäule beibehält. Die Spannkraft des Rückens bleibt ebenfalls erhalten, sodass Erschütterungen während der Fahrt besser abgefedert werden. Darüber hinaus steht genügend Tretkraft am Pedal zur Verfügung.

In der Regel sind Fahrrad- und Pedelec-Modelle in unterschiedlichen Rahmengrößen erhältlich. Die Rahmengröße sollte passend zu den persönlichen Körperproportionen und der Schrittlänge gewählt werden. Auch die persönlichen Vorlieben spielen natürlich eine Rolle: Sportliche Menschen (die etwas gebückter fahren) werden zum Beispiel eher einen kleineren Rahmen wählen, wer längere Touren unternimmt, greift zu einem größeren Rahmen.

Die Rahmengröße (Rahmenhöhe) ist der Abstand zwischen der Tretachse (Kurbelmitte) und dem Ende des Sattelrohrs, also der niedrigsten Satteleinstellung. Angegeben wird die Rahmengröße in Zentimetern.

12.2.1 Größentabellen

Die Händler halten Tabellen vor, aus denen man ablesen kann, welcher Rahmen zu Ihnen passt. Beachten Sie, dass es für City- und Trekkingräder, sowie alle anderen Radtypen eigene Tabellen gibt.

Fahrradhersteller und Händler machen jeweils unterschiedliche Angaben zur Rahmengröße, was auch mit der Art des Rahmens zu tun hat: Die Rahmengröße von Diamant-Rahmen müsste man eigentlich anders berechnen wie Trapez- oder Wave.

Beispiel für Rahmenangaben von der Bulls-Website[196]:

Körpergröße (m)	Rahmengröße Cityrad (cm)	Rahmengröße Trekkingrad (cm)
1,50 bis 1,60	42-48	42-47
1,60 bis 1,70	48-52	47-50
1,70 bis 1,80	52-58	50-55
1,80 bis 1,90	58-63	55-60
Über 1,90	ab 63	Ab 60

Rahmenangaben von der Kalkhoff-Website (ohne Angabe des Rahmentyps)[197]

Körpergröße (m)	Rahmengröße (cm)
< 1,55	42-45
1,55 – 1,66	45-60
1,64 – 1,86	50-55
1,84 – 1,91	55-60
1,89 – 1,96	60-64
> 1,94	64 -70

Einige Hersteller wie Kalkhoff ordnen die Rahmengröße einer Buchstabenkombination von S bis XXL zu, was dem Kunden die Auswahl erleichtern soll.

12.2.2 Rahmengröße selbst berechnen

Sie können auch selbst einen Versuch zur Berechnung Ihrer Rahmengröße vornehmen:

- Ziehen Sie Ihre Schuhe und Hose aus.
- Stellen Sie sich gerade an eine Wand.
- Nehmen Sie ein Buch und halten Sie es zwischen Ihren Schritt. Damit das Buch waagerecht gehalten wird, sollte es plan an der Wand anliegen.
- Messen Sie mit einem Meterstab von der Oberkante des Buchs bis zum Boden.
- Der ermittelte Wert ist Ihre Schrittlänge (Schritthöhe)

Diesen Wert geben Sie in den Online-Rechner eines Online-Shops ein, z. B. in *www.zweirad-center-urban.de/rahmengroessenrechner* oder *www.fahrrad.de/rahmenberechnung.html*.

Sollte der von Ihnen ermittelte Wert zwischen zwei Rahmengrößen liegen, dann wählen Sie bei sportlicher Fahrweise den kleineren, sonst den größeren Rahmen.

12.2.2.a Sitzriese und Langbeiner

Vorab: Die folgende Darstellung ist extrem stark vereinfacht, denn es spielen noch weitere Faktoren Rolle, zum Beispiel die Abmessungen von Ober- und Unterrohr, die Armlänge, die bevorzugte Sitzposition, usw.

---

196 https://www.bulls.de/service/kaufberatung/rahmengroessenberatung.html
197 https://www.kalkhoff-bikes.com/de_de/frame-technology

Abhängig vom Höhen- zu Längenverhältnis von Körperlänge zu Schrittlänge ergibt sich, ob Sie ein »Langbeiner« oder »Sitzriese« sind. Berechnet wird mit der Formel:

Faktor Proportionalität = Schrittlänge (cm) / Körpergröße (cm)

Bei 82 cm Schrittlänge und einer Körpergröße von 180 cm ergibt sich beispielsweise ein Faktor von 0,46, was so ziemlich in der Mitte liegt. Werte deutlich über 0,45 weisen auf einen Langbeiner, Werte darunter auf einen Sitzriesen hin.

Langbeiner greifen zu einem komfortablen Rahmen, Sitzriesen zu einem sportlich-gestreckten.

12.2.3 Falsche Rahmengröße

Was ist, wenn Sie beim Kauf die falsche Rahmenhöhe gewählt haben oder Ihnen ein Pedelec mit unpassender Rahmenhöhe geschenkt wird?

Ist der **Rahmen zu groß**, dann kommen Sie selbst mit ganz tief eingestellter Sattelstütze nicht mit den Füßen auf den Boden. Vermutlich werden Sie auch den Lenker nicht bequem einstellen können. Viel Spaß auf längeren Touren oder wenn Sie mal an einer Ampel halten müssen!

Ein **zu kleiner Rahmen** macht sich dagegen bei der Sattelhöheneinstellung bemerkbar. Sie müssten die Sattelstütze mehr herausziehen, als möglich ist. Der Fachhandel hat als Lösung etwas längere Sattelstützen im Programm. Sie können zudem die Lenkerhöhe mit einem »Spacer« (engl. Abstandshalter) aus dem Fachhandel um einige Zentimeter erhöhen. Wir empfehlen Laien, dies von einer Werkstatt durchführen zu lassen, weil man dafür manchmal Kabel oder Anbauteile teilweise abnehmen oder verlängern muss.

Über speziellen Unterlegscheiben, den sogenannten Spacern, können Sie die Höhe des Lenkervorbaus ändern. Alternativ tauschen Sie den Vorbau komplett gegen einen passenden aus.

12.3 Sitzposition

Wie bereits im Kapitel *3.3 Pedelec-Typ* angeschnitten, werden die auf dem Markt angebotenen Fahrräder beziehungsweise Pedelecs in verschiedene Typen eingeteilt. Zwar sind die jeweiligen Fahrradtypen Holland, City und Trekking für eine bestimmte Sitzposition optimiert, Sie können diese aber in Grenzen über die Sattelstütze und den Lenker ändern.

Hollandrad-Position

Die Haltung des Fahrers ist durch die aufrechte Sitzposition auf dem Hollandrad sehr rückenschonend und die Arme und Hände werden nur gering belastet. Lenker und Griffe befinden sich nahe am Oberkörper.

Für längere Fahrten ist das Hollandrad nicht geeignet, weil die Kraft nur relativ schlecht auf die Pedale umgesetzt wird. Das Gewicht liegt ausschließlich auf dem Gesäß, deshalb sackt die Wirbelsäule nach kurzer Zeit zusammen. Stöße werden dann nicht mehr abgefedert.

Cityrad-Position

Der Oberkörper ist zu 60 bis 70 Grad geneigt. Die Tretkraft wird gut auf die Pedale gebracht. Lenker und Griffe sind relativ hoch positioniert.

Allerdings wird der Rücken zum Zusammensacken verleitet und die Arme werden oft durchgestreckt, was zu verspannten Schultern und tauben Händen führt.

Trekkingrad-Position

Der Oberkörper ist mit 30 bis 60 Grad deutlich geneigt. Dadurch übernehmen Schultern, Nacken und Hände mehr Stützarbeit, was wiederum Rücken, Wirbelsäule und Gesäß entlastet. Diese Körperposition erleichtert auch die Kraftabgabe an die Pedale.

12.4 Sattelposition

Sie haben nun ein Pedelec mit der passenden Rahmengröße vor sich stehen. Als erstes stellen wir den Sattel korrekt ein.

Aus der zuvor im Kapitel *12.2.2 Rahmengröße selbst berechnen* ermittelten Schrittlänge wird die passende Sitzhöhe von der Mitte des Tretlagers bis zur Satteloberkante ermittelt. Die Sitzhöhe ergibt sich aus der Formel:

Sitzhöhe = 0,885 × Schrittlänge (cm)

Achtung: Die Sattelstütze wird entweder von einem Schnellspannhebel oder durch eine Schelle gehalten. Bei Letzterer ziehen Sie nur soweit an, bis sich die Sattelstütze nicht mehr von Hand drehen lässt. Alternativ verwenden Sie zum Festdrehen einen Drehmomentschlüssel. Den einzustellenden Drehmoment sollten Sie in der Anleitung des Pedelecs finden. Häufig dürften 2,5 bis 3 Nm ausreichen. Siehe auch Kapitel *19.3 Drehmomentschlüssel*.

12.4.1 Neigung

Nachdem Sie den Sattel ungefähr auf die berechnete Position eingestellt haben, prüfen Sie noch mit einer Wasserwaage, ob der Sattel genau waagerecht steht, bevor es weiter geht.

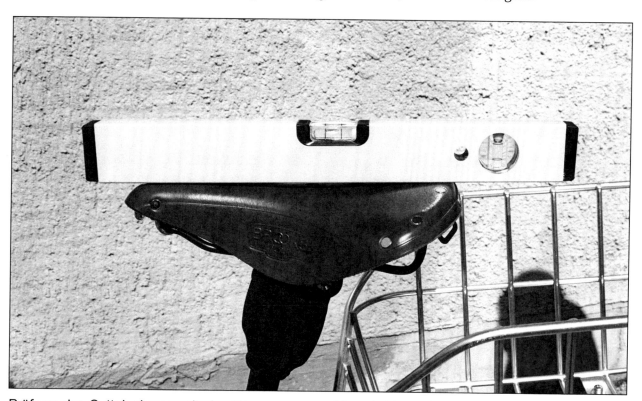

Prüfung der Sattelneigung mit der Wasserwaage. Aber Achtung: Viele Sättel haben eine leichte Krümmung, sodass die Neigung nur per Augenmaß einstellbar ist.

Zeigt die Sattelnase zu stark nach oben, so wird der Bewegungsspielraum des Hüftgelenks eingeschränkt und eine schlechte Körperhaltung gefördert. Bei einer nach unten geneigten Sattelnase rutscht man dagegen leicht nach vorne, was den Damm zusätzlichem Druck aussetzt. Außerdem lastet dann zu viel Gewicht auf den Armen, den Handgelenken und den Händen[198].

Setzen Sie sich nun auf das Pedelec. Zur Sicherheit lehnen Sie sich dabei an eine Wand oder bitten jemand, das Rad zu halten. Mit aus den ausgestreckten Beinen sollten Sie noch den Boden erreichen. Zu niedrig beziehungsweise hoch ist die Sattelposition, wenn Sie die ganze Fußfläche aufsetzen können oder mit dem Fuß nicht den Boden erreichen.

198 https://roadcycling.de/ratgeber/sattelneigung-rennrad (abgerufen am 04.01.2021)

12.4.2 Feineinstellung

Jetzt geht es zur Probefahrt! Achten Sie dabei auf Ihre Kniebewegung. Das angezogene Knie darf bei gleichmäßigem Treten nicht höher als kommen als der Oberschenkel derselben Seite. Wird das Knie höher gezogen, so verschwenden Sie kostbare Energie. In der Praxis werden Sie den gestreckten Oberschenkel auch nie in die Waagerechte heben.

Probieren Sie ruhig verschiedene Sitzhöhen aus. Es ist dabei ratsam, vorher einmalig mit einem Edding die gewählte Höhen am Eintauchpunkt der Sattelstütze in das Sattelrohr zu markieren, damit Sie später wissen, ob Sie höher oder tiefer gestellt haben.

Die Markierung des Eintauchpunkts der Sattelstütze in das Sattelrohr mit einem wasserfesten Stift ist sinnvoll, damit sie die anschließend vorgenommene Höheneinstellung einfacher nachvollziehen kön - nen.

Wichtig ist, dass das jeweils gestreckte Bein so viel Spiel hat, dass Sie es nicht komplett durchdrücken müssen, um die Pedalbewegung auszuführen. Rutscht das Becken auf dem Sattel abwechselnd nach links und rechts, ist der Sattel zu hoch. Die daraus folgende Überlastung beschert Ihnen auf die Dauer Rückenschmerzen.

Trotz allem: Es kommt darauf an, dass Sie sich auf dem Fahrrad wohl und sicher fühlen! Sind Sie beispielsweise häufig in der Stadt unterwegs, ist es vielleicht sinnvoll, den Sattel niedriger zu stellen. Das Anhalten vor der Ampel ist dann einfacher.

12.4.3 Sattelversatz

Den Sattel können Sie nicht nur in der Höhe verstellen, sondern auch nach vorne und hinten. Man spricht dann vom Sattelversatz.

Der Sattelversatz bestimmt nicht nur die Position Ihres Oberkörpers und damit der Arme zum Lenker, sondern auch die Fußposition auf dem Regal. Sie müssen Ihren Fuß soweit auf das Pegal stellen, dass sich der Fußballen über der Pedalachse (Kurbelnabe) befindet.

Nun bewegen Sie das Pedal in 3-Uhr-Stellung. Ein Lot, das am Schienenbeinende angelegt wird, sollte durch die Pedalachse laufen. Sollte das nicht zutreffen, so verschieben Sie den Sattel etwas nach vorne beziehungsweise hinten. Dazu lösen Sie jeweils die Schrauben am Sattel.

Wir empfehlen für das Festdrehen der Schrauben an der Sattelbefestigung einen Drehmomentschlüssel.

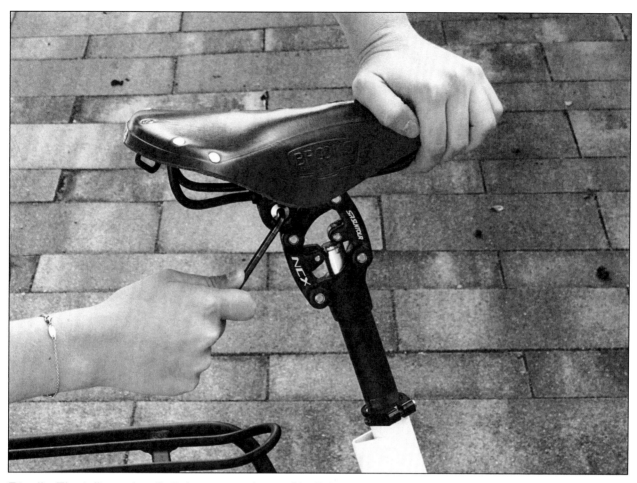

Für die Einstellung des Sattelversatzes lösen Sie links und rechts vom Sattel die Schrauben. Achten Sie darauf, dass die Schrauben nicht zu locker sind, weil dann der Sattel abfällt. Danach schieben sie den Sattel nach vorne oder hinten und drehen die Schrauben wieder fest.

Eine optimale Kraftübertragung an die Pedale ist nur möglich, wenn sich der Fußballen ungefähr in der Pedalachse befindet (links). Das rechte Foto zeigt eine falsche Fußposition, die man durch Verschieben des Sattels einfach korrigiert.

12.5 Lenkerposition

Die Lenkerposition bestimmt, in welcher Haltung Sie auf dem Fahrrad sitzen.

Ein Fahrradlenker besteht aus den Bestandteilen Lenkerbügel und Vorbau. Umgangssprachlich ist mit »Fahrradlenker« der Lenkerbügel selbst gemeint. Die Lenkerposition bestimmt den Winkel zwischen Oberkörper und Oberarm. Es gibt verschiedene Vorbauarten.

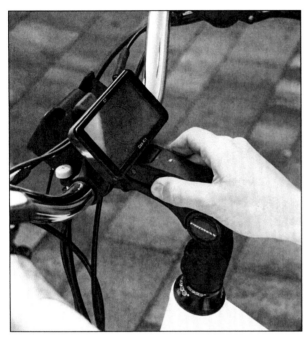 

Bei diesem Vorbau öffnen Sie einfach die Klappe über den Lenkervorbau, worauf Sie den Lenker mit geringem Druck hoch- oder runter bewegen oder drehen. Schließen der Klappe fixiert den Lenker - bügel in der gewählten Position. Lässt sich der Lenkerbügel trotzdem noch mit etwas Druck bewegen, müssen Sie eventuell die Schraube im Vorbau (unter der Klappe) etwas fester drehen. Umgekehrt wird eine Lockerung der Schraube nötig sein, wenn sich der Lenkerbügel nicht bewegen lässt.

Andere Vorbauten besitzen mehrere Schrauben. Abhängig davon, ob Sie den Lenkerbügel drehen oder dessen Höhe ändern möchten, müssen Sie jeweils vorher andere Schrauben lösen.

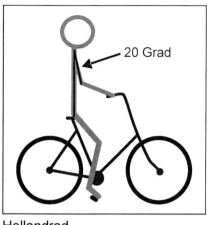
Hollandrad

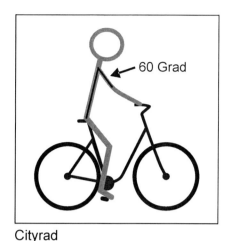
Cityrad

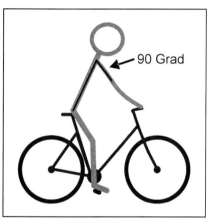
Trekkingrad

Typische Körperhaltung bei verschiedenen Fahrradtypen. Die Winkelangabe bezieht sich jeweils den Oberkörper und die Oberarme.

Durch die Anpassung der Lenkradhöhe ändert sich häufig auch Ihre Sitzposition, welche Sie anschließend erneut überprüfen sollten.

Auch die Bremshebel und die Gangschaltung, sowie die Lenkergriffe müssen Sie gegebenenfalls nachstellen, damit Sie ergonomisch darauf zugreifen können.

12.5.1 Lenkertypen

Der vom Hersteller an Ihrem Pedelec vorinstallierte Lenker erfüllt seine Aufgabe. Trotzdem kann es manchmal sinnvoll sein, den Lenkerbügel gegen ein anderes Exemplar auszutauschen. Wir erklären Ihnen in diesem Kapitel den Grund dafür.

Je breiter ein Lenker ist, desto mehr Kontrolle haben Sie über das Pedelec. Zu groß darf der Lenker aber auch nicht sein, weil Sie dann sehr viel Muskelkraft aufwenden, um das Pedelec stabil zu halten. Idealerweise sollte der Lenkerbügel so breit wie Ihre Schulter ausfallen.

Außerdem muss der Lenker mit leicht angewinkelte Oberarmen bedienbar sein. Unterarm und Hand sollten in gerade Linie stehen, die Hand am Lenker gerade halten. Die Hand darf also weder nach oben noch zur Seite angewinkelt sein. Dies ist sehr wichtig, damit sich die Hand nicht nach einiger Zeit taub anfühlt. Der Grund dafür liegt in Nervenbahnen, die bei angewinkelter Hand blockiert werden.

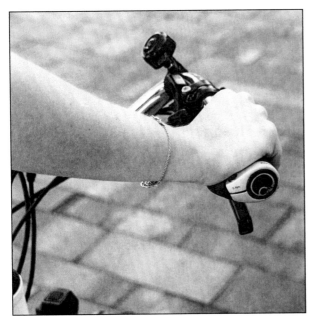 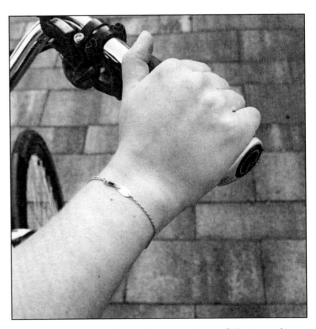

Links: Hier ist der Lenker falsch eingestellt, was zu einer angewinkelten Handhaltung führt, sodass die Hand nach einiger Zeit schmerzt. Rechts: Korrekte Lenkereinstellung, die Handhaltung ist gerade.

Wenn Sie auf längeren Touren mit schmerzenden Armen und tauben Händen zu kämpfen haben, kann sich der Austausch gegen einen gebogenen Lenkerbügel lohnen.

Laien mit technischem Geschick wechseln den Lenkerbügel selbst – es müssen dabei alle Anbauteile vom alten Lenker auf den neuen transferiert werden – ansonsten erledigt dies eine Fahrradwerkstatt.

Für sportliche Fahrer ist ein sogenannter Multipositionslenker interessant. Geschwungene Lenkerenden bieten hier verschiedene Griffpositionen, zwischen denen man während der Fahrt wechselt.

Weitere interessante Optionen:

- Lenkerhörnchen, auch als »Bar Ends« bezeichnet, die eine weitere Greifmöglichkeit bieten. Diese sind an der Außenseite von vielen Lenkerbügeln problemlos nachrüstbar.

- Ergonomische Griffe mit Auflagefläche sorgen – bei korrekter Ausrichtung – dafür, dass der Fahrer seine Hände jederzeit gerade und nicht angewinkelt am Lenkerbügel hält.

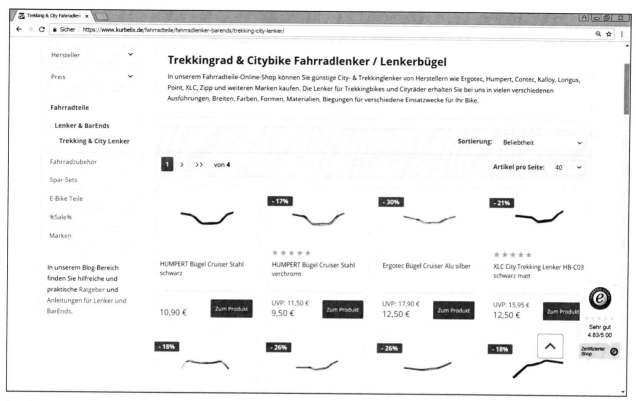

Lenkerbügel sind in zahlreichen Formen und Farben schon unter 10 Euro erhältlich. Bildschirmfoto: Kurbelix (*www.kurbelix.de*)[199]

---

199 https://www.kurbelix.de/fahrradteile/fahrradlenker-barends/trekking-city-lenker

13. Pedelec im Straßenverkehr

Für Fahrradfahrer gelten auf der Straße teilweise andere Regeln als für PKW. In den letzten Jahren Jahren gab es zudem viele Neuregelungen, die den meisten Teilnehmern im Straßenverkehr nicht bekannt sind. Umsteiger vom Auto oder Motorrad aufs Pedelec müssen sich daher in vielen Punkten umgewöhnen.

13.1 Grundlagen

Halten Sie nicht nur während der Fahrt ausreichend Abstand zum rechten Fahrbahnrand (50 cm bis 100 cm) und zu parkenden Autos (75 cm bis 125 cm). Letzteres ist wichtig, nicht nur um Autos bei einem Sturz vor Kratzern und Beulen zu schützen, sondern auch, falls mal einer der Autoinsassen unerwartet die Tür öffnet.

Geben Sie bei einem Abbiegevorgang ein kurzes Handzeichen. Dabei sollten Sie nach Möglichkeit Blickkontakt zum nachfolgenden Verkehr aufnehmen.

13.2 Radwege

Ausgewiesene Radwege, die Sie am runden blauen Schild erkennen, müssen Sie nutzen, egal in welcher Richtung Sie unterwegs sind. Auf die Ausnahmen gehen wir unten noch ein.

Sind auf beiden Seiten der Straße Radwege mit einem blauen Schild ausgewiesen, so müssen Sie den Radweg in Fahrtrichtung nutzen.

In größeren Städten beziehungsweise Touristenregionen gibt es auch sogenannte Zweirichtungs -
radwege, bei denen Fuß- und Radwege beider Richtungen nebeneinander liegen. Foto: W.-D. Ha -
berland[200].

Sie treffen drei verschiedene blaue Kennzeichen bei Radwegen an[201]:

Ausgewiesener Radweg (Zeichen 237)

Fahrradfahrer müssen diesen Weg nehmen. Für andere Verkehrsteilnehmer ist die Nutzung verboten. Diese Radwege sind mindestens 1,50 m
breit.

Gemeinsamer Geh- und Radweg (Zeichen 240)

Fahrradfahrer müssen diesen Weg nehmen. Auf Fußgänger, die den Weg
ebenfalls nutzen dürfen, ist Rücksicht zu nehmen. Die Mindestbreite für
einen gemeinsamen Geh- und Radweg beträgt 2,50 m innerorts und 2 m
außerorts[202]

Getrennter Geh- und Radweg (Zeichen 241)

Fahrradfahrer müssen diesen Weg nehmen. Rad- und Gehweg sind op-
tisch getrennt, meist durch eine weiße Linie oder durch einen anderen
Belag des Radwegs. Der Radweg ist mindestens 1,50 m breit.

---

200 (https://commons.wikimedia.org/wiki/File:Zweispuriger_Radweg_für_beide_Richtungen,_Treskowallee_Berlin.jpg), https://creati -
   vecommons.org/licenses/by-sa/4.0/legalcode
201 Anlage 2 zu § 41 StVO: https://www.dvr.de/verkehrsrecht/stvo/anlage2.html
202 Allgemeine Verwaltungsvorschrift zur Straßenverkehrs-Ordnung (VwV-StVO):
   http://www.verwaltungsvorschriften-im-internet.de/bsvvwbund_26012001_S3236420014.htm

13.2.1 Besonderheiten

In einigen Fällen dürfen Sie auf der Straße fahren, auch wenn ein daneben liegender Radweg, wie oben beschrieben, ausgeschildert ist[203]:

- Wenn der Radweg nicht straßenbegleitend ist: Dies ist der Fall, wenn er zu weit, beispielsweise 5 Meter von der Hauptfahrbahn entfernt, geführt wird. Auch Radwege, die unabhängig von Straßen verlaufen, sind nicht straßenbegleitend.

- Benutzbarkeit: Bei Situationen, die das Befahren unmöglich machen, beispielsweise Sperrmüll, parkende Autos, Baustellen, Schneewehen, usw. können Sie stattdessen die Straße nutzen. Dies gilt auch, wenn die Straße im Winter geräumt, der Radweg aber von Schnee bedeckt ist. Wenn die Hindernisse nicht mehr bestehen, müssen Sie wieder auf den Radweg zurückkehren. Dies ist aber nicht nötig, falls es alle paar hundert Meter ein erneutes Hindernis auf dem Radweg gibt.

- Auch wenn Sie vorhaben links abzubiegen, dürfen Sie rechtzeitig den Radweg verlassen, um sich korrekt auf der Straße einzuordnen.

Ist auf beiden Fahrbahnseiten ein Radweg ausgewiesen (Zeichen 237, 240 oder 241) und der Radweg auf Ihrer Fahrbahnseite unbenutzbar, dann dürfen Sie ebenfalls die Straße nutzen. Denn die Benutzung des Radwegs in Gegenrichtung ist nicht erlaubt.

Übrigens dürfen Sie auf keinen Fall den Gehweg nutzen, wenn der ausgewiesene Radweg blockiert beziehungsweise unbrauchbar ist.

Abhängig vom Einzelfall ist die Benutzung des Radwegs für mehrspurige Lastenfahrräder und Fahrräder mit Anhänger nicht zumutbar. In diesem Fall darf die Straße benutzt werden[204]. Gleiches gilt auch für einen geschlossenen Verband (siehe Kapitel *13.7 Unterwegs in der Gruppe*).

13.2.2 Fahrradstraßen

Fahrradstraßen[205] (Zeichen 244) sind dem Fahrradverkehr vorbehalten.

Andere Fahrzeuge dürfen Fahrradstraßen nur verwenden, wenn dies durch ein Zusatzzeichen angezeigt wird. Die Höchstgeschwindigkeit beträgt für alle Fahrzeuge 30 km/h, wobei Kraftfahrer gegebenenfalls die Geschwindigkeit reduzieren müssen, um Radfahrer nicht zu gefährden. Das nebeneinander Fahren mit Fahrrädern ist erlaubt.

Fahrradstraßen finden Sie derzeit nur in Kassel, Hannover, Münster, Berlin, Kiel, Essen und München.

203 http://bernd.sluka.de/Radfahren/rechtlich.html
204 VwV-StVO: Zu § 2, Abs. 4, Satz 2, Punkt II.2.a (Randziffer 23): http://bernd.sluka.de/Recht/StVO-VwV/VwV_zu_2.txt
205 https://de.wikipedia.org/wiki/Fahrradstraße

Die Fahrradstraße in Kassel. Ein Zusatzkennzeichen erlaubt das Befahren mit PKW und Motorrad.

13.2.3 Radwege ohne Benutzungspflicht

Einige Radwege sind als solche erkennbar, aber nicht mit blauem Zeichen als Radweg ausgewiesen. In diesem Fall dürfen Sie selbst entscheiden, ob Sie ihn nutzen, oder doch lieber die Fahrbahn nehmen. Autos dürfen übrigens diese Radwege weder befahren, noch dort halten oder gar parken.

Häufig wird ein Teil der Straße für Fahrradfahrer mit einer durchbrochenen Linie abgetrennt. Man spricht dann von einem **Schutzstreifen**[206]. Andere Verkehrsteilnehmer dürfen den Schutzstreifen kurzfristig überfahren, sofern kein Radfahrer dabei gefährdet wird. **Das Halten ist auf einem so abgegrenzten Radweg für andere Verkehrsteilnehmer nicht erlaubt**. Achtung: Bis zu einer Änderung der StVO im Jahr 2020[207] durften andere Verkehrsteilnehmer auf dem Schutzstreifen noch halten. Schutzstreifen sind mit einem weißen Fahrradsymbol auf der Fahrbahn markiert.

Ob die Radfahrer den Schutzstreifen nutzen müssen, hat der Gesetzgeber nie geregelt. Aus den Verkehrsregeln ergibt sich allerdings indirekt die Verwendungspflicht in Fahrtrichtung. Wie beim Radweg dürfen Sie den Schutzstreifen verlassen, wenn sich dort Hindernisse auftun, oder wenn Sie links abbiegen. Manchmal ist der Schutzstreifen mit dem blauen Zeichen 237 auch explizit als Radweg beschildert, sodass sich weitere Überlegungen erübrigen.

---

206 https://www.adfc-diepholz.de/schutzstreifen-auf-der-fahrbahn
207 https://www.bmvi.de/SharedDocs/DE/Artikel/K/stvo-novelle-bundesrat.html

Schutzstreifen auf der Fahrbahn. Foto: W.-D. Haberland[208].

13.2.4 Gehwege mit Radbenutzung

Ab und zu werden ausgewiesene Gehwege nur selten von Fußgängern genutzt, weshalb dann Radfahrern ebenfalls dessen Nutzung gestattet wird. Es gibt auch häufig verkehrstechnische Gründe, den Gehweg für Radler freizugeben, beispielsweise bei sehr stark ausgeprägtem Autoverkehr, wenn für einen separaten Radweg kein Platz vorhanden ist.

Das Zeichen für Gehwege mit Radbenutzung ist »Gehweg« (Zeichen 239) mit Zusatz »Radfahrer frei«

Radfahrer sind nicht zur Nutzung verpflichtet, sondern können auch weiterhin auf der Straße fahren.

Für die Radfahrer ist Schrittgeschwindigkeit vorgeschrieben, außerdem müssen sie besondere Rücksicht gegen Fußfänger walten lassen und gegebenenfalls anhalten.

Gleiches gilt auch für Fußgängerzonen (Zeichen 242.1) mit dem Schild »Radfahrer frei«

---

208 (https://commons.wikimedia.org/wiki/File:Zweispuriger_Radweg_für_beide_Richtungen,_Treskowallee_Berlin.jpg),
https://creativecommons.org/licenses/by-sa/4.0/legalcode

13.2.5 Wo Sie nie fahren dürfen

Dieses Kapitel haben wir für Menschen aufgenommen, die keinen Autoführerschein haben beziehungsweise bisher nur selten mit dem Fahrrad im Straßenverkehr unterwegs waren.

Fußgängerzonen sind mit dem Zeichen 242.1 dürfen Sie **nicht** mit dem Fahrrad durchfahren. Schieben ist allerdings erlaubt.

Tipp: Sie dürfen Ihr Pedelec als Tretroller benutzen. Dazu dürfen Sie nicht im Sattel sitzen, sondern stehen auf einem Pedal und stoßen sich wie auf einem Roller ab[209]. Dies ist übrigens auch auf Gehwegen erlaubt. Achten Sie aber darauf, niemanden zu gefährden!

Häufig gestatten dann Zusatzschilder trotzdem die Durchfahrt, beispielsweise mit »Anwohner frei« (wenn Sie Anwohner sind oder einen Anwohner besuchen) oder »Fahrrad frei«. Ein Zusatzschild kann auch Uhrzeiten angeben, zu denen man die Fußgängerzone befahren darf.

Mit Zeichen 267, »Verbot der Einfahrt« sind Straßen, die nur einseitig befahrbar sind, markiert. Meistens handelt es sich um Einbahnstraßen, weshalb Sie sich in Lebensgefahr begeben, wenn Sie sie dennoch nutzen. Die Kraftfahrer erwarten ja nicht, dass ihnen jemand entgegen kommt.

Abhängig von der örtlichen Situation, zum Beispiel, bei guter Einsehbarkeit, erlauben die Behörden mit dem Zusatzschild »Fahrrad frei« dennoch die Durchfahrt.

Ein Durchfahrtverbot für Fahrzeuge aller Art – und damit auch Fahrräder – ist mit dem Zeichen 250 markiert. Möchten Sie den Weg trotzdem nutzen, dann müssen Sie Ihr Fahrrad schieben – natürlich auf dem Gehweg.

Das Schild wird auch in Varianten aufgestellt, die Ihnen die Durchfahrt gestatteten. Siehe dazu Kapitel *13.5.13 Welche Wege darf ich nutzen?*

13.3 In welcher Richtung darf ich fahren?

Wie bereits in den anderen Kapiteln erwähnt, gilt für Radfahrer das Rechtsfahrgebot, egal ob Sie auf der Fahrbahn, einem Radweg, Schutzstreifen oder freigegebenen Gehweg unterwegs sind. Es gibt aber Ausnahmen:

- Wenn nur links ein Radweg eingerichtet ist, müssen Sie diesen nutzen.

- Sind rechts und links Radwege vorhanden und das blaue Radwegschild (Zeichen 237) auf der linken Seite mit dem Schild »Radfahrer frei« versehen, dann dürfen Sie auch den Radweg auf der anderen Fahrbahnseite nutzen. Dies ist außerorts die Regel, innerorts aber sehr selten[210].

- Ist ein Radweg auf der anderen Straßenseite nicht mit den runden blauen Zeichen 237, 240 oder 241, sondern nur mit »Radfahrer frei« beschildert, dann können, aber müssen ihn nicht benutzen.

209 https://www.radsport-news.com/freizeit/freizeitnews_119385.htm
210 https://www.adfc-nrw.de/fileadmin/dateien/Bottrop/Radverkehr/Zehn-Rechtsfragen-zum-Radfahren-ADFC-NRW-2015-Webversion_1.pdf

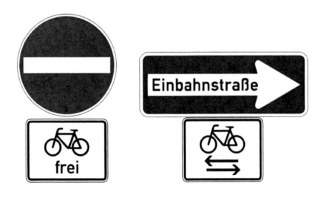

Gesperrte Straßen (Zeichen 267) sowie Einbahnstraßen (Zeichen 220) dürfen in Gegenrichtung von Radfahrern genutzt werden, sofern dort ein weißes Radfahrer-Schild dies erlaubt.

Übrigens müssen Kraftfahrer warten, falls der Radfahrer ein Hindernis auf seiner Seite umfahren muss.

Bei der Ausfahrt gilt für den Radler rechts vor links.

13.4 Kinder im Straßenverkehr

Kleinkinder dürfen aus Sicherheitsgründen kein Pedelec, sondern nur ein Kinderrad nutzen. Deshalb erübrigen sich Pedelec-Touren mit dem Nachwuchs, sofern Sie nicht eine der im Kapitel *2.7 Kinder transportieren* beschriebenen Transportmöglichkeiten nutzen.

Der Vollständigkeit möchten wir aber trotzdem erwähnen, dass Kinder bis zum vollendeten achten Lebensjahr mit dem Fahrrad Gehwege benutzen müssen und nicht auf Radwegen, Radfahrstreifen oder Schutzstreifen fahren dürfen. Ab dem vollendeten achten Lebensjahr bis zum vollendeten zehnten Lebensjahr können Kinder wahlweise den Gehweg, oder wie Erwachsene, den Radweg beziehungsweise die Fahrbahn nutzen[211].

Eine mindestens 16 Jahre alte Aufsichtsperson darf das Kind bis zum vollendeten achten Lebensjahr auf dem Bürgersteig begleiten[212].

13.5 Straßennutzung in der Praxis

In diesem Kapitel haben wir häufige Verkehrssituationen zusammengefasst, mit denen Sie es früher oder später zu tun bekommen.

13.5.1 Zwei Radfahrer nebeneinander

Viele Radfahrer fahren zu zweit nebeneinander. Das ist erlaubt, sofern der Verkehr nicht behindert wird. Eine Novelle der StVO (§2 Absatz 4) stellt sogar klar: »Mit Fahrrädern darf nebeneinander gefahren werden, wenn dadurch der Verkehr nicht behindert wird; anderenfalls muss einzeln hintereinander gefahren werden«.

Was heißt das in der Praxis? Ist die Fahrbahn ohnehin schon so eng, dass auch bei einzeln hintereinander fahrenden Radlern kein Überholvorgang ohne Unterschreitung des Mindestabstands (1,5 Meter innerorts, 2 Meter außerorts) möglich wäre, dann dürfen die Radler nebeneinander fahren[213]. Eine Straßenbreite von 4,5 Meter in der Stadt heißt dementsprechend, dass Radfahrer hintereinander fahren müssen[214].

Auf einer breiten Kreisstraße dürfte zum Beispiel genug Platz für Überholvorgänge anderer Fahrzeuge bleiben. Sollte es zu einer Verkehrsgefährdung kommen, ist übrigens der rechts fahrende Radler fein raus, der ja alles richtig macht[215].

211 https://de.wikipedia.org/wiki/Radverkehrsanlage
212 https://www.roland-rechtsschutz.de/blog/reise-verkehr/fahrrad-fahren/
213 https://www.t-online.de/auto/recht-und-verkehr/id_87384368/aergernis-fuer-autofahrer-duerfen-fahrradfahrer-nebeneinander-radeln-.html
214 https://cyclingclaude.de/2020/02/16/stvo-novelle-ueberholabstand-und-das-nebeneinanderfahren/
215 http://www.faz.net/aktuell/technik-motor/der-jurist-antwortet-duerfen-radfahrer-eigentlich-alles-11939741.html

13.5.2 Autos überholen Radfahrer

Bereits bisher war die Gesetzeslage eigentlich eindeutig, denn andere Fahrzeuge müssen genügend Abstand zu Radlern wahren. Trotzdem wurde im Februar 2020 vom Gesetzgeber die Straßenverkehrsordnung überarbeitet[216]. StVO §5 Absatz 4 Satz 3 setzt nun einen Mindestabstand von 1,5 Meter innerorts und 2 Meter außerorts fest. Auf vielen städtischen Straßen und praktisch allen Landstraßen dürfen deshalb aufgrund der geringen Fahrbahnbreite Radler nicht mehr überholt werden.

Die oben erwähnte StVO-Änderung berücksichtigt das »verkehrsbedingte Anhalten« an Ampeln oder Kreuzungen. In dem Fall ist der Mindestabstand zwischen Radfahrer und Kraftfahrzeug nicht nötig beziehungsweise sinnvoll. Der Kraftfahrer würde ja sonst automatisch beim Anfahren eine Ordnungswidrigkeit begehen.

Der Allgemeine Deutsche Fahrradclub (ADFC) NRW geht davon aus, dass Sie ab drei folgenden Kraftfahrern verpflichtet sind, an geeigneter Stelle zu halten, um diese vorbeizulassen, sofern für sie längere Zeit keine Überholmöglichkeit besteht[217]. Generell entspricht es aber gutem Miteinander, ab und zu einen Halt einzulegen, damit ein Autofahrer vorbeikommt.

Die Straßenverkehrsbehörden können mit einem Schild an Engstellen ein Überholverbot für mehrspurige KFZ festlegen. Fahrräder dürfen hier nicht überholt werden[218]. Das Schild wurde erst Anfang 2020 eingeführt, sodass sie ihm selten begegnen werden.

13.5.3 Vorsicht, wenn Radwege Straßen kreuzen

Auf einem Radweg, der über eine Straßeneinmündung führt, haben Sie als Radfahrer Vorfahrt. Rechts abbiegende Kraftfahrer können aber Radfahrer eventuell wegen des toten Winkels nicht sehen. Sie müssen daher bei rechts abbiegenden Kraftfahrzeugen besondere Vorsicht walten lassen.

13.5.4 Radfahrer überholen Radfahrer oder Fußgänger

Aufgrund der niedrigen Geschwindigkeit brauchen Fahrradfahrer beim gegenseitigen Überholen keine riesigen Abstände zueinander einzuhalten. Gleiches gilt auch, wenn Fußgänger überholt werden.

Viele Radfahrer klingeln vor dem Überholen anderer Fahrer oder von Fußgängern. Die Straßenverkehrsordnung erlaubt »Schallzeichen« eigentlich nur außerorts[219], in der Praxis bleibt Ihnen allerdings häufig nichts anders als ein kurzes Klingelzeichen übrig. Die Fußgänger von hinten anzuschreien wäre ja keine Alternative.

13.5.5 Radfahren mit dem Hund

Einen kleinen Hund transportieren Sie einfach in einer Lenkertasche, die Sie im Tier- oder Fahrradfachhandel erhalten. Alternativ werden auch spezielle Hundeanhänger angeboten. Beachten Sie zum Thema auch Kapitel *2.5 Fahrradanhänger*.

Während Sie einen Hund mit dem Rad oder gleichgestelltem Pedelec mitführen dürfen, ist dies

216 https://www.bundesrat.de/SharedDocs/drucksachen/2019/0501-0600/591-19.pdf?__blob=publicationFile&v=1
217 https://www.adfc-nrw.de/kreisverbaende/kv-bottrop/radverkehr/verkehrsregeln/ueberholen-von-radfahrern.html
218 https://www.bmvi.de/SharedDocs/DE/Artikel/K/stvo-novelle-bundesrat.html
219 Straßenverkehrs-Ordnung I. - Allgemeine Verkehrsregeln § 5 (5): https://dejure.org/gesetze/StVO/5.html

beim S Pedelec verboten[220].

Für den Hundetransport verkauft der Fachhandel passende Anhänger. Foto: www.croozer.de | pd-f.

Läuft der Hund neben Ihnen her, sollten Sie Ihn für Fahrten in Dämmerung oder bei Nacht mit einem reflektierenden oder selbst leuchtenden Halsband ausstatten. Reflektierende Hundeleinen erhöhen die Sichtbarkeit für andere Verkehrsteilnehmer zusätzlich.

Im Straßenverkehr sollten Sie Ihren Hund immer angeleint führen, um ihn und andere Verkehrsteilnehmer zu schützen. Die Leinenpflicht ist in jedem Bundesland anders geregelt, weshalb wir in diesem Buch aus Platzgründen nicht weiter darauf eingehen können.

Hunde reagieren häufig unerwartet, beispielsweise indem sie plötzlich stehen bleiben oder die Richtung wechseln. Eine starre Leine ist dann sehr unfallträchtig. Abhilfe schaffen Hundeleinen mit integriertem Ruckdämpfer. Keine gute Idee ist übrigens das Befestigen der Hundeleine am Lenker, weil damit die Unfallgefahr erheblich steigt.

Der Handel vertreibt Hundeabstandshalter, die aus einem Gestell bestehen, das man hinten am Fahrrad anbringt. Der Hund wird über eine kurze Leine an einer Feder befestigt. Beachten Sie, dass sich solche Halterungen an vielen Pedelecs nicht anbringen lassen, weil zum Beispiel die Akkuhalterung im Weg ist.

13.5.6 Wo darf das Fahrrad abgestellt werden?

In verkehrsberuhigten Bereichen, sowie Gehwegen oder in Fußgängerzonen dürfen Sie Ihr Fahrrad an beliebiger Stelle abstellen. Abgestellte Fahrräder dürfen aber weder Fußgänger noch Rollstuhlfahrern den Weg verstellen und auch Rettungswege müssen frei bleiben[221].

Grundsätzlich dürfen Sie Ihr Fahrrad wie ein Auto auch längs am rechten Fahrbahnrand parken.

---

220 Straßenverkehrs-Ordnung I. - Allgemeine Verkehrsregeln § 28: https://dejure.org/gesetze/StVO/28.html
221 https://www.sueddeutsche.de/auto/abstellen-von-fahrraedern-wo-parken-erlaubt-ist-und-wo-nicht-1.2397571

Bei Dunkelheit muss dann aber eine rot-weiße reflektierende Park-warntafel, wie man sie von PKW-Anhängern kennt, angebracht werden. Die Parkwarntafel muss vor Fahrtantritt wieder entfernt werden. Außerorts sind Parkwarntafeln nicht zulässig, weil das Fahrzeug dann über eine eigene Beleuchtung verfügen muss.

Die Größe ist mit Form A (423 × 423 mm) und Form B (282 × 282 mm) genau vorgegeben[222].

Die unpraktische Parkwarntafel werden Sie natürlich nie einsetzen, sondern für Ihr Gefährt eine entsprechende Abstellmöglichkeit auf dem Gehweg beziehungsweise in einem Fahrradständer suchen.

13.5.7 Vor der Ampel auf dem Gehweg

Als Autofahrer kennen Sie die Situation: Die Ampel ist rot, aber der Radfahrer schert aus und fährt einfach auf dem Gehweg weiter. Anschließend wechselt er nach der Ampel wieder auf die Straße. Das ist natürlich verboten! Dem Radler droht ein Bußgeld, falls er angezeigt beziehungsweise von der Polizei erwischt wird.

13.5.8 Vordrängeln an der roten Ampel

An einer roten Ampel dürfen Sie an den wartenden Fahrzeugen bis zur Haltelinie vorbeifahren. Ordnen Sie sich so ein, dass Sie sich nicht im toten Winkel des links von ihnen stehenden Fahrzeugs befinden.

Das Vorbeifahren bis zu Haltelinie ist verboten, wenn sich die Fahrzeugkolonne bei »grün« schon wieder in Bewegung setzt[223]. Sie müssen sich dann in die Kolonne einordnen. Dazu steht in der Straßenverkehrsordnung: »*Ist ausreichender Raum vorhanden, dürfen Rad Fahrende und Mofa Fahrende die Fahrzeuge, die auf dem rechten Fahrstreifen warten, mit mäßiger Geschwindigkeit und besonderer Vorsicht rechts überholen.*«[224]

Ist die linke Fahrspur frei und gefährden Sie dabei niemanden, dürfen Sie links vorbeifahren, müssen sich anschließend aber wieder korrekt rechts einordnen. Die Autofahrer müssen Ihnen Platz zum rechten Einordnen lassen, wenn die Ampel zwischendurch umschlägt[225].

13.5.9 Alkohol im Straßenverkehr

Als Radfahrer sollten Sie besser keinen Alkohol zu sich nehmen, denn schon geringe Mengen könnten Sie in Schwierigkeiten bringen.

Grundsätzlich sind Sie mit **1,6 Promille** im Blut absolut fahruntüchtig. Dem betrunkenen Fahrer droht dann eine Freiheitsstrafe von bis zu einem Jahr[226], bei Gefährdung anderer Personen oder teurer Sachen muss er sogar mit bis zu 5 Jahren Freiheitsstrafe[227] rechnen. In der Praxis werden viele Alkoholfahrer allerdings »nur« zu einer Geldstrafe von einem Monatsnettogehalt (30 Tages-sätze) verurteilt und erhält 2 Punkte in Flensburg[228].

Eine Alkoholfahrt mit 1,6 Promille hat auch Auswirkungen auf den Führerschein, denn die Fahrer-laubnisbehörde wird prüfen, ob eine Ungeeignetheit zum Fahren von Kraftfahrzeugen vorliegt. Der Betroffene muss dann innerhalb einer Frist ein medizinisch-psychologisches Gutachten (MPU, umgangssprachlich »Idiotentest«) vorzulegen, um seine Fahreignung nachzuweisen. Nur wenn die-

222 https://de.wikipedia.org/wiki/Parkwarntafel
223 http://www.fr.de/leben/auto/regeln-und-verbote-darum-duerfen-sich-radfahrer-vordraengeln-a-576208
224 Straßenverkehrs-Ordnung – Allgemeine Verkehrsregeln § 5: https://dejure.org/gesetze/StVO/5.html
225 https://www.n-tv.de/ratgeber/Das-duerfen-Radfahrer-im-Strassenverkehr-article12433051.html
226 § 316 Strafgesetzbuch (StGB)
227 § 315c StGB
228 https://www.adac.de/der-adac/rechtsberatung/verkehrsvorschriften/inland/alkohol/

se erfolgreich verläuft, kann er seinen Führerschein behalten[229]. Es kommt übrigens durchaus vor, dass uneinsichtige Alkoholsünder, die beispielsweise die MPU verweigern oder mehrfach volltrunken unterwegs sind, ein Fahrverbot für ihr Fahrrad erhalten[230].

Die Grenze von **0,5 Promille**, ab der Autofahrer ihren Führerschein verlieren, gilt für Fahrradfahrer nicht. Allerdings riskieren Radfahrer, die mit einem »alkoholtypischen Verhalten« auffallen ebenfalls den Führerschein. Dazu zählen unsicheres Verhalten, Fahren in Schlangenlinien oder Fahren ohne Licht bei Dunkelheit[231]. Der betroffene Radfahrer muss mit ähnlichen Folgen wie bei Volltrunkenheit rechnen.

PKW-Fahranfänger müssen bei alkoholbedingter Fahrauffälligkeit mit einer Verlängerung der Probezeit und der Verordnung eines Aufbauseminars rechnen. Ab einem Alter von 16 Jahren kann unter Umständen von den Behörden eine MPU vor dem Erwerb des PKW-Führerscheins verlangt werden.

Bei weniger als 0,3 Promille Blutalkohol müssen Sie bei einer Polizeikontrolle mit keinen Konsequenzen rechnen.

Drogen sind im Straßenverkehr ebenfalls keine gute Idee, denn hier gibt es keine Toleranzgrenzen. Wer erwischt wird, muss an einer MPU teilnehmen, außerdem droht eine Strafanzeige wegen Gefährdung des Straßenverkehrs unter Drogeneinfluss[232].

13.5.10 Links abbiegen

Zum Abbiegen müssen Sie gegebenenfalls den neben der Straße liegenden Radweg verlassen – selbst wenn Sie eigentlich durch ein blaues Zeichen, siehe Kapitel *13.2 Radwege*, zur Radwegenutzung verpflichtet sind. Die folgenden Beispiele zeigen, wie Sie dabei vorgehen können:

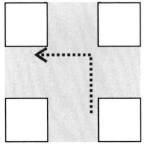

Beim **indirekten Abbiegen** fahren Sie zunächst geradeaus weiter bis in die Gegenfahrbahn und biegen dann mit rechten Winkel ab.

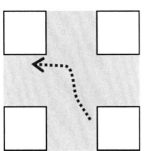

Beim **direkten Abbiegen** ordnen Sie sich dagegen wie ein Kraftfahrzeug zur Fahrbahnmitte ein.

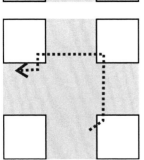

Auf extrem stark befahrenen Kreuzungen beziehungsweise im Berufsverkehr kann auch das **indirekte Überqueren** sinnvoll sein. Dazu steigen Sie ab und schieben Ihr Fahrrad als Fußgänger über die Straßenseiten, anschließend steigen Sie wieder auf und fahren auf der Fahrbahn weiter.

229 https://www.anwalt.de/rechtstipps/alkohol-am-lenker-was-droht-fahrradfahrern_037401.html
230 https://www.tagesspiegel.de/mobil/fahrrad/alkohol-auf-dem-fahrrad-fuehrerscheinentzug-und-radverbot/11013710.html
231 http://www.massvoll-geniessen.de/auch-radfahrer-koennen-den-fuehrerschein-verlieren.html
232 https://www.bussgeldkatalog.net/fahrrad/alkohol-drogen/#betrunken-fahrrad-fahren-keine-gute-idee

In vielen größeren Städten werden die Radwege über die Kreuzung oder über Einmündungen geführt, was das Abbiegen erleichtert.

13.5.11 Radweg-Ende

Benutzungspflichtige Radwege enden automatisch an Kreuzungen und Einmündungen. Manche Radfahrer fahren dann einfach geradeaus weiter, obwohl sie es nicht dürfen. Die nachfolgenden Beispiele zeigen, wie man sich richtig verhält[233].

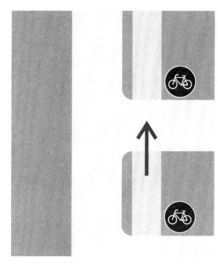

Der Pfeil gibt Ihre Fahrtrichtung an.

Die Situation ist hier eindeutig, denn mit dem runden blauen Schild (Zeichen 237) wird der Radweg auf der anderen Straßenseite fortgesetzt.

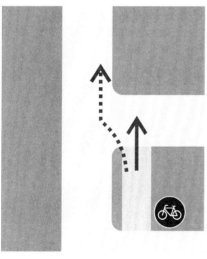

Der Radweg endet hier. Ein stures Weiterfahren ist nicht nur falsch, sondern ordnungswidrig.

Korrekt ist jetzt das vorsichtige Einfädeln auf der Fahrbahn (gestrichelte Linie). Achten Sie auf nachfolgende Kraftfahrer, die nicht unbedingt erwarten, dass Sie auf die Fahrbahn wechseln.

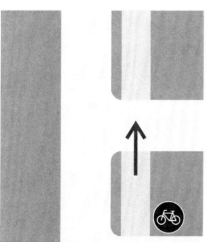

Hier geht der Radweg zwar nach der Kreuzung weiter, aber das runde blaue Fahrradschild fehlt.

Es handelt sich somit um einen Radweg, den Sie nutzen dürfen, aber nicht müssen. Wahlweise können Sie stattdessen also auch auf der Fahrbahn weiterfahren.

---

233 http://www.erika-ciesla.privat.t-online.de/radweg-recht.html

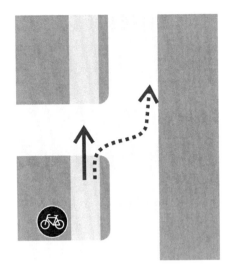

Endet die Nutzungspflicht für einen Fahrradweg auf der **linken** Fahrbahnseite, dann dürfen Sie nicht einfach weiterfahren!

Wie für alle anderen Verkehrsteilnehmer gilt für Radfahrer das Rechtsfahrgebot. Sie sind also verpflichtet, auf die rechte Fahrbahnseite zu wechseln, was die gestrichelte Linie andeutet.

Hier wird der gut ausgebaute Radweg mit Zeichen 237 (Pfeil) über die Einfahrt weitergeführt.

13.5.12 Auto überholt Fahrrad und will rechts abbiegen

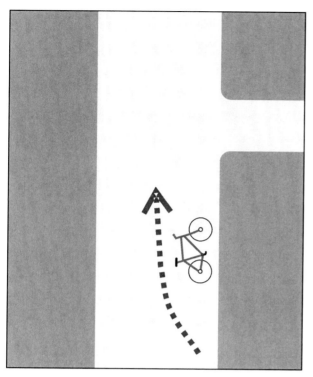 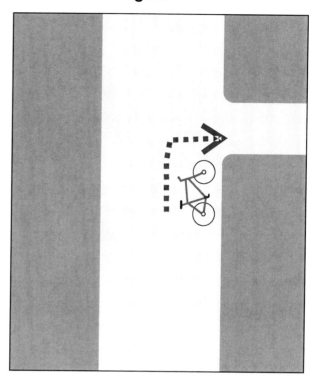

Es passiert oft, dass ein Radfahrer von einem Auto (gestrichelte Linie) überholt wird (Abbildung links), das danach direkt vor dem Radfahrer nach rechts in eine Straße einbiegt (Abbildung rechts). Der Radfahrer muss dann bremsen, um nicht auf das Auto aufzufahren.

Die Straßenverkehrsordnung ist in dieser Hinsicht eindeutig, denn wer abbiegen will, muss Fahrräder durchfahren lassen, auch dann, wenn sie auf oder neben der Fahrbahn in gleicher Richtung fahren[234]. Erreicht also der Radfahrer zur gleichen Zeit die Abbiegestelle, so muss das Auto den Vorrang des geradeaus fahrenden Rads beachten. Dazu gibt es sogar ein Urteil des Oberlandesgerichts Düsseldorf (Az.: 5 Ss 88/89 - 38/89 I).

Mit der letzten Änderung an der Straßenverkehrsordnung (§ 9 Absatz 6 StVO) Anfang 2020[235] dürfte sich die Anzahl der Unfälle mit Radlern noch mal reduzieren, denn rechts abbiegende KFZ ab 3,5t (LKW) dürfen nur noch in Schrittgeschwindigkeit – mit 4 bis 7 km/h – abbiegen. Eine Ausnahme besteht nur »wenn nicht mit Radverkehr zu rechnen ist«. Das Bußgeld bei Missachtung beträgt für den KFZ-Führer 70 Euro, verbunden mit einem Punkt in Flensburg.

13.5.13 Welche Wege darf ich nutzen?

Sie werden sehr häufig Wirtschaftswege für Ihre Touren nutzen. Unter dem Oberbegriff »Wirtschaftsweg« sind Feld-, oder Waldwege zusammengefasst, die überwiegend land- oder forstwirtschaftlichen Zwecken dienen und keine überörtliche Bedeutung haben[236].

Ob Sie einen Wirtschaftsweg als Radfahrer nutzen dürfen, hängt von dessen Widmung ab, die sich durch Sperren oder Verkehrsschilder ergibt. Bei Waldwegen kommen noch gesetzliche Regelungen der Bundesländer hinzu, die von der allgemeinen Freigabe bis zum völligen Nutzungsverbot reichen.

234 StVO § 9, Absatz 3
235 https://www.bundesrat.de/SharedDocs/drucksachen/2019/0501-0600/591-19.pdf?__blob=publicationFile&v=1
236 https://de.wikipedia.org/wiki/Wirtschaftsweg

13.5.13.a Schilder

Folgenden Schildern begegnen Sie häufig auf Wirtschaftswegen (und ab und zu in der Stadt)[237]:

»Verbot für Fahrzeuge aller Art« (Zeichen 250) wird umgangssprachlich auch als »Durchfahrt verboten« bezeichnet. Vom Verbot sind auch Fahrräder betroffen.

Möchten Sie den Weg trotzdem nutzen, dann müssen Sie Ihr Fahrrad schieben.

Zeichen 260 verbietet die Durchfahrt für Motorräder, Mopeds, Mofas sowie sonstige mehrspurige Kraftfahrzeuge (Autos, LKWs, usw.). Davon sind übrigens auch S Pedelecs (Pedelecs mit 45 km/h) betroffen!

Fahrräder und damit auch die gleichgestellten Pedelecs dürfen dagegen den Weg befahren.

Die Durchfahrt für Autos und sonstige mehrspurige Fahrzeuge verbietet Zeichen 251.

Einspurige Fahrzeuge, darunter S Pedelecs, Fahrräder und die damit gleichgestellten Pedelecs fallen nicht unter das Verbot. Sie dürfen also fahren.

Krafträder dürfen den mit Zeichen 255 beschilderten Weg nicht nutzen. Dazu zählen Mofas, Mopeds, Motorräder und S Pedelecs.

Fahrradfahrer und damit Pedelecs haben freie Fahrt!

Eine Kombination des Durchfahrtverbots mit »Fahrrad frei« ist möglich.

Bitte beachten Sie, dass dies nur für Fahrräder beziehungsweise Pedelecs, aber nicht für die schnellen S Pedelecs gilt.

---

237 https://www.adfc-nrw.de/aktuelles/aktuelles/article/verkehrszeichen.html

Durchfahrtverbot kombiniert mit dem Schild »Landwirtschaftlicher Verkehr frei« oder »Land- und forstwirtschaftlicher Verkehr frei«: Damit ist auch das Fahrradfahren verboten. Das Schieben des Fahrrads ist aber erlaubt.

Sehr häufig trifft man auf das Durchfahrtverbot mit dem Hinweis »Anlieger frei«. Als Radfahrer sind Sie kein »Anlieger« und dürfen die Straße nicht befahren. Ausnahme: Sie wohnen in der Straße oder Sie besuchen einen Anlieger.

Das Schieben des Fahrrads ist erlaubt.

Diesen Wirtschaftsweg mit Zeichen 260 dürfen Sie als Rad- beziehungsweise Pedelec-Fahrer nutzen.

Auch das gibt es: Das Zeichen 260 gestattet bereits die Durchfahrt für Radfahrer. Das Zusatzschild ist deshalb zumindest für Radler überflüssig.

Das Zusatzzeichen 1012-32 »Radfahrer absteigen« hat, sofern es alleine steht, keine rechtliche Aus - wirkungen. Falls Sie das Schild nicht befolgen, müssen Sie also nicht mit einem Bußgeld rechnen. Anders sieht es allerdings aus, wenn »Radfahrer absteigen« die Bedeutung eines anderen Schilds verdeutlicht oder ergänzt[238].

238 https://www.adfc-nrw.de/kreisverbaende/kv-bielefeld/adfc-bielefeld/bielefelder-radnachrichten-archiv-2000-2013/ausgabe-32003/
    runter-vom-rad.html

13.5.13.b Waldwege

Die Benutzung der Waldwege regelt ein Bundesgesetz[239], das wiederum auf entsprechende Landesgesetze verweist. Das Chaos ist somit perfekt[240]. Bitte beachten Sie, dass wir nur auf die Regelungen für Fahrräder und damit den gleichgestellten Pedelecs eingehen. S Pedelecs unterliegen dagegen den gesetzlichen Vorgaben für Kraftfahrzeuge, weshalb Sie sich an der örtlichen Beschilderung orientieren sollten.

Die Benutzung von Waldwegen geschieht auf eigene Gefahr. Dies gilt insbesondere für waldtypische Gefahren. Fußgänger haben Vorrang! Im Wald sollten Sie alles vermeiden, was die Flora und Fauna stört, also zum Beispiel lautes Rufen oder Fahren abseits der Wege.

Die meisten Landesgesetze schränken die Wegnutzung auf Erholungszwecke ein. Genau genommen ist es damit nicht gestattet, den Weg zur Arbeit über Waldwege abzukürzen.

Unser Tipp: Radwege sind meistens deutlich ausgeschildert. Fast jede Stadt und jeder Landkreis veröffentlicht zudem entsprechendes Kartenmaterial, das Sie online abrufen oder vor Ort bei der Touristeninformation abholen können.

Baden-Württemberg: Radfahren ist nur auf Straßen und hierfür geeigneten Wegen erlaubt. Nicht gestattet ist das Radfahren auf Wegen unter 2 m Breite. Die Forstbehörde kann Ausnahmen zulassen. Die 2 m-Regel widerspricht dem Naturschutzgesetz von Baden-Württemberg, welche das Radfahren in der freien Natur auf alle geeigneten Wegen und ohne Festlegung der Mindestbreite erlaubt. Proteste aus der Bevölkerung haben allerdings bisher nicht geholfen.

Bayern: Im Dezember 2020 gab es eine drastische Regelverschärfung[241] bei der Waldnutzung. Das Radfahren ist ausschließlich auf Straßen und geeigneten Wegen zulässig. Fahrten abseits der Wege sind nur mit Genehmigung des Waldbesitzers gestattet. Wörtlich heißt es in der Vorschrift: »Wege, die durch Querfeldeinfahren entstanden sind, sind in aller Regel nicht geeignet für das Befahren mit Fahrzeugen ohne Motorkraft«.

Berlin: Das Radfahren auf Straßen und Wegen sind dem Betreten im Sinne des § 59 Absatz 1 des Bundesnaturschutzgesetzes[242] gleichgestellt[243]. Im verwiesenen Bundesnaturgesetz heißt es: »Das Betreten der freien Landschaft auf Straßen und Wegen sowie auf ungenutzten Grundflächen zum Zweck der Erholung ist allen gestattet.«

Brandenburg: Zweispurige Wirtschaftswege dürfen auch von Radfahrern genutzt werden. Auch Sport- und Lehrpfade, sowie Wege, die nicht mit zweispurigen Fahrzeugen befahren werden können, sind für Radfahrer freigegeben[244]. Weil trotzdem unklar war, was der Gesetzgeber mit Letzterem meinte, gab es die offizielle[245] Klarstellung: »Die Bedingung für ein Befahren eines dieser Wege ist aber, dass diese für Fahrräder [...] überhaupt befahrbar sind«.

Bremen: Straßen und Wege in Wald und Flur dürfen, soweit sie sich dafür eignen, mit Fahrrädern ohne Motorkraft befahren werden. Damit ist das Fahren mit Pedelecs ausgeschlossen.

Hamburg: Das Radfahren ist nur auf Straßen und Wegen gestattet.

Hessen: Radfahren ist im Wald auf befestigten oder naturfesten Wegen gestattet, auf denen unter gegenseitiger Rücksichtnahme gefahrloser Begegnungsverkehr möglich ist.

Mecklenburg-Vorpommern: Jeder darf Privatwege (private Straßen und Wege aller Art) sowie Wegeränder und Feldraine betreten und mit einem Fahrrad befahren.

---

239 Gesetz zur Erhaltung des Waldes und zur Förderung der Forstwirtschaft (Bundeswaldgesetz): § 14 Betreten des Waldes: https://www.gesetze-im-internet.de/bwaldg/__14.html

240 https://dimb.de/aktivitaeten/open-trails/rechtslage

241 https://www.mtb-news.de/news/bayern-mountainbike-strafen (abgerufen am 04.01.2021)

242 Gesetz über Naturschutz und Landschaftspflege (Bundesnaturschutzgesetz – BNatSchG) § 59 Betreten der freien Landschaft: https://www.gesetze-im-internet.de/bnatschg_2009/__59.html

243 Gesetz über Naturschutz und Landschaftspflege von Berlin - (Berliner Naturschutzgesetz – NatSchGBln) vom 29. Mai 2013 (GVBl. S. 140): http://gesetze.berlin.de/jportal/portal/t/as9/page/bsbeprod.psml?pid=Dokumentanzeige&showdoccase=1&js_peid=Trefferliste&fromdoctodoc=yes&doc.id=jlr-NatSchGBE2013rahmen&doc.part=X&doc.price=0.0&doc.hl=0

244 Brandenburgisches Ausführungsgesetz zum Bundesnaturschutzgesetz (Brandenburgisches Naturschutzausführungsgesetz – BbgNatSchAG) vom 21. Januar 2013: https://bravors.brandenburg.de/gesetze/bbgnatschag_2016

245 https://bps-recht.de/images/pdf/forstwirtschaftsrecht/Brafona_134_2008_bm080526.pdf

Niedersachsen: Radwege sind entsprechend ausgewiesen. Andere Wege wie Fuß- und Pirschpfade, Brandschneisen, Fahrspuren der Holzabfuhr, Grabenränder, usw. dürfen nicht mit dem Fahrrad befahren werden.

Nordrhein-Westfalen: Das Radfahren ist auf allen Straßen und festen Wegen gestattet. Letzteres umfasst laut Rechtsprechung[246] auch naturbelassene Wege mit festem Untergrund.

Rheinland-Pfalz: Auf allen naturfest angelegten Waldwegen unabhängig von deren Breite ist das Radfahren erlaubt, soweit diese nicht ausdrücklich als Sonderwege für Fußgänger gekennzeichnet sind. Soweit darüber hinaus das Radfahren im Einzelfall verboten ist, ist dies durch entsprechende amtliche Verbotskennzeichen ersichtlich zu machen.

Saarland: Das Radfahren im Wald ist nur auf Wegen und Straßen gestattet. Wege im Sinne dieses Gesetzes sind nicht dem öffentlichen Verkehr gewidmete, dauerhaft angelegte oder naturfeste forstliche Wirtschaftswege. Maschinenwege, Rückeschneisen, sowie unbefestigte Fußpfade sind keine Wege in diesem Sinne.

Sachsen: Das Radfahren ist nur auf Straßen und Wegen gestattet. Das Radfahren ist nicht gestattet auf Sport- und Lehrpfaden sowie auf Fußwegen.

Sachsen-Anhalt: Das Befahren von Waldwegen ist mit Fahrrädern gestattet.

Schleswig-Holstein: Die Nutzung aller Waldwege ist erlaubt, allerdings nur in der Zeit von einer Stunde vor Sonnenaufgang bis zu einer Stunde nach Sonnenuntergang. Auch die besonders gekennzeichneten Wanderwege, Radwege und Reitwege, sowie Privatwege dürfen Radfahrer nutzen, sofern dies nicht durch ein Verbotsschild ausgeschlossen ist.

Thüringen: Das Radfahren ist in Thüringen auf allen Straßen und festen Wegen gestattet. Als fester Weg dürfte analog zur Regelung in NRW auch ein naturbelassener Weg mit festem Untergrund gelten.

13.5.13.c Waldwege und Ordnungshüter

Nutzen Sie Waldwege, dann werden Sie früher oder später Bekanntschaft mit Ordnungshütern machen.

Förster beziehungsweise Mitarbeiter der Forstverwaltung haben hoheitliche Befugnisse und damit die Stellung von Polizeibeamten. Dabei sind sie aber an Recht und Gesetz gebunden, dürfen also nicht etwas verbieten, für das es keine gesetzliche Vorgaben gibt. Der Förster kann Ihnen die Wegenutzung untersagen und dies gegebenenfalls auf Grundlage seiner gesetzlichen Rechte auch durchsetzen. Dazu gehört die Feststellung Ihrer Personalien. Ein vom Förster ausgesprochenes Verbot stellt einen Verwaltungsakt dar, der zunächst wirksam ist. Allerdings können Sie das Verbot in einem behördlichen Widerspruchsverfahren beziehungsweise durch ein Verwaltungsgericht überprüfen lassen.

Jagdpächter haben dagegen keine öffentliche Funktion und dürfen weder Wege sperren noch Radfahrern die Durchfahrt verweigern. Personen, die unberechtigt im Jagdbezirk jagen, darf der Jagdpächter aber anhalten, um deren Personalien aufzunehmen. Dagegen kann der Jagdpächter nichts gegen Fahrradfahrer unternehmen, die möglicherweise das Wild stören oder auf einem verbotenen Weg fahren. Haben Sie tatsächlich mal einen Fehler gemacht, dann wird es interessant: Anhalten darf Sie der Jagdpächter mangels polizeilicher Befugnisse nicht, andererseits darf er ohnehin nicht Ihre Personalien aufnehmen. Wenn der Jagdpächter Sie persönlich kennt, müssen Sie aber mit einer Anzeige rechnen. Wir raten natürlich trotzdem dazu, auf berechtigte Forderungen des Jagdpächters einzugehen beziehungsweise Waldwege ordnungsgemäß zu befahren.

---

246 https://www.wald-und-holz.nrw.de/fileadmin/Wald-erleben/Dokumente/160622_Urteil.pdf

13.5.13.d Besonderheiten auf Wirtschaftswegen

Kreuzt ein Wirtschaftsweg eine Straße, dann gilt die Straßenverkehrsordnung: Sie müssen dem Verkehrsteilnehmer auf der Straße Vorfahrt gewähren[247].

Auf Wirtschaftswegen gilt zwar rechts vor links, in der Praxis werden Sie aber land- und forstwirtschaftlichen Maschinen die Vorfahrt lassen, weil sie meistens nicht gut rangieren können. Daraus ergibt sich aber keine grundsätzliche Vorfahrt für die Maschinenführer.

Eine Geschwindigkeitsbegrenzung finden Sie nur selten an Wirtschaftswegen. Sie müssen sich dann nach den allgemeinen Vorgaben des § 3 der StVO[248] richten: »*Wer ein Fahrzeug führt, darf nur so schnell fahren, dass das Fahrzeug ständig beherrscht wird. Die Geschwindigkeit ist insbesondere den Straßen-, Verkehrs-, Sicht- und Wetterverhältnissen sowie den persönlichen Fähigkeiten und den Eigenschaften von Fahrzeug und Ladung anzupassen*«. Weiter heißt es: »*Es darf nur so schnell gefahren werden, dass innerhalb der übersehbaren Strecke gehalten werden kann. Auf Fahrbahnen, die so schmal sind, dass dort entgegenkommende Fahrzeuge gefährdet werden könnten, muss jedoch so langsam gefahren werden, dass mindestens innerhalb der Hälfte der übersehbaren Strecke gehalten werden kann*«.

Besitzer einiger privater Wirtschaftswege bringen selbst das Schild »Durchfahrt verboten« (Zeichen 250) an, ohne dass eine behördliche Genehmigung vorliegt. Die Unzulässigkeit eines Schilds lässt sich leider nur mit einem Anruf bei der zuständigen Behörde klären, sofern nicht das Schild sich ohnehin als »selbst gebastelt« entpuppt.

13.5.14 Zebrastreifen und Fußgängerampeln

Zebrastreifen und Fußgängerampeln sind für Radfahrer eine sichere Möglichkeit, um gefahrlos die Straßenseite zu wechseln. Das kann beispielsweise sinnvoll sein, wenn ein Radweg auf der anderen Straßenseite weitergeführt wird oder Sie die Fahrtrichtung wechseln möchten. Vorsicht: Radfahrer haben keinen Vorrang und müssen gegebenenfalls warten. Es bleibt Ihnen aber unbenommen, vom Rad abzusteigen und es zu schieben, womit Sie die Fußgängervorrechte erhalten.

13.6 Ampeln

Die Ampelregeln für Radfahrer wurden in den letzten Jahren mehrfach überarbeitet. Die neueste Änderung gilt ab 2017:

Benutzung der Fahrbahn:	Fahrradampel vorhanden → Fahrbahnampel
	Fahrradpiktogramme in der Fußgängerampel vorhanden → Fahrbahnampel
	Fußgängerampel vorhanden → Fahrbahnampel
Benutzung der Radverkehrsführung:	Fahrradampel vorhanden → Fahrradampel
	Fahrradpiktogramme in der Fußgängerampel vorhanden → Fußgängerampel
	Fußgängerampel vorhanden → Fahrbahnampel
Benutzung eines freigegebenen Bussonderfahrstreifens:	Nicht eindeutig geregelt

Quelle: Verkehrsforum[249]

Wie Sie bereits aus der Tabelle ersehen, ist es mit den Ampeln nicht ganz einfach, zumal einige Städte nur schludrige bauliche Anpassungen vorgenommen haben. So sind manchmal die Fahr-

---

247 https://www.bussgeldkatalog.org/befahren-von-waldwegen/
248 https://dejure.org/gesetze/StVO/3.html
249 https://radverkehrsforum.de/lexicon/entry/10-tabelle-ampelregelungen-für-den-radverkehr/

bahnampeln nicht vom Radweg aus einsehbar oder Fußgängerampeln werden zur Radfahrerampel umfunktioniert.

Mit zwei Beispielen lassen sich die Regeln am einfachsten erläutern:

- Für Radfahrer, die auf einem Radweg unterwegs sind, gilt die Fahrbahnampel (bis Ende 2016 mussten sich Radfahrer noch nach der Fußgängerampel richten!)

- Ausnahme: Ist der Radfahrer auf dem Radweg unterwegs und die Fußgängerampel zeigt Fahrradpiktogramme an, dann muss er sich nach der Fußgängerampel richten.

- Ein Radfahrer, der die Straße nutzt, muss sich nach der Fahrbahnampel richten.

Bei unseren Recherchen zum Thema »Ampel« sind wir im Internet und in Fachliteratur häufig auf veraltete Informationen gestoßen. Wenn Sie zu einer bestimmten Fragestellung als Radfahrer Rat suchen, sollten Sie auf Aktualität achten. Nur Infos, die nach 2017 publiziert wurden, berücksichtigen den aktuellen Stand!

13.7 Unterwegs in der Gruppe

Wenn 16 oder mehr Radfahrer als Gruppe unterwegs sind, dann können sie einen »geschlossenen Verband«[250] bilden. Laut StVO liegt ein geschlossener Verband vor, wenn er für andere am Verkehr Teilnehmende als solcher deutlich erkennbar ist. Außerdem gibt es einen Verantwortlichen, der auf die Einhaltung der Verkehrsregeln durch die Mitglieder des Verbands achtet. Wir empfehlen, dass der Verantwortliche mit seiner Versicherung mögliche Haftungsfolgen abklärt.

Die Mitglieder eines geschlossenen Verbands dürfen zu zweit nebeneinander fahren.

Als geschlossener Verband ist verkehrsrechtlich ein Fahrzeug. Daraus ergibt sich[251]:

- Springt die Ampel nach dem Einfahren der ersten Fahrräder in eine Kreuzung auf »Rot« um, dann müssen die restlichen Fahrräder trotzdem folgen.

- Gleiches gilt auch für das Passieren einer Einmündung, denn ein sonst bevorrechtigtes Fahrzeug muss den Verband passieren lassen.

- Wegen der Breite und Länge sind geschlossene Verbände von der Radwegbenutzungspflicht ausgenommen.

Für andere Verkehrsteilnehmer hat der geschlossene Verband durchaus Vorteile, denn 16 **hintereinander** fahrende Radfahrer dürften sich nicht so leicht überholen lassen wie ein geschlossener Verband, in dem jeweils zwei Mitglieder dicht gestaffelt **nebeneinander** fahren.

13.8 Strafe bei Verstößen

Das Bußgeld richten sich meist daran, ob Sie den Verkehr gefährdet, andere behindert oder sogar einen Unfall verursacht haben.

Beispiele:

Verkehr bei Überquerung einer Kreuzung nicht beachtet
- ohne Behinderung von Verkehrsteilnehmern
- ohne Gefährdung
- ohne Sachbeschädigung
= 15 Euro

Handy während der Fahrt genutzt
= 55 Euro

Bei Rot über die Ampel mit einer Rotphase kürzer als 1 Sek.

---

250 § 27 Abs. 1 Satz 2 StVO: https://dejure.org/gesetze/StVO/27.html
251 https://www.adfc-nrw.de/kreisverbaende/kv-bottrop/radverkehr/verkehrsregeln/geschlossener-verband.html

- ohne Gefährdung
- ohne Sachschaden
= 1 Punkt in Flensburg, 60 Euro

Bei Rot über die Ampel mit einer Rotphase länger als 1 Sek.
- ohne Gefährdung
- ohne Sachschaden
= 1 Punkt in Flensburg, 100 Euro

Beschilderten Radweg nicht benutzt
- ohne Behinderung von Verkehrsteilnehmern
- ohne Gefährdung
- ohne Sachbeschädigung
= 20 Euro4

Verbot der Einfahrt missachtet
- ohne Behinderung von Verkehrsteilnehmern
- ohne Gefährdung
- ohne Sachbeschädigung
= 20 Euro

Wir empfehlen den Bußgeldrechner der Stadt Hamburg:
https://www.hamburg.de/fahrrad/8785956/bussgeldrechner

14. Maßnahmen gegen Diebstahl

In Deutschland werden jedes Jahr mehr als 300.000 Fahrräder geklaut. Bedenkt man, dass die Aufklärungsquote bei Fahrraddiebstählen nur 10 Prozent beträgt[252], so lohnen sich natürlich entsprechende vorbeugende Maßnahmen, die wir in diesem Kapitel beleuchten.

14.1 Fahrradschlösser

Ein gutes Fahrradschloss sollten Sie daher immer unterwegs mitführen, damit Sie nach einer Kaffeepause nicht zum Fußgänger mutieren. Ein unknackbares Schloss gibt es leider nicht, ist aber auch nicht nötig, weil sich die meisten Diebe nach Erfahrung der Polizei nur etwa 3 Minuten Zeit nehmen. Meist kommt dabei handelsübliches Werkzeug aus dem Baumarkt zum Einsatz[253].

Tipp: Falls Sie Ihr Pedelec versichern möchten, erkundigen Sie sich, welche Sicherheitsstandards beim Schloss verlangt werden. Häufig wird das sogenannte VDS-Siegel vorausgesetzt.

Die wichtigsten Systeme[254]:

- **Bügelschlösser** haben ein starres U-Profi. Im Lieferumfang befinden sich häufig Transporthalterungen. Die Anbringung ist im Gegensatz zu Kettenschlössern nicht überall möglich.

- **Kettenschlösser** sind aus einzelnen Kettengliedern zusammensetzt und können – je nach Länge – mehrere Kilo wiegen.

- **Faltschlösser** bestehen aus mehreren mit Gelenken verbundenen Gliedern. Ein Faltschloss sollte nicht zu kurz gewählt werden, weil die Glieder wenig flexibel sind. Zum Transport wird das Faltschloss mit einer Halterung am Rahmen befestigt.

- **Kabelschlösser**: Die aus einem flexiblen Kabel bestehenden Schlösser haben immer noch einen schlechten Ruf, da der Schutz früher stark zu wünschen ließ. Ein Vorteil der Kabelschlösser ist ihre Flexibilität, denn sie lassen sich fast überall anbringen.

Das Schloss wird per Schlüssel oder Zahlencode gesichert. Letzteres wird aber von vielen Versicherungen nicht akzeptiert.

Tipp: Vermeiden die Sie Schlossanbringung in Bodennähe, weil Sie somit den Dieben eventuell zusätzliche Hebelmöglichkeiten einräumen. Prüfen sie zudem, ob das Befestigungsgestell, an dem Sie das Fahrrad anschließen, wirklich fest im Boden verankert ist.

Sofern es das Fahrradschloss erlaubt, platzieren sie es um ein Rad, den Rahmen und das Befestigungsgestell. Nicht empfehlenswert die Platzierung nur durch ein Rad oder nur um die Sattelstütze, die beide vergleichsweise schnell entfernt werden können.

---

252 https://www.test.de/Vergleich-Fahrradversicherungen-5205101-0/
253 https://www.mountainbike-magazin.de/test/equipment/20-fahrradschloesser-im-test-12-buegel-und-8-faltschloesser.1628992.2.htm
254 https://www.fahrradmagazin.net/testberichte/fahrradschloss-test/#Verschiedene_Schlosstypen_im_Vergleich

Das Spiralkabelschloss ist handlich und praktisch, da lang und flexibel. Seine Sicherheit lässt aber zu wünschen übrig. Foto: ww.pd-f.de / Kay Tkatzik

Aufgepasst beim Anschließen: Wenn nur das Vorderrad gesichert ist, muss ein Fahrraddieb einfach nur den Schnellspanner öffnen und kann den Rest des Fahrrades davontragen. Foto: www.wsm.eu | pd-f

14.1.1 Bügelschlösser sind besser

Die Stiftung Warentest hat im Jahr 2017 Fahrradschlösser getestet. Auf den ersten fünf Plätzen waren ausschließlich Bügelschlösser vertreten und nur ein Kettenschloss bekam die Note »gut«:

1. Bügelschloss »Trelock BS 650« für circa 73 Euro

2. Bügelschloss »Kryptonite Evolution 4 LS« für 85 Euro

3. Bügelschloss »Decathlon BTwin 920« für 30 Euro

4. Bügelschloss »Abus Granit Plus 640/135HB2 30 TexKF« für 97 Euro

5. Kettenschloss »Abus Granit City-Chain X Plus 1060« für 160 Euro

Zu einem ähnlichen Ergebnis kam 2016 auch das Mountainbike Magazin[255], wo nur Bügelschlösser gut abschnitten.

14.1.2 AXA Fold 85 Dual E-System Kit

Falls Sie ein Pedelec mit dem Shimano-Antrieb (siehe Kapitel *4.2.6 Shimano*) nutzen, könnte vielleicht das von Paul Lange & Co vertriebene »AXA Fold 85 Dual E-System Kit«[256] interessant sein. Vorausgesetzt werden die Unterrohrakkus BM-E6010 oder BM-E8010. Nach einem Umbau beim Fachhändler können Sie Akku-Schloss und AXA-Faltschloss mit einem einzigen Schlüssel öffnen.

14.1.3 Elektronische Schlösser

Recht neu auf dem Markt sind elektronische Schlösser, die über den Bluetooth-Funkstandard mit dem eigenen Handy gekoppelt werden. Wir würden allerdings niemals unser wertvolles Rad mit einem elektronischem Schloss sichern wollen, dessen Sicherheit wir nicht einschätzen können…

Einige typische Beispiele:

- **I Lock It**: Dieses Schloss blockiert nur das Hinterrad. Es schließt automatisch auf, sobald Sie sich ihm nähern und verriegelt sich wieder, wenn Sie sich entfernen. Eine 110 dB laute Sirene hilft gegen Diebstahl. Über eine Handy-App werden Sie außerdem über den Diebstahl informiert. Die Bedienung kann alternativ über einen Handsender erfolgen. Website: *www.ilockit.bike*

- **Master Lock eVault**: Das Kettenschloss öffnet sich automatisch, wenn Sie sich nähern und schließt wieder ab, wenn Sie das Fahrrad verlassen. Ein Diebstahlalarm ist nicht vorhanden. Über temporäre Codes können Sie anderen Nutzer über eine Handy-App die Verwendung des Fahrrads erlauben. Website: *www.masterlock.eu*.

Die beiden vorgestellten Schlösser halten wir übrigens für lebensgefährlich, denn wenn Ihnen bei voller Fahrt das Handy aus der Tasche fällt oder das Handy sich wegen leerem Akkus abschaltet, liegen Sie in Sekundenbruchteilen mit kaputtem Pedelec schwerverletzt auf der Straße.

14.2 Fahrradcodierung

Von Behörden und Vereinen wurden verschiedene Maßnahmen entwickelt, die dem Fahrraddiebstahl Einhalt gebieten sollen.

Der sogenannte **Fahrradpass** ist bei vielen Polizeidienststellen und auch im Internet (suchen Sie nach »Download Fahrradpass« erhältlich. Er dient der leichteren Diebstahlmeldung, weil in ihm alle wichtigen Daten eingetragen werden, unter anderem genaue Bezeichnung, Rahmennummer, Fahrradcodierung (siehe unten) und besondere Merkmale. Für Smartphones gibt es entsprechende

---

255 https://www.mountainbike-magazin.de/test/equipment/20-fahrradschloesser-im-test-12-buegel-und-8-
    faltschloesser.1628992.2.htm
256 https://www.velostrom.de/axa-bietet-praktischen-diebstahlschutz-fuers-pedelec

Apps unter dem Namen »Fahrradpass«, die den gleichen Zweck erfüllen. Mehr als 80 Prozent aller Diebstahlsopfer können übrigens nicht den gestohlenen Gegenstand ausreichend für erfolgreiche eine Fahndung beschreiben[257]. Der Fahrradpass macht also auf jeden Fall Sinn.

Bei der **Fahrradcodierung** wird das Gefährt mit einer sogenannten Codiernummer versehen[258]. Dazu muss sich der Eigentümer ausweisen und einen Kaufnachweis beibringen. Meistens verwendet man den sogenannten EIN-Code[259] (*Eigentümer-Identifizierungs-Nummer*), der sich aus dem KFZ-Kennzeichen des Wohnorts, Gemeindeschlüssel, Schlüsselnummer der Straße, Hausnummer und Besitzerinitialen zusammensetzt. Diese Daten reichen aus, damit die Polizei mit einem Blick in das Melderegister den Besitzer ausfindig macht.

Beispiel für eine Fahrradcodierung.[260]

Meist erfolgt die Fahrradcodierung mit einer Gravur am oberen Ende des Sattelrohres auf der Kettenseite. Carbonrahmen dürfen deshalb übrigens auf keinen Fall graviert werden! Es ist umstritten, ob die Gravur zu einem Garantieverlust führt. Fragen Sie daher sicherheitshalber bei Ihrem Händler oder dem Hersteller nach.

Eine Namensänderung oder der Wohnortwechsel stellt übrigens bei der Eigentümeridentifizierung kein Problem dar, weil eine Jahreszahl im Fahrradcode enthalten ist. Beim Weiterverkauf muss der Verkäufer dem Käufer unbedingt einen Eigentumsbeleg ausfertigen (siehe auch Kapitel *11.6.1 Kaufvertrag*). Im Falle des Diebstahls ist ja nur die Rückverfolgung auf den ersten Eigentümer möglich. Mitunter bekommt der Verkäufer auch Ärger, wenn der Erwerber das Fahrrad später in der Umwelt entsorgt.

Leider bieten nicht alle Polizeibehörden die Fahrradcodierung an; je nach Region finden aber manchmal Codierungsaktionen statt, über die Lokalzeitungen berichten. Auch manche Fahrradhändler, die Verkehrswacht und einige Fahrrad-Clubs führen Fahrradcodierungen durch. Der ADFC (Allgemeiner Deutscher Fahrrad-Club e. V.) führt zudem eine Anbieterliste[261].

Ist die Fahrradcodierung sinnvoll? Ein klares Ja! In 90 Prozent aller Verdachtsfälle müssen nämlich beschlagnahmte Gegenstände dem Verdächtigen wieder zurück gegeben werden, weil sich der richtige Eigentümer nicht ermitteln ließ[262]. Es ist zwar dem Dieb möglich, die Codierung abzuschleifen, anschließend muss aber eine Neulackierung erfolgen, was abschrecken dürfte.

257 https://www.adfc-hessen.de/service/codierung/fahrradcodierung.pdf
258 https://de.wikipedia.org/wiki/Fahrradcodierung
259 https://de.wikipedia.org/wiki/EIN-Codierung
260 Foto: Andreas Kaub (Pfaerrich) / CC BY-SA (http://creativecommons.org/licenses/by-sa/3.0/)
    https://commons.wikimedia.org/wiki/File:FEIN-Kodierung_auf_Fahrradrahmen.jpg
261 http://www.fa-technik.adfc.de/code/anbieter
262 https://www.adfc-hessen.de/service/codierung/fahrradcodierung.pdf

14.3 Versicherungen

Der Abschluss einer Diebstahlversicherung lohnt sich vor allem, wenn Sie Ihr Gefährt häufig unbeaufsichtigt abstellen müssen, beispielsweise am Arbeitsplatz.

Wahlweise erweitern Sie einfach Ihre **Hausratversicherung** – sofern davon nicht bereits Fahrräder beziehungsweise Pedelecs mit abgedeckt werden – oder Sie schließen eine separate Spezialversicherung ab. In Gegenden mit hoher Diebstahlquote wie Münster oder Leipzig dürfte allerdings eine von der Region abhängige Extraprämie die Hausratsversicherung unattraktiv machen.

Bei den **Fahrradversicherungen** handelt es sich in der Regel um Vollkasko-Policen, die nicht nur der Diebstahl des Rads, sondern auch von Bauteilen, sowie Vandalismus und Unfall abdecken. Das macht Sinn, denn häufig wird das Pedelec schon bei einem versuchten Diebstahl beschädigt. Sattel und Akku sind bei Ganoven ebenfalls sehr beliebt und mit Standardwerkzeug schnell entfernt.

Die Versicherungsbedingungen und Leistungen bei den Fahrradversicherungen sind äußerst unterschiedlich. So darf manchmal nur eine private Nutzung vorliegen, das Fahrrad muss in der Nacht in einem verschlossenen Raum stehen oder ist mit einem hochwertigen Schloss zu sichern. Vom Kunden nachträglich durchgeführte Umbauten bedeuten ebenfalls Ärger.

Interessant sind Fahrradversicherungen vor allem in den ersten drei Jahren nach dem Pedelec-Neukauf, weil in der Anfangszeit der Wiederbeschaffungswert noch sehr hoch ist, zum anderen meistens auch Verschleißteile mit abgedeckt werden. Ohnehin sind ältere Pedelecs meistens nicht versicherbar.

Der auf Fahrradversicherungen spezialisierte Makler Thomas Giessmann bietet auf seiner Website *www.ebikeversicherungen.net* eine sehr gute Übersicht passender Policen. Für ein 5000 Euro teures Pedelec müssen Sie zum Beispiel mit jährlichen Versicherungskosten von mindestens 150 Euro rechnen.

Übrigens lassen sich auch Fahrradanhänger – unabhängig vom Pedelec – beim Anbieter Hepster[263] versichern. Die Versicherungsprämie richtet sich nach Wert und gewünschter Abdeckung.

14.4 GPS-Tracker

Diebstahl lässt sich auch durch noch so gute Vorsichtsmaßnahmen nicht immer verhindern. Über einen im Pedelec verbauten GPS-Tracker (engl. To track = verfolgen) ist aber das nachträgliche Aufspüren des Gefährts und häufig auch die Festnahme der Diebe oder Hehler möglich. Zu unterscheiden sind dabei Systeme, die vom Hersteller serienmäßig integriert werden und nachträglich eingebaute GPS-Tracker von Drittanbietern. Im Folgenden möchten wir einige GPS-Tracker vorstellen.

Allen hier vorgestellten Systemen ist gemein, dass sie an mehr oder weniger unauffälliger Stelle am oder im Pedelec versteckt werden. Über die eingebaute SIM-Karte meldet der GPS-Tracker die aktuelle GPS-Position an einen Internetserver. Der Kunde kann sich dann per App auf seinem Handy oder zuhause am PC über seinen Webbrowser über den Verbleib seines Gefährts informieren. Auch eine Funktion, die bei Bewegung den Alarm auf der App auslöst, ist meistens vorhanden. Erkundigen Sie sich gegebenenfalls beim Verkäufer, falls Sie das Tracking auch im (europäischen) Ausland nutzen möchten.

Das rund 200 Euro teure **PowUnity** von BikeTrax[264] wird an einer verborgenen Stelle im Motorgehäuse verbaut und nutzt den Pedelec-Akku für die Stromversorgung. PowUnity ist für Antriebssysteme von Bosch, Brose, Shimano und Yamaha erhältlich, es gibt aber auch eine Version für Antriebe von Drittanbietern. Wir finden das PowUnity-Konzept sehr clever, denn von außen ist der GPS-Tracker weder sichtbar noch zugänglich. So muss der Dieb erst mit Spezialwerkzeug die Tretkurbel abmontieren, bevor er durch Öffnen des Motorgehäuses den GPS-Tracker still legen

---

263 https://buchung.hepster.com/fahrradanhaengerversicherung
264 https://powunity.com

kann. Sinnvollerweise überbrückt ein Mini-Akku die Zeit, bis das Pedelec wieder genutzt wird – Herausnehmen des Pedelec-Akkus legt also nicht gleichzeitig den GPS-Tracker still. Im ersten Jahr ist PowUnity kostenlos, danach kostet der Betrieb 3,95 Euro pro Monat.

Das **Velocate vc|one**-System[265] ist ist in einem voll funktionsfähigen Rücklicht verbaut, das über ein mitgeliefertes Kabel mit der Stromversorgung des Pedelecs verbunden wird. Im Preis von 199 Euro ist die lebenslange kostenlose Nutzung des Systems enthalten.

Vom Dipl. Ing. Detlef Köster stammt das **SaR-mini WSG**[266]. Die Elektronik sitzt zusammen mit einem für 10 Tage Betriebsdauer ausgelegten Akku in einem wetterfesten Gehäuse, das der Käufer unauffällig an seinem Gefährt anbringen muss. Wenn man nicht ab und zu den eingebauten Akku nachladen möchte, steht auch eine optionale Ladeelektronik für die Anbindung am Pedelec-Akku zur Verfügung. Im Gegensatz zu anderen GPS-Trackern ist im Preis von 136 Euro keine SIM-Karte enthalten, um die sich der Anwender selber kümmern muss. Hier bietet sich der Kauf einer Prepaid-SIM-Karte für wenige Euro an – prüfen Sie aber ab und zu, ob die SIM-Karte wieder aufgeladen werden muss!

Beim **PAJ Allround Finder**[267] ist im Preis von 110 Euro eine Satteltasche enthalten, die man zur Unterbringung des GPS-Trackers verwenden kann. Monatlich betragen die Nutzungsgebühren für die eingebaute SIM-Karte happige 5 Euro, dafür ist die Ortung allerdings in 100 Ländern der Welt möglich. Die Akkulaufzeit gibt der Hersteller mit ca. 40-60 Tagen im Standby und bei aktiver Ortung mit ca. 20 Tagen an.

Das System von **It's my Bike** ist nicht frei verkäuflich, sondern nur beim Fahrradhändler erhältlich, der auch gleich den Einbau und Anschluss am Pedelec-Akku durchführt. Dies führt zu vergleichsweise hohen Kosten von mindestens 199 Euro, worin allerdings bereits drei Jahre Online-Tracking eingeschlossen sind. Vertragsverlängerungen um ein oder drei Jahre sind für 49 beziehungsweise 99 Euro möglich.

Neben den vorgestellten GPS-Trackern ist auch der Einsatz von Geräten denkbar, die eigentlich für die Lokalisierung von Kindern, Tieren, Motorrädern oder Autos gedacht sind. Die Größe macht allerdings das Verstecken am Pedelec häufig kompliziert.

Im Beispiel ein kleiner GPS-Tracker mit 2 bis 4 Tagen Akkulaufzeit von Alcatel im Größenvergleich mit einer Zigarettenpackung. Je nach Ausstattung kostet der Alcatel Move Track 10 bis 30 Euro.

14.4.1 Sicherheitsfunktionen der Hersteller

Der von einigen Pedelec-Herstellern fest eingebaute elektronische Diebstahlschutz bietet im Vergleich zu den zuvor beschrieben Einbaulösungen den Vorteil, nicht leicht entfernbar zu sein. Sie finden Sicherheitsfunktionen allerdings nur bei den Highend-Anbietern.

Bei Schweizer Hersteller **Stromer**[268], dessen Pedelecs zwischen 4500 bis über 10.000 Euro kosten, gibt es neben einem elektronischen Schloss auch eine Wegfahrsperre, die sich automatisch aktiviert, wenn das Gefährt unbefugt bewegt wird. Über seine App erhält der Besitzer dann die aktuelle GPS-Position übermittelt.

265 https://velocate.com/vcone
266 https://www.sar-mini.com/Produkte/SaR-mini-WSG
267 https://www.paj-gps.de/shop/komplettset-fuer-allround-finder-von-paj-fahrradtasche
268 https://stromerbike.com/de/wie-aktiviere-ich-den-diebstahlschutz

Wer möchte, kann auch sein Pedelec von **Riese & Müller** mit einem Diebstahlschutz per »RX Chip« kaufen. Eine Nachrüstung ist nicht möglich. Auf der Riese & Müller-Website[269] werden dazu die Versicherungstarife Basic, Smart und Comfort vorgestellt, die je nach Pedelec-Kaufpreis ab ca. 140 Euro kosten. Ein GPS-Tacking ist allerdings durch den Kunden nicht möglich, sondern man muss sich im Diebstahlsfall an den Hersteller-Service wenden, der dann die Ortung und Rückholung des Pedelecs veranlasst. Die Riese & Müller-Versicherung ist recht teuer, weshalb Sie sich nicht nur deren Bedingungen genau durchlesen, sondern auch mit einer unabhängigen Pedelec-Versicherung vergleichen sollten. Nach unseren Recherchen[270] handelt es sich bei dem Sicherheitssystem um ein umgelabeltes »It's my Bike«, das wir oben bereits vorgestellt haben.

Von **Bulls** ist das System »Connected eBike«[271] optional zu allen Modellen mit Brose-Motor (siehe Kapitel *4.2.3 Brose*) verfügbar. Der Aufpreis beträgt 299,- inklusive einer Laufzeit von 3 Jahren. Im Gegensatz zu den anderen Systemen, welche nur GPS-basierte Standortermittlung nutzen, hat man mit der Connected eBike-App Zugriff auf alle Systemparameter, darunter Akkuladestand, Anzahl der Akkuladezyklen, allgemeine Fahrleistung, usw. Zusätzlich erkennt das System einen möglichen Unfall und fragt dann nach – sollte der Fahrer nicht reagieren, erfolgt automatisch ein Notruf. Die für den Betrieb nötige Handy-App ist für Apple iPhone und Android verfügbar und enthält auch eine Navigationsfunktion.

---

269 https://www.r-m.de/de/rx-services/connectcare/
270 https://www.pedelecforum.de/forum/index.php?threads/riese-und-m%C3%BCller-rx-service.69879/page-3
271 https://www.bulls.de/technologie/connected-bike.html

15. Apps für Radler

Mit den im Kapitel *16.2 Sportuhren* vorgestellten Apps der jeweiligen Sportuhrenhersteller sind zahlreiche Auswertungen möglich. Für die Tourenplanung und Navigation müssen Sie dagegen zu einer App von Drittanbietern greifen.

In diesem Kapitel stellen wir ausschließlich Apps vor, die sowohl für Android-, als auch für Apple-Handys erhältlich sind.

15.1 Handyhalterung

Die Handynutzung am Fahrrad erleichtert eine entsprechende Halterung, die dafür sorgt, dass Sie jederzeit die Routenhinweise Ihrer Navigations-App im Blick haben. Außerdem haben Sie dann beide Hände jederzeit am Lenker, was die Sicherheit erhöht.

Für unterschiedliche Handymodelle geeignete Universalhalterung.

Die Handynutzung im Straßenverkehr ist verboten und mit bis zu 55 Euro Bußgeld[272] belegt[273]. Wird das Handy dagegen am Fahrrad befestigt und dient nur als Navigationsgerät, dann dürfen Sie auch während der Fahrt einen kurzen Blick darauf werfen. Zur Handy-Bedienung müssen Sie zur Ihrer eigenen Sicherheit anhalten – sollte Sie Polizei oder ein städticher Ordnungsdienst beobachten, kann es nicht schaden, auch abzusteigen, damit keine teuren Missverständnisse entstehen.

15.2 Google Maps

Das Programm Google Maps ist auf allen Android-Handys vorhanden, bei Apple-Handys lässt es sich aus dem App Store installieren. Eine Routenaufzeichnung und spätere Wiedergabe ist zwar nicht vorgesehen, für die Fahrradnavigation bringt Google Maps aber alles mit, was Sie benötigen.

---

272 https://bussgeld.org/fahrrad/handy/
273 Straßenverkehrs-Ordnung (StVO) § 23 Sonstige Pflichten von Fahrzeugführenden: https://dejure.org/gesetze/StVO/23.html

Auf dem iPhone ist Google Maps besser für die Fahrradnavigation geeignet als die mitgelieferte Karten-Anwendung, welche neben der Auto- nur eine Fußgängernavigation unterstützt. Google Maps optimiert dagegen die Routen auch für Fahrradfahrer.

Vorausschauendes Fahren ist bei der Fahrradnavigation über Google Maps nötig, denn einige vorgeschlagene Wege sind in einem extrem schlechten Zustand und für Freizeitfahrer ungeeignet.

15.2.1 Installation und Start auf dem Apple iPhone

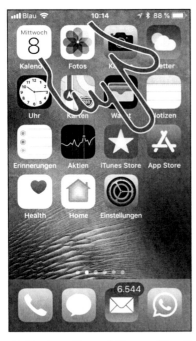  

❶ Rufen Sie auf Ihrem Handy den App Store (Pfeil) auf.

❷ Gehen Sie auf *Suchen* (Pfeil).

❸ Nach Eingabe von *Google Maps* (Groß- und Kleinschreibung spielt keine Rolle), betätigen Sie unten rechts im Tastenfeld *Suchen*.

❶ Betätigen Sie *LADEN* und geben Sie die Installation – je nach Ihrer Voreinstellung – über den Fingerabdrucksensor oder eine PIN frei. Warten Sie, bis die Installation durchgeführt ist. Wir empfehlen Ihnen anschließend, das Handy einmal aus- und wieder einzuschalten, da sonst einige Google Maps-Funktionen nicht zur Verfügung stehen.

❷ Sie finden *Google Maps* nun im Hauptmenü Ihres iPhones.

15.2.2 Start auf dem Android-Handy

 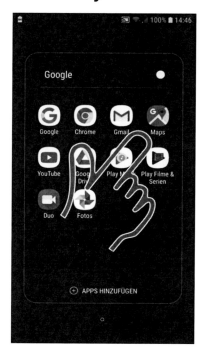 

❶ Auf den meisten Android-Handys öffnen Sie erst den *Google*-Ordner im Startbildschirm oder Hauptmenü. Tippen Sie dazu einfach auf *Google*.

❷❸ Danach gehen Sie auf *Maps*.

15.2.3 Grundfunktionen

Bitte beachten Sie, dass die Bildschirmanzeigen von Google Maps auf iPhone und Android-Handys geringfügig voneinander abweichen.

 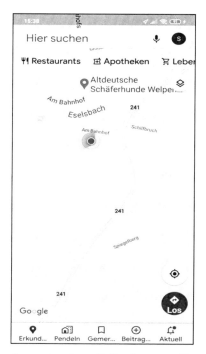 

❶❷ Schließen Sie *Gegend erkunden* mit einer Wischgeste. Dazu halten Sie den Finger auf *Ge-*

gend erkunden gedrückt, wischen nach unten und heben den Finger an. Ihre aktuelle Position zeigt der blaue Punkt an. Auf dem iPhone sowie höherwertigen Android-Handys erkennen Sie Ihren aktuellen Sehbereich beziehungsweise die Richtung, in der Sie das Handy halten, am blauen Schweif. Probieren Sie ruhig einmal aus, wie sich die Anzeige ändert, wenn Sie sich mit dem Handy in der Hand im Kreis drehen.

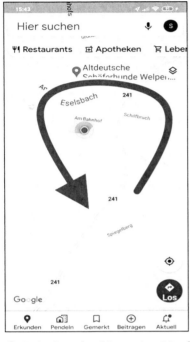 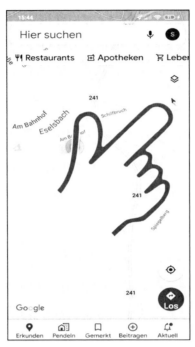 

❶ Bei Google Maps ist Norden standardmäßig oben. Fußgänger dürften deshalb die Dreh funktion begrüßen: Tippen Sie mit zwei Fingern, zum Beispiel Daumen und Zeigefinger, auf das Display und drehen Sie beide Finger dann um sich selbst. Der Kartenausschnitt dreht sich mit. Als Fußgänger richten Sie so den Kartenausschnitt genau in Gehrichtung aus.

❷ Eine Kompassnadel oben rechts zeigt nun die Nord/Süd-Achse an. Tippen Sie darauf, richtet sich der Kartenausschnitt wieder nach Norden aus.

(3)Mit einer »Kneifgeste« (Zeigefinger und Daumen gleichzeitig auf das Display legen und dann aus - einander oder zusammen ziehen) ändern Sie die Kartenvergrößerung.

  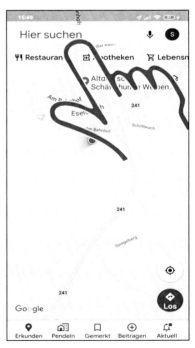

❶❷ Kurzes Tippen in die Karte – auf einen Bereich ohne Beschriftungen oder Symbole – blendet die

Bedienelemente ein/aus.

❸ Die Bedienelemente:

- Suchfeld (Pfeil): Nach Orten, Firmen, Adressen oder Sehenswürdigkeiten suchen.

- ᗐ (Sprachsteuerung): Sprechen Sie einen Ort oder einen Point of Interest, nach dem Google Maps suchen soll.

- ⊙ (»Mein Standort«, unten rechts im Bildschirm): Zeigt nach Antippen Ihre vom GPS-Empfänger ermittelte Position auf der Karte an. Dazu muss allerdings der GPS-Empfang (siehe nächstes Kapitel) aktiviert sein.

- ◈ (»Los«): Plant eine Route und gibt Ihnen eine Wegbeschreibung.

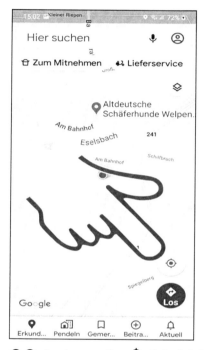 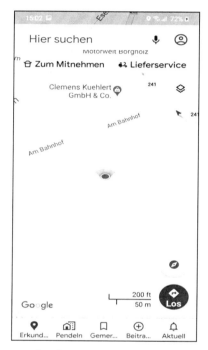 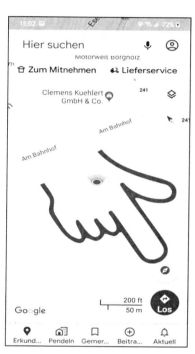

❶❷ Antippen der ⊙-Schaltleiste wechselt in eine isometrische Ansicht, bei der sich die Kartendarstellung nach der Geräteorientierung richtet. Dies funktioniert aber nur bei Apple iPhone sowie höherwertigen Android-Handys.

❸ Die ⊘-Schaltleiste bringt Sie wieder in die Standardansicht zurück.

15.2.4 Kartenansicht

Google Maps zeigt standardmäßig nur Straßen und Wasserläufe, sowie Sehenswürdigkeiten und Unternehmen an.

Wenn Sie die Kartenansicht mit der bereits oben beschriebenen Kneifgeste (zwei Finger, beispielsweise Daumen und Zeigefinger einer Hand, auf das Display setzen und zusammen- oder auseinanderziehen) verkleinern, sind allerdings auch Gebäudeumrisse sichtbar.

Google unterstützt weitere Ansichten, die für visuell orientierte Anwender nützlich sind.

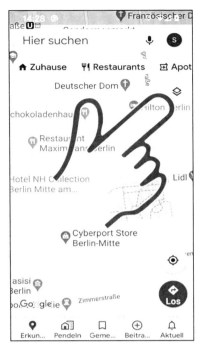 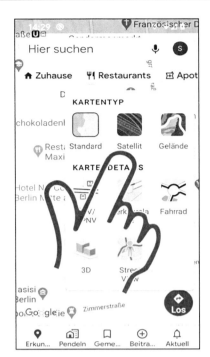 

❶❷ Aktivieren Sie über ◈ (Pfeil) das Menü, worin Sie auf *Satellit* gehen. Die Satellitenansicht ist insbesondere dann praktisch, wenn man sich genau orientieren will, weil die normale Karten-ansicht kaum Hinweise auf die Bebauung und markante Geländemerkmale gibt.

❸ Das Popup-Menü schließen Sie mit der ❮-Taste – alternativ tippen Sie auf einen Kartenbereich neben dem Popup.

> Um die eingestellten Ansichten wieder auszuschalten, tippen Sie einfach im Popup erneut darauf.
>
> Beachten Sie, dass die Satellitenansicht auf einige Jahre alten Luftbildern basiert. Sensible Zonen und Gebäude, darunter Militär- und Regierungsgebäude, sind teilweise digital verfälscht, damit potenzielle Angreifer keine Planungsgrundlage erhalten.

❶ *Verkehrslage* aus dem Dialog blendet die aktuelle Straßenlage in der Kartenanzeige ein, wobei das Verkehrsgeschehen mit orange/rot (zähflüssig/Stau) oder grün (freie Fahrt) bewertet wird. Für die

Staudaten, welche Google Maps im Minutentakt aktualisiert, wertet Google das Bewegungsprofil von Android-Handys aus. Jedes Android-Gerät sendet ja in anonymisierter Form im Minutenabstand seine aktuelle, per GPS ermittelte Position an die Google-Server, woraus sich dann ein Bewegungsmuster errechnen lässt.

❷ Verwenden Sie *Fahrrad* aus dem Dialog, um Fahrradtouren anhand der ausgewiesenen Fahrradwege zu planen.

15.2.5 Navigation

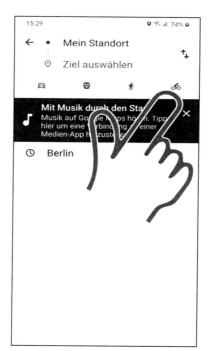

❶ Die Navigation starten Sie über *Los*.

❷ Aktivieren Sie ⚲ (Pfeil), damit die Routenberechnung Fahrradwege berücksichtigt.

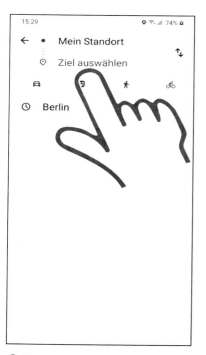

❶ Danach tippen Sie auf *Ziel auswählen*.

❷ Geben Sie beispielsweise eine Adresse, den Namen einer Sehenswürdigkeit, Firma oder Institution ein und schließen mit Q (Android) beziehungsweise *Öffnen* auf dem Tastenfeld ab. Google

Maps macht bereits während der Eingabe Vorschläge, von denen Sie einen auswählen können.

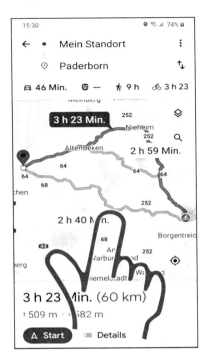 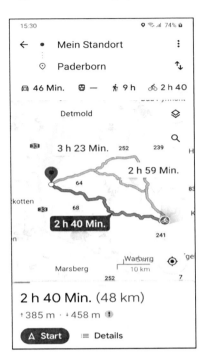

❶❷ Insbesondere bei längeren Strecken gibt es meist mehrere Fahrtmöglichkeiten. Google Maps blendet dann in der Kartenansicht mögliche Routen ein. Tippen Sie darin einfach einen der grauen Routenvorschläge an.

 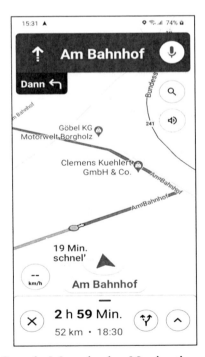 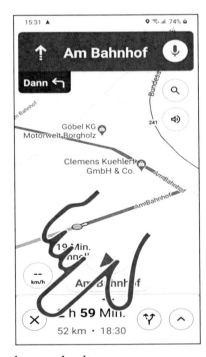

❶❷ Betätigen Sie *Start*, worauf Google Maps in den Navigationsmodus wechselt.

❸*Beenden* (iPhone) beziehungsweise ✕ (Android) beendet die Navigation.

Da die Navigation innerhalb von Google Maps abläuft, stehen dort viele der bereits ab Kapitel *15.2.3 Grundfunktionen* beschriebenen Funktionen zur Verfügung. Zum Beispiel können Sie mit angedrücktem Finger den Kartenausschnitt verschieben, oder durch »Kneifen« mit zwei Fingern im Kartenmaterial heraus- und hineinzoomen.

Praktisch: Ist ein Unternehmen, Restaurant oder eine Freizeitattraktion zur Ankunftszeit bereits geschlossen, erfolgt ein entsprechender Hinweis.

Die Navigationsanweisungen erscheinen auch auf Ihrer Sportuhr, sofern diese Handy-Benachrichtigungen unterstützt.

15.2.6 Google Maps-Weboberfläche

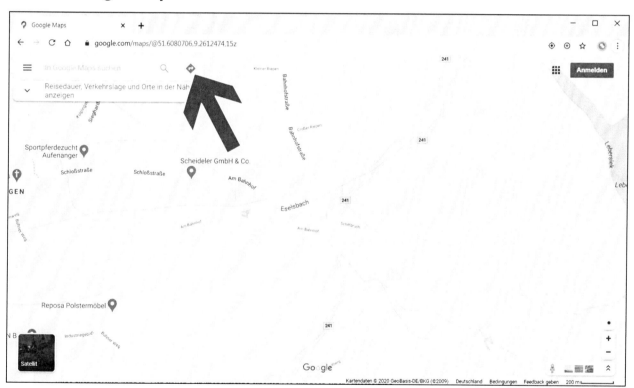

Google Maps können Sie auch in Ihrem PC-Webbrowser nutzen: Rufen Sie dort die Webadresse *maps.google.com* auf. Danach klicken Sie auf ♦ (Pfeil).

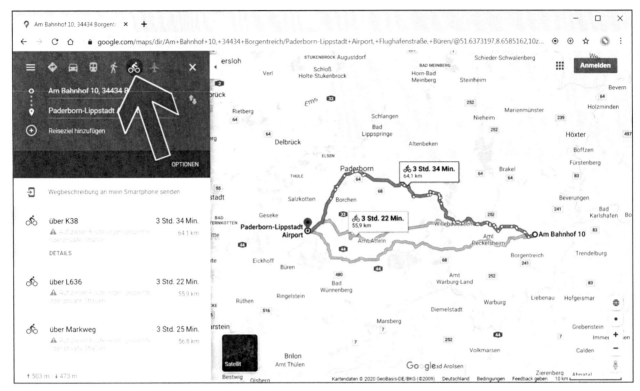

Aktivieren Sie das ⚲-Register (Pfeil) und geben Sie Start- und Ziel ein. Google Maps berechnet automatisch die optimale Fahrradroute und zeigt sie in der Karte an. Unterhalb der Routenvorschläge werden die Höhenprofile der jeweiligen Tour angezeigt.

15.3 Komoot

Komoot ist nicht nur ein App für die Fahrradnavigation, sondern schlägt Ihnen auch Touren vor, die von anderen Komoot-Nutzern erstellt wurden. Ihre selbst erstellten Touren können Sie natürlich auch anderen Fahrradfahrern zur Verfügung stellen.

In der Koomot-App wird automatisch Ihr Landkreis freigeschaltet, sodass Sie das Programm in Ruhe ausprobieren können. Den vollen Funktionsumfang erhalten Sie erst nach einer Freischaltung für rund 20 Euro. Der Kauf ist sowohl direkt in der App als auch über die Komoot-Website (www.komoot.de) möglich.

❶ Sie installieren Komoot aus dem App Store Ihres iPhones beziehungsweise Play Store auf dem Android-Handy.

❷❸ Zuerst legen Sie ein Benutzerkonto an. Wahlweise verwenden Sie dafür Ihr Facebook-Konto oder Ihre E-Mail-Adresse.

❶ Der Assistent, den Sie nun durchwandern, ist selbsterklärend.

❷ Achten Sie auf jeden Fall darauf, den Zugriff auf Ihr GPS zu gestatten.

❸ Aktivieren Sie *RADFAHREN*, damit Ihnen die App später passende Touren vorschlägt.

Besitzen Sie eine Garmin-Sportuhr, dann können Sie während der Ersteinrichtung oder auch noch später das Benutzerkonto der Garmin Connect-App (siehe Kapitel *16.2.1 Die App*) angeben. Komoot importiert dann alle im Garmin-Konto gespeicherten Touren.

15.3.1 Vollversion erwerben

❶❷❸ Für den Erwerb der Vollversion aktivieren Sie das ⊕-Register (Pfeil) und wählen das gewünschte Paket aus. Wir empfehlen die »Die ganze Welt« für 19,99.

15.3.2 Navigation

  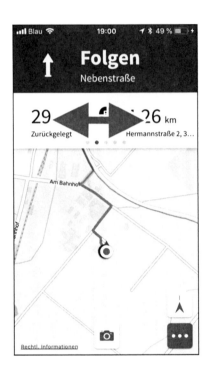

❶ Gehen Sie auf *Planen* (Pfeil).

❷ In den Eingabefeldern erfassen Sie Start (hier wählen Sie in der Regel *Aktuelle Position* aus) und Ziel. Danach gehen Sie auf *Navigation starten*.

❸ Mit einer Wischgeste nach rechts/links wählen sie während der Navigation zwischen den Anzeigen:

- Aktuelle Geschwindigkeit/Durchschnittsgeschwindigkeit
- Kilometer zurückgelegt/Kilometer noch zu fahren bis zum nächsten Wegpunkt
- Kilometer zurückgelegt/Kilometer noch zu fahren bis zum Ziel
- Minuten in Bewegung/Minuten verbleibend
- Aktuelle Höhe

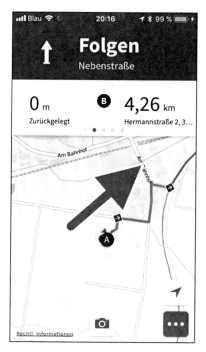

❶ Mit einer Wisch- oder Kneifgeste ändern Sie während der Navigation den angezeigten Kartenausschnitt.

❷ Die ⬑-Taste (Pfeil) schaltet wieder auf die aktuelle Position um.

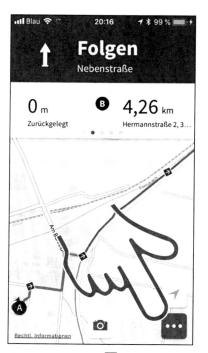
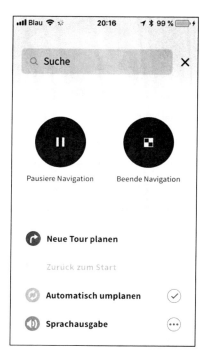
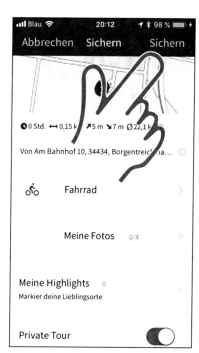

❶❷ Die blaue ⬛⬛⬛-Schaltleiste öffnet das Menü, in dem Sie die Navigation pausieren oder beenden.

❸ Vergessen Sie nicht, nach dem Erreichen des Ziels mit *Sichern* die im Hintergrund aufgezeichnete Tour abzuspeichern.

15.3.3 Routenaufzeichnungen anzeigen

❶ Die von Ihnen durchgeführten Touren finden Sie im Profil (Pfeil).

❷ Gehen Sie auf *Gemachte Touren* (Pfeil).

❸ Nun wählen Sie eine der Tourenaufzeichnungen aus.

❶❷ Eine Wischgeste zeigt das bewältigte Höhenprofil sowie einige Statistiken an.

❶ Alternativ tippen Sie auf die Karte.

❷ Ziehen Sie dann den vertikalen Balken im Höhenprofil nach links/rechts, worauf die Komoot-App die entsprechende Position in der Karte anzeigt.

15.3.4 Tourenvorschläge anderer Nutzer

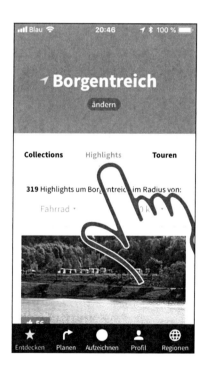

❶ Aktivieren Sie das *Entdecken*-Register.

❷ Gehen Sie auf *Alle Sportarten* und stellen Sie *Fahrrad* ein, damit Ihnen die Komoot-App nur Fahrradtouren vorschlägt.

❸ Unter *Highlights* finden Sie interessante Ausflugsziele, während *Touren* Ihnen komplette Touren zum Nachfahren anbietet.

15.3.5 Komoot-Weboberfläche

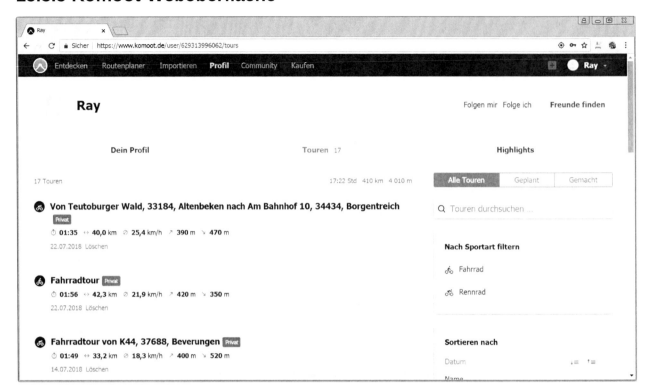

Unter *www.komoot.de* verwalten Sie Ihren Touren im Webbrowser auf Ihrem PC.

15.4 Weitere Apps

In diesem Buch können wir leider aus Platzgründen nicht auf alle interessanten Handy-Apps eingehen, weshalb wir uns auf eine kurze Auflistung beschränken. Alle beschriebenen Apps sind sowohl für Apple iPhone im App Market beziehungsweise Android im Google Play Store erhältlich. Suchen Sie dort einfach nach dem App-Namen.

Naviki

Das in der Grundversion kostenlose Naviki berücksichtigt bei der Navigation, ob Sie ein Fahrrad, Pedelec, Mountainbike, S Pedelec, usw. verwenden. Routen lassen sich auch über die Webadresse www.naviki.org planen. Optional ist für rund 80 Euro ein Fahrradcomputer erhältlich[274], der sich mit Naviki koppeln lässt.

Strava

Strava ist eine Fitness-App, die viele verschiedene Sportarten berücksichtigt und alle nur denkbaren Anwendungsgebiete und Statistiken abdeckt. Für die Nutzung der Profifunktionen sind leider rund 45 Euro Jahresgebühr fällig. Eine Auflistung der Premium-Funktionen liefert die Webseite https://www.strava.com/summit/join.

Runtastic

Die Runtastic-App ist in verschiedenen Varianten für allgemeine Fitness, Läufer und Fahrradfahrer erhältlich. Für Sie interessant dürften »Runtastic Road Bike Rennrad« und »Runtastic Mountain Bike GPS« sein. Straßennavigation und Routenaufzeichnung gehören zum Standard. Von beiden Apps gibt es sowohl eine kostenlose als auch kostenpflichtige Version. Ihren Puls können Sie über einen Bluetooth-Brustgurt eines kompatiblen Herstellers auswerten.

---

274 Coachsmart Fahrradcomputer: https://www.heise.de/preisvergleich/o-synce-coachsmart-a1244371.html

16. Fitnessaufzeichnung mit der Armbanduhr

Bei vielen Anwendern kommt nach der Pedelec-Anschaffung das Bedürfnis auf, die eigenen Fitnessdaten auszuwerten. Dafür bieten sich die in diesem Kapitel vorgestellten Armbanduhren an.

16.1 Smartwatch

Der Begriff Smartwatch setzt sich aus den englischen Worten »Smart« (deutsch: intelligent) und »Watch« (deutsch: Armbanduhr) zusammen. Damit soll auf die zusätzlichen Features hingewiesen werden, die weit über die einer normalen Armbanduhr hinausgehen.

Für die seit 2014 erhältlichen Smartwatches zeichnen nicht die klassischen (Puls-)Uhrenhersteller verantwortlich, sondern Unternehmen aus der Computerbranche. Heute dominieren Smartwatches mit dem von Google entwickelten Android Wear-Betriebssystem, sowie die Apple iWatch den Markt.

Den meisten Smartwatches ist gemein, dass sie zwar autonom nutzbar sind, ihren vollen Funktionsumfang aber erst entfalten, wenn Sie mit einem Handy (»Smartphone«) verbunden sind. Die Koppelung erfolgt dabei drahtlos per Bluetooth.

Die Vorteile der Smartwatch:

- Zugriff auf viele Handyfunktionen, beispielsweise Steuerung der Musikwiedergabe.
- Anzeige von Handybenachrichtigungen wie empfangene SMS oder eingehende Anrufe.
- Installation von Programmen (»Apps«) auf der Smartwatch erweitert den Funktionsumfang.
- Bewegungssensoren und Pulsmesser erfassen die Gesundheitsdaten.

Die Smartwatches haben leider auch Nachteile:

- Bedienung stellenweise umständlich und kompliziert.
- Je nach Nutzungsprofil eine Akkubetriebszeit von teilweise nur 12 bis 24 Stunden.
- Sportfunktionen spielen eher eine Nebenrolle.

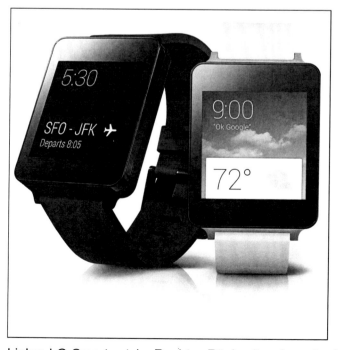

Links: LG-Smartwatch. Rechts: Rückseite einer Apple Watch mit den Infrarot-Pulsmessern. Fotos:

LG[275] und Joho345[276]

In diesem Buch beschränken wir uns auf eine Beschreibung der Sportuhren, weil sie im Vergleich zu den Smartwatches für die Erfassung von Fitnessdaten besser geeignet sind.

16.2 Sportuhren

Während Smartwatches für den Alltag geschaffen wurden, sind die sogenannten Sportuhren auf aktive Nutzer hin optimiert. Marktführer sind die amerikanischen Unternehmen Fitbit und Garmin, aber auch andere Hersteller wie Polar, Suunto oder TomTom haben interessante Produkte im Lieferprogramm.

Alle Sportuhren besitzen neben dem obligatorischen Pulsmesser auch einen Bewegungssensor, der Ihre Schritte aufzeichnet. Ab ca. 100 Euro ist zudem ein GPS-Empfänger eingebaut.

Für eine alltagstaugliche Uhr wie die Garmin Forerunner 235 oder Fitbit Ionic legen Sie maximal 250 Euro auf den Tisch.

Ein Hauptvorteil der Sportuhren gegenüber den oben vorgestellten Smartwatches ist die längere Akkubetriebszeit von bis zu 14 Tagen. Bei intensiver Nutzung des GPS-Empfängers muss die Uhr allerdings trotzdem jeden Abend ans Ladekabel.

Während einfachere Sportuhren sich auf die Uhrzeit- und Pulsanzeige mit pixeligem Monochromdisplay beschränken, verfügen die teuren Exemplare über hochaufgelöste farbige Bildschirme. Zum Einsatz kommen meistens sogenannte reflektive Displays, die auch bei stärkstem Sonnenschein ablesbar sind, dagegen bei normalem Lichteinfall wenig Kontrast bieten. Deshalb kann man eine Hintergrundbeleuchtung zuschalten. Es gibt aber auch Hersteller wie Fitbit, die bei einigen Sportuhren ein hintergrundbeleuchtetes Display verwenden, welches man aber jeweils einschalten muss, um es abzulesen. Dazu reicht eine Handgeste.

Während die im vorherigen Kapitel beschriebenen Smartwatches hauptsächlich mit Wischgesten über das Touchdisplay bedient werden, sind viele Sportuhren mit drei bis vier Tasten neben der Krone ausgestattet. Das macht auch Sinn, denn bei manchen Sportarten trägt man Handschuhe beziehungsweise hat keine Zeit, für die Bedienung aufs Display zu schauen. Je nach Zielgruppe sind Sportuhren mit und ohne Touchdisplay auf dem Markt.

Der Markt für Sportuhren ist nicht ganz so rasant in Bewegung wie der restliche Elektronikmarkt, auf dem fast jede Woche neue Produkte erscheinen. Es ist keine Seltenheit, dass Sportuhrenmodelle zwei oder drei Jahre im Verkauf sind, bevor sie durch ein neues Produkt ersetzt werden.

Beim Kauf sollten Sie berücksichtigen, dass jeder Hersteller sein eigenes Biotop pflegt. Wechseln Sie zu einem anderen Hersteller, dann können Sie Ihre alten Puls-, Schritte- und Routenaufzeichnungen nicht mitnehmen. Dagegen ist der Übergang zwischen den Modellen eines Herstellers fließend, denn die jeweilige Handy-App unterstützt den Betrieb von mehreren Uhren gleichzeitig. Vielleicht gibt es ja einige Personen in Ihrem Bekanntenkreis, die bereits Sportuhren einsetzen, die Sie nach ihrer Meinung fragen können. Greifen Sie zum selben Modell, dann haben Sie auch gleich jemanden, der Ihnen im Problemfall weiterhilft.

---

275 https://www.flickr.com/photos/32985045@N08/14507399524
276 (https://commons.wikimedia.org/wiki/File:Rückseite_Apple_watch.jpg), https://creativecommons.org/licenses/by/4.0/legalcode

Einige Garmin-Sportuhren, hier die Forerunner 235, sind mit einem reflektivem Display ausgestattet, das sich auch bei hellem Sonnenschein sehr gut ablesen lässt. Das Display ist immer eingeschaltet.

In diesem Buch gehen wir hauptsächlich auf Garmin-Produkte ein.

Beachten Sie bitte auch Kapitel *16.2.4 Warum Sportuhren manchmal falsche Ergebnisse liefern.*

16.2.1 Die App

Die meisten Sportuhren lassen sich nur sinnvoll verwenden, wenn man sie mit einem Android- oder Apple-Smartphone über Bluetooth koppelt. Diese permanente Funkverbindung ermöglicht einige pfiffige Anwendungen, beispielsweise die Anzeige von empfangenen SMS, eingehenden Anrufen oder WhatsApp-Nachrichten auf der Uhr. Auch die Steuerung der Musikwiedergabe auf dem Handy oder des Kameraauslösers ist teilweise möglich. Gerade unterwegs ist die automatische Nachrichtenanzeige sehr praktisch, denn Sie müssen mit dem Pedelec nicht anhalten, um auf dem Handy nachzusehen, wer Ihnen geschrieben hat, sondern werfen nur einen kurzen Blick auf die Uhr.

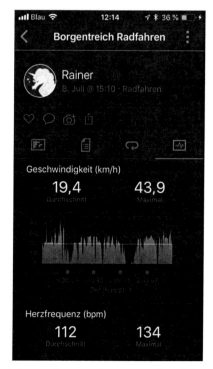

Beispiel für eine 65 Kilometer-Radtour, die mit einer Garmin-Sportuhr aufgezeichnet wurde. Die Bildschirmanzeigen mit zahlreichen Statistiken stammen von der Garmin Connect-Anwendung auf dem Handy.

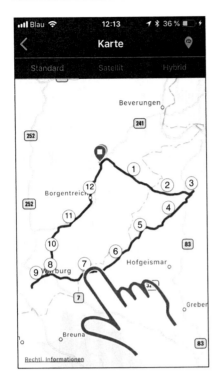 

Auch eine Kartenanzeige bietet die Garmin Connect-App. Die Route wird standardmäßig in 5 Kilometer-Runden aufgeteilt (die Rundenlänge können Sie einstellen). Tippen Sie eine Runde für die jeweilige Rundenzeit an.

Die Bluetooth-Koppelung mit dem Handy ist bei jedem Hersteller und Uhrenmodell anders. Grundsätzlich ist es aber immer nötig, erst eine Anwendung (»App«) auf dem Handy zu installieren. Bei Garmin ist das »Garmin Connect«, bei Fitbit das gleichnamige Programm.

Schon beim ersten Aufruf müssen Sie in der App ein Benutzerkonto einrichten. Sie können dann nicht nur in der Handy-App, sondern auch auf dem PC Ihre Nutzungsdaten einsehen. Dazu rufen Sie die Herstellerwebsite in Ihrem Webbrowser auf und melden sich mit Ihren Benutzerdaten an. Die angesammelten Daten sind natürlich nicht für andere einsehbar, aber falls Sie möchten, können Sie einzelne Touren veröffentlichen. Dazu wird eine Webadresse generiert, die Sie beispielsweise per SMS, E-Mail oder WhatsApp an Dritte weitergeben. Auch das Veröffentlichen einer Tour als Facebook-Eintrag ist vorgesehen.

Die oben vorgestellte 65 Kilometer-Tour auf der Garmin-Website.

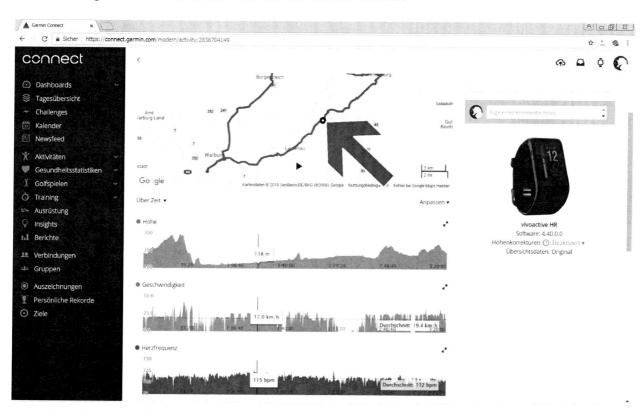

Wenn Sie wissen möchten, was für eine Geschwindigkeit und Herzfrequenz Sie zu einem bestimmten Zeitpunkt auf der Tour hatten, dann halten Sie einfach den Mauszeiger (Peil) auf die Route (Pfeil). Dabei wird auch die vom Barometer der Sportuhr aufgezeichnete Höhe angezeigt.

Die Benutzeroberfläche der Fitbit-App.

Beispiel für die Tourenauswertung der Fitbit Ionic in der Fitbit-App.

16.2.2 Tourenaufzeichnung

Vorab: Die in diesem Kapitel beschriebenen Funktionen und Vorgehensweisen sollen einen groben Nutzungsüberblick geben, denn Uhren ab etwa 400 Euro bieten unzählige weitere Komfortfeatures, auf die wir hier nicht eingehen können.

Aus technischen Gründen erfasst die Uhr Ihre Touren nicht automatisch, denn dann wäre der Akku schnell leer. Stattdessen starten Sie mit einem Knopfdruck die Tourenaufzeichnung, wählen gegebenenfalls als Sportprogramm »Fahrrad«, warten einige Sekunden, bis GPS-Empfang hergestellt ist, starten die Aufzeichnung und fahren los.

Wenn Sie mal einen Stopp einlegen, pausieren Sie die Aufzeichnung. Zum Ende der Tour dürfen Sie natürlich nicht vergessen, die Aufzeichnung zu beenden und zu speichern.

Bitte beachten Sie, dass jede Sportuhr permanent Ihren Puls und gegebenenfalls die Schritte aufzeichnet. Zwischen jeder Pulsmessung liegen allerdings – abhängig vom Sportuhrenmodell – bis zu 10 Sekunden. Die erfassten Daten werden dann hochgerechnet. Während der Tourenaufzeichnung erfolgt die Pulsmessung dagegen sehr genau im Sekundentakt.

Die Uhr informiert Sie während der Fahrt über die aktuelle Geschwindigkeit, die zurückgelegte Strecke und den Puls, was nützlich ist, falls die Bedieneinheit Ihres Pedelecs keine Tachofunktionen aufweist.

Nützlich ist auch die Auswertung der Intensivitätsstufen[277]: Beim Fitnesstraining geht es ja nicht nur um den Muskelaufbau, sondern auch die Herzfitness, die abhängig vom jeweiligem maximalen Pulsschlag, einer von 5 Stufen zugeordnet wird. Einige Sportuhren informieren Sie während der Fahrt über die aktuelle Stufe und warnen, wenn Sie sich überanstrengen.

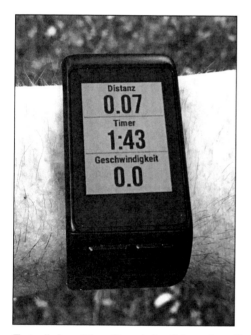 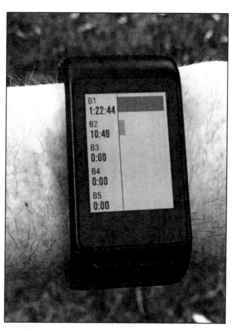

Foto links: Eine Sportuhr (hier eine Garmin Vívoactive HR) zeigt bereits bei der Aufzeichnung wichtige Daten an. Foto rechts: Auch eine Auswertung der Intensivitätsstufen ist möglich.

Bereits direkt auf der Uhr können Sie nach der Tour die zurückgelegte Distanz, die dafür benötigte Zeit, Durchschnitts- und Maximalgeschwindigkeit, Anstieg und Abstieg in Metern, Durchschnitts- und Maximalpuls, berechneten Kalorienverbrauch, sowie die Intensivitätsstufen anzeigen.

Der Speicher auf den meisten Sportuhren ist begrenzt, weshalb ältere Touren nach einiger Zeit automatisch gelöscht werden. Sie sollten daher von Zeit zu Zeit die Uhr mit Ihrem Handy synchronisieren. Die Synchronisation, die Sie in der Hersteller-App starten, dauert nur wenige Sekunden. Anschließend haben Sie nicht nur Zugriff auf die bereits erwähnten Statistikdaten, sondern Sie können sich auch die Tour in einer Straßenkarte anzeigen lassen.

Wir hatten bereits erwähnt, dass Ihre Aufzeichnungen von der Handy-App auch im Internet hochgeladen werden. Melden Sie sich mit Ihren Zugangsdaten, die Sie bei der Ersteinrichtung der Handy-App angelegt hatten, im Webbrowser Ihres PCs oder einem Tablet auf der Hersteller-Website an.

---

277 https://www.fitforlife.ch/artikel/die-fuenf-intensitaetsstufen/

16.2.3 Spezialfunktionen

Je nachdem, wie viel Geld Sie investieren, stehen weitere Funktionen zur Verfügung:

- *Aktivitätsaufzeichnung*: Sie werden von der Uhr regelmäßig zu sportlicher Aktivität aufgefordert. Für Motivation sorgen Fortschrittszähler, im einfachsten Fall sollen Sie beispielsweise jeden Tag 1000 Schritte gehen.

- *Sportprogramme*: Falls Sie neben Radfahren auch andere Sportarten betreiben, die Sie gerne aufzeichnen möchten, sollte die Uhr dies unterstützen. Mögliche Sportarten sind Wandern, Laufen, Skifahren, Schwimmen, Wassersportarten, Golf, usw. Anhand der gewählten Sportart berechnet die Uhr unter anderem die verbrauchten Kalorien.

- *Intervalltraining*: Für den gezielten Fitnessaufbau erstellen Sie in der Handy-App einen Trainingsplan, der aus einem Warm up (Aufwärmen), dem Training selbst (beispielsweise Radfahren) und einer Abkühlphase besteht. Das Intervalltraining überträgt man auf die Uhr, wo man es dann abrufen kann. In einigen Uhren stehen auch bereits vordefinierte Intervalltrainings zur Verfügung.

- *Barometer*: Das integrierte Barometer ist nicht nur bei der Tourenaufzeichnung nützlich, um An- und Abstiege aufzuzeichnen, sondern erfasst auch das Treppensteigen. Dies ist nützlich für Anwender, die in ihrem Fitnessprogramm auch die überwundenen Treppen berücksichtigen. Das Herabgehen von Treppen wird dagegen nicht erfasst, die dazu benötigten Schritte natürlich schon.

- *Apps*: Über die Handy-App installieren Sie zusätzliche Anwendungen auf der Sportuhr. Die Auswahl ist allerdings sowohl bei Fitbit als auch bei Garmin recht begrenzt. Angeboten werden beispielsweise Apps zur Navigation oder Fitnessauswertung.

- *Integrierter Musikplayer*: Der Anwender kann Musikdateien oder Podcasts (gesprochene Audiodateien) auf seine Uhr kopieren und sie über einen per Bluetooth angebundenen Kopfhörer unterwegs anhören.

- *Wasserdichtheit*: Die Sportuhr muss ohnehin gegen Schweiß und Regen wasserdicht sein. Optimal sind 30 ATM wasserdichtheit.

- *Navigation*: In höherwertigen Uhren – wir sprechen hier von einem Preisbereich ab 600 Euro – gehört eine eingebaute Fußgänger- und Fahrradnavigation inklusive Karte zum Lieferumfang, die auch ohne Handyanbindung funktioniert. Bei den Modellen Fenix 5/5S/5X des Herstellers Garmin greift die Routenplanung zudem auf die Nutzungsdaten anderer Anwender zurück. Deshalb schlägt der Routenplaner ab und zu Wegstrecken vor, die sonst nur Ortskundigen bekannt sind.

- *Kontaktloses Bezahlen*: Über einen eingebauten NFC-Chip ist das kontaktlose Zahlen bei zahlreichen Geschäften möglich. Die Einrichtung ist allerdings vergleichsweise kompliziert, weil man sich eine spezielle Prepad-Kreditkarte zulegen muss, über die abgerechnet wird. Unterstützt wird das drahtlose Zahlen aktuell von den Modellen Garmin Fenix 5/5S/5X.

- *ANT+*: Dieser Funkstandard dient der Anbindung von separaten Pulsmessern, in der Regel Brustgurten. Brustgurte arbeiten auf elektrosensorischer Basis und sind etwas genauer als der optische Sensor in den Sportuhren.

16.2.4 Warum Sportuhren manchmal falsche Ergebnisse liefern

Abhängig von technischen Faktoren und falscher Handhabung bringen Sportuhren manchmal falsche Ergebnisse[278]:

- Da es sich um eine optische Messung handelt, können dunkle Tätowierungen, dunkle Haut, starke Behaarung und Schmutz die Ergebnisse negativ beeinflussen.

- Durch starke Kälte ziehen sich die Gefäße zusammen. Weil der Puls indirekt über die Weitung der Blutgefäße erfasst wird, werden die Ergebnisse verfälscht.

- Bei ruckartigen und schnellen Bewegungen verliert der optische Sensor der Uhr den Hautkontakt und misst nicht mehr korrekt.

- Intensivsportarten mit schnell wechselnden Belastungen sind aufgrund der langsamen Auswertung – es dauert immer einige Herzschläge, bis der Sensor den Puls erfasst hat – nicht für Sportuhren geeignet. Abhilfe schafft ein Brustgurt, den Sie mit der Sportuhr verbinden. Radfahrer sind von diesem Problem zum Glück nicht betroffen.

Wichtig für eine genaue Messung ist der feste Sitz der Sportuhr, sodass sie während des Fitnesstrainings beziehungsweise einer Fahrradtour nicht dauernd verrutscht. Übrigens kann auch ein zu enges Armband Probleme verursachen, weil der Sensor zu tief in den Arm drückt. Es ist deshalb vielleicht ab und zu nötig, das Armband nach einigen Stunden sportlicher Aktivität um ein Loch zu weiten.

Alle Sportuhren berechnen für jede Freizeitaktivität die verbrauchten Kalorien, was natürlich beim Pedelec-fahren angesichts der variablen Motorunterstützung keinen Sinn macht.

16.2.5 Die richtige Pflege

Unter der Uhr entwickelt sich durch Schweiß ein feuchtes Milieu, in dem sich Bakterien sehr wohl fühlen. Deshalb sollten Sie die Uhr und das Armband regelmäßig reinigen. Ist die Sportuhr wasserdicht und mit einem Plastikarmband ausgestattet, dann halten Sie Sie einfach unter das Wasser und lassen sie anschließend trocknen. Sonst lassen Sie das Wasser nur über das Armband laufen. Bei Lederarmbändern verwenden Sie nur ein leicht angefeuchtetes Tuch zum Abputzen.

Sollten sich mal eine Hautirritation ergeben, müssen Sie für einige Tage auf das Tragen der Pulsuhr verzichten, bis sich die Haut wieder regeneriert hat. In extremen Fällen, wenn sich beispielsweise die Haut pellt oder sich eitrige Ausschläge zeigen, konsultieren Sie einen Hautarzt.

Zur Not können Sie die Sportuhr auch abwechselnd am linken und rechten Handgelenk tragen. Damit Ihre Bewegungen richtig erfasst werden, stellen Sie in der Handy-App beziehungsweise im Uhren-Menü die Tragweise am »dominanten« beziehungsweise »nicht dominanten« Arm ein.

---

278 https://sportuhrenguru.net/wie-genau-ist-die-optische-pulsmessung/

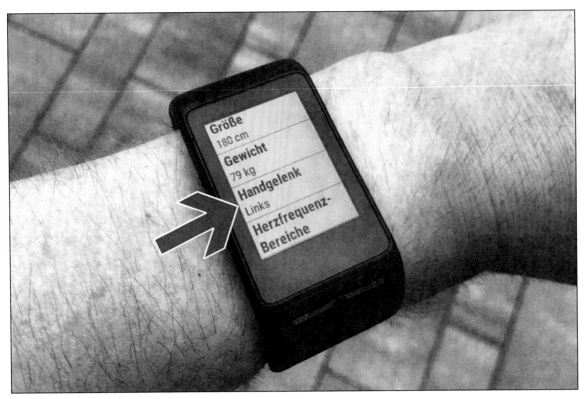

Einstellung des dominanten Handgelenks bei der Garmin Vivoactive HR (Pfeil).

Ist Ihnen ohnehin nur die Tourenerfassung wichtig, dann legen Sie Ihre Sportuhr jeweils kurz vor Fahrtantritt an.

Die Ausgestaltung der Sensorfläche auf der Uhrenrückseite, die Uhrenbreite und das Armband haben Einfluss auf den Tragekomfort. Wenn die Hautiritationen anhalten, bringt vielleicht schon ein flexibleres Armband Abhilfe. Im Extremfall wechseln Sie zu einem anderen Uhrenmodell.

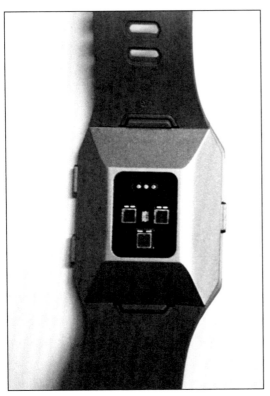 

Die Rückseiten und der Tragekomfort der Sportuhren unterscheiden sich erheblich. Links: Fitibit Ionic, rechts Garmin Forerunner 235.

17. Zubehör

Mit Zubehör aus dem Fachhandel rüsten Sie Ihr Pedelec individuell nach Ihren Wünschen aus.

17.1 Taschen

Eine Ihrer ersten Anschaffungen wird eine Tasche sein, um beispielsweise eine Jacke oder Proviant mitzuführen. Wenn Sie auch ab und zu bei Regen unterwegs sind, sollte die Tasche entsprechend wasserdicht ausfallen.

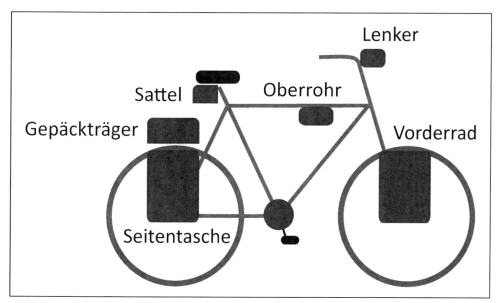

Die wichtigsten Unterbringungsmöglichkeiten:

- Lenkertasche oder Lenkerkorb: Für die Mitnahme schwerer Dinge nicht geeignet, weil dies das Lenkverhalten negativ beeinflusst.

- Vorderradtasche: Von Vorderradtaschen raten wir ebenfalls eher ab.

- Oberrohrtasche: Nur für Pedelecs mit Diamant-Rahmen geeignet. Die mit Klettverschlüssen am Oberrohr befestigten Taschen bieten prinzipbedingt nur wenig Stauraum und neigen dazu, am Rohr herumzurutschen.

- Satteltasche: Ideal für die Unterbringung von kleineren Gegenständen wie Sonnenbrille, Werkzeug, oder ähnliches.

- Gepäckträger-, Seitentasche: Es gibt mehrere Varianten, die teilweise nur aus einer am Sattel befestigten Tasche und/oder seitlichen Taschen bestehen. Durch den niedrigen Schwerpunkt sind Seitentaschen ideal für den Transport von etwas schwereren Gegenständen.

Tipp: Einige Seitentaschen liegen an den Sattelstreben an und reiben dort mit der Zeit die Farbe ab. Wir empfehlen daher die Sattelstreben an den jeweiligen Aufliegestellen mit Klebeband zum Schutz umwickeln.

Die Hersteller haben Klicksysteme entwickelt, die das Anbringen und Abnehmen der Taschen mit einer Handbewegung ermöglichen. Die Klicksysteme sind teilweise so konstruiert, dass Sie verschiedene Taschen und Körbe des Herstellers abwechselnd an einer Halterung anbringen können. Einige Drittanbieter haben kein eigenes Befestigungssystem entwickelt, sondern das Klickfix-System übernommen.

Die wichtigsten Taschenmarken in alphabetischer Reihenfolge:

- B & W International: *www.b-w-international.com*
- Basil: *www.basil.com*
- Brooks: *www.brooksengland.com*
- Klickfix: *www.klickfix.de*
- Norco: *www.norco-bags.de*
- Ortlieb: *www.ortlieb.com*
- Racktime: *www.racktime.com*
- Reisenthel: www.reisenthel.com
- Thule: *www.thule.com*
- Topeak: *www.topeak.com*
- Vaude: *www.vaude.com*

Volles Programm für längere Touren mit dem Pedelec. Foto: www.pd-f.de / Andrea Freiermuth

Wasserdichte Lenkertasche von Ortlieb. Foto: www.ortlieb.com | Russ Roca | pd-f

17.2 Körbe

Falls Sie mit Ihrem Pedelec den Einkauf erledigen, bietet sich ein abnehmbarer Lenkradkorb ab, den Sie auch in den Laden mitnehmen können. Bitte beachten Sie, dass sich Gewichte ab 2 Kilo bereits deutlich auf das Lenkverhalten auswirken, insbesondere, wenn Sie mal langsam fahren müssen.

Auch für den Gepäckträger sind Körbe erhältlich, die zum Teil dauerhaft befestigt werden.

Für Ausflüge eigenen sich unserer Meinung nach Körbe nur bedingt, da bei schneller Fahrt beziehungsweise Windstößen leichte Dinge wie eine Jacke aufgrund der offenen Maschen weg fliegen. Außerdem bieten die Körbe keinen Regenschutz.

Der abnehmbare Fahrradkorb mit Klickfix-System ist sehr praktisch, wenn man mit dem Fahrrad Ein-
kaufen fährt: Einfach nur Knopf drücken und den Korb abnehmen. Im Beispiel werden rund 4 kg
transportiert, weshalb man bei der Fahrt sehr vorsichtig sein muss, denn der Lenker bricht schnell
nach links oder rechts aus.

17.3 Fahrradhelm

Zwar schreibt der Gesetzgeber für Radfahrer und den damit gleichgestellten Pedelec-Nutzern keinen Helm vor, trotzdem empfiehlt es sich, einen zu tragen. Zum einen werden Sie mit dem Pedelec
längere Strecken absolvieren, zum anderen ist die Geschwindigkeit häufig höher als mit einem
normalen Rad.

Nutzer eines S Pedelec stehen dagegen unter Helmpflicht, wobei der Gesetzgeber keine weiteren
Vorschriften macht. Sie dürfen also einen normalen Fahrradhelm verwenden, obwohl ein Mofa-
Helm empfehlenswerter ist.

Alle Fahrradhelme, die in Deutschland verkauft werden, müssen einem Test nach der Norm DIN
EN1080 unterzogen werden. Dies ist die Voraussetzung, damit der Helmhersteller sein »CE«-Zei-
chen aufkleben kann. Hochwertige Helme tragen zudem das GS (»geprüfte Sicherheit«)-Zeichen,
wofür nach DIN EN 1078 noch härtere Tests absolviert werden müssen.

Im Handel werden Helme meistens in drei verschiedenen Größen angeboten. Ein optimaler Helm
muss ohne zu drücken sitzen, weshalb man hinten im oder auf dem Helm mit dem Drehknopf die
Weite einstellt. Die vordere Helmkante sollte auf Höhe der Augenbrauen sitzen, außerdem darf der
Helm nicht zu tief im Nacken liegen, sondern gerade auf dem Kopf.

Den Verschlussriemen tragen Sie unter dem Kinn, und zwar so, dass noch ein Finger breit Luft
bleibt. Unter dem Helm dürfen Sie keine Mütze tragen. Für zusätzliche Sicherheit sorgt eine LED-

Lampe am Helm, mit der Sie im Dunkeln besser von anderen Verkehrsteilnehmern gesehen werden.

Die bekanntesten Helmhersteller mit Website:

- Abus: *www.abus.com*
- Alpina: *www.alpina-sports.com*
- Giro: *www.giro.com*
- Uvex: *www.uvex-sports.com*

Fahrradhelme sind Einwegprodukte. Kaufen Sie deshalb niemals einen gebrauchten Fahrradhelm, weil er vielleicht schon mal einen Sturz erlebt hat. Sind Sie mal hingefallen und mit dem Helm aufgekommen, so müssen Sie ihn ebenfalls austauschen, weil er seine Schutzwirkung verloren hat.

Wenn Sie einen Fahrradhelm zum ersten Mal in die Hand nehmen, wundern Sie sich vielleicht über das geringe Gewicht. Schwere Helme bieten keinen größeren Schutz und lasten auf Ihrem Nacken und den Schultern, was Kopfschmerzen verursacht. Deshalb sind selbst hochqualitative Helme nur wenige hundert Gramm leicht.

Mit einem Helm sind Sie sicherer unterwegs. Foto: www.pd-f.de / Mathias Kutt.

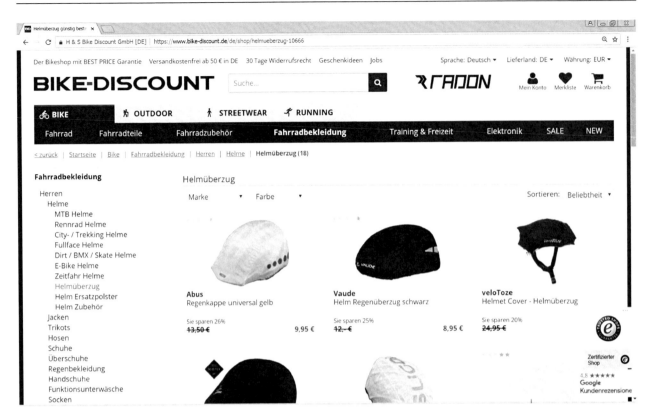

Fast alle Fahrradhelme haben Lüftungsschlitze. Damit Sie im Regen keinen nassen Kopf bekommen, vertreibt der Handel Regenüberzüge, die Sie einfach über den Helm ziehen. Vermutlich helfen diese Überzüge auch, wenn es Ihnen bei starkem Wind zu kalt am Kopf wird. Bildschirmfoto: Bike Discount[279]

17.3.1 MIPS

Recht neu auf dem Markt sind sogenannte MIPS-Helme, die einen noch besseren Schutz versprechen. MIPS steht für Multi-directional Impact Protection System, ungefähr mit »mehrdirektionales Einschlagsschutzsysstem« zu übersetzen. Das von einem schwedischen Arzt entwickelte System wurde an zahlreiche Unternehmen aus der Helmbranche lizensiert.

Bei einem Sturz verschiebt sich die Innenschale des MIPS-Helms, was die auf den Kopf wirkenden Kräfte reduzieren soll. In Fachkreisen ist MIPS umstritten und es gibt keine unabhängige Studien dazu, weshalb jeder selbst entscheiden muss, ob ihm MIPS die 20 Euro Aufpreis Wert sind[280].

Andere Hersteller, die MIPS-ähnliche Systeme in ihre Helme integrieren sind 100% (Smartshock), Leatt (360° Turbine Technology), Kali (Low Density Layer), Bontrager (WaveCel) und POC (SPIN).

279 https://www.bike-discount.de/de/shop/helmueberzug-10666
280 https://www.mybike-magazin.de/zubehoer_bekleidung/gleitschirm/a4683.html

Die schwimmend gelagerte Innenschale der MIPS-Helms soll bei Stürzen besser schützen. Foto: www - w.pd-f.de / Gregor Bresser.

17.3.2 Helm mit Visier

Die schnelle Fahrt mit dem Pedelec macht leider nicht immer Spaß, denn Insekten und der Fahrt-wind sorgen häufig genug für tränende Augen. Für diesen Fall hält der Handel spezielle Fahrrad-brillen, teilweise auch mit Tönung bereit.

Alternativ holen Sie einen Fahrradhelm mit ansteckbarem oder klappbarem Visier. Dieser hat zu-dem den Vorteil, dass Sie darunter eine Brille tragen können. Sehr angenehm ist der Umstand, dass auch während der Fahrt das Visier jederzeit hoch- und runter klappbar ist.

Markenhelme mit Visier:

- Abus Hyban+ für ca. 100 Euro
- Abus In-Vizz race für ca. 100 Euro
- Uvex Finale Visor für ca. 170 Euro

Alle aufgeführten Helme erhalten Sie im Fachhandel. Falls sie Ihnen zu teuer sind, können Sie Helme mit Visier auch schon ab ca. 35 Euro im Online-Handel erwerben.

Eine Alternative ist ein Skihelm mit Visier, bei dem Ihre Ohren abgedeckt ist. Die jeweiligen Hersteller verbieten zwar die Straßenverkehrsnutzung in den Begleitpapieren, da es aber fürs Fahrrad keine Helmpflicht gibt, sind Sie frei bei der Wahl der Kopfbedeckung.

17.4 Werkzeug

Insbesondere auf längeren Touren ist die Mitnahme von Werkzeug anzuraten, mit denen Sie klei-nere Arbeiten am Pedelec vornehmen können. Im Lieferumfang Ihres Pedelecs befinden sich viel-leicht schon alle relevanten Imbus- und Schraubschlüssel, sonst fragen Sie Ihren Fachhändler, wel-che er empfiehlt. Kleinere Probleme wie einen verstellten Sattel oder Lenker beseitigen Sie dann selbst.

Prüfen Sie, ob die mitgelieferte Luftpumpe funktioniert, denn meistens sind Sie mit einer hochwer-tigen Minipumpe aus dem Fachhandel besser bedient.

18.   Unterwegs laden

Ihre Fahrradtouren orientieren sich in der Regel an der Akkukapazität. Wenn Sie sich an unseren Tipps im Kapitel *5.8 Reichweite erhöhen* orientieren, sind – je nach Akku – auch längere Touren von 100 km locker realisierbar.

Was aber tun, wenn Sie mal eine längere Strecke zurücklegen möchten, oder jemand aus ihrer Fahrergruppe mit einem schwachbrüstigen Akku unterwegs ist? Vielleicht möchten Sie auch mal dauerhaft die höchste Unterstützungsstufe Ihres Pedelecs nutzen, was die Akkureichweite stark reduziert? Die Mitnahme eines zweiten Akkus ist nicht immer praktikabel, da Sie somit bis zu 4 Kilogramm zusätzliches Gewicht mitschleppen, andererseits auch noch mehrere hunderte Euro investieren müssten.

Praktischer ist die Mitnahme des Akkuladenetzteils, um unterwegs »nachzutanken«. Die meisten Gasthäuser dürften, eventuell gegen Bezahlung, nichts dagegen haben, wenn Sie während der Rast den Akku aufladen.

Viele Stromnetzbetreiber und spezialisierte Dienstleister haben in den letzten Jahren auf die Nachfrage reagiert und Pedelec-Ladestationen eingerichtet. Auch Geschäfte, darunter auffällig viele Fahrradläden, bieten diesen Service an, der sogar häufig kostenlos ist. Bei letzteren hat man häufig allerdings nur während der Geschäftszeiten Zugriff auf die Ladeeinrichtung.

Den Akku müssen Sie manchmal für das Aufladen aus dem Pedelec entnehmen, weil Sie nicht direkt bis an die Ladestation fahren können. Bei feuchter Witterung empfiehlt es sich dann, die Ladekontakte am Pedelec abzudecken. Bosch vertreibt für das hauseigene Akkusystem passende Blindstopfen (Bestellnummer 0275007437).

18.1 Ladestationen

Die Ladestationen finden Sie in den unterschiedlichsten Ausprägungen. Einige bestehen einfach nur aus einer kostenlos nutzbaren Steckdose, andere wiederum werden als Ladesäule betrieben. Meistens sind die Ladestationen kostenlos, weil sich die Betreiber davon einen Werbeeffekt versprechen.

Sie müssen vor Fahrtantritt selbst recherchieren, wo unterwegs eine Lademöglichkeit besteht, denn eine zentrale Auskunftsstelle wie bei konventionellen Tankstellen existiert nicht. Geben Sie dazu einfach in Google in Ihrem Webbrowser »Ladestation E-Bike« und eine Stadt beziehungsweise einen Landkreis auf Ihrer geplanten Fahrradroute ein. Sollte es bei einer gefundenen Lademöglichkeit keine klare Angabe zur 24-Stunden-Verfügbarkeit geben oder der Standort unklar sein, fragen Sie besser telefonisch nach.

18.1.1 Bike Energy

Unter dem Namen Bike Energy vertreibt das österreichische Unternehmen MEGAtimer GmbH Ladestationen in unterschiedlichster Ausführung für Pedelecs und Elektroautos.

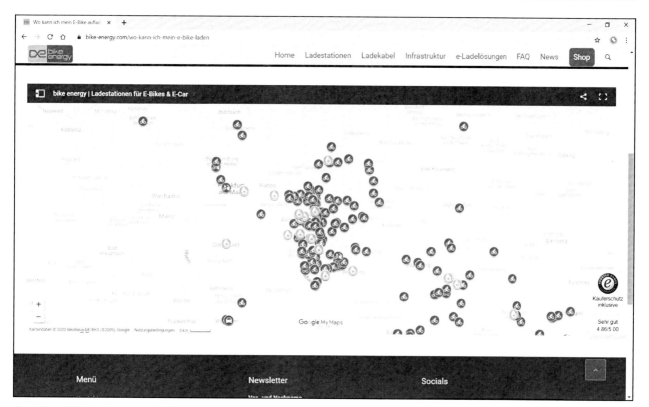

Auf der Webseite *www.bike-energy.com/wo-kann-ich-mein-e-bike-laden* listet Bike Energy alle seine öffentlich zugänglichen Ladestationen auf.

Eine Besonderheit ist, dass die Ladestationbetreiber alle möglichen Ladeadapter vorhalten. Sie brauchen deshalb nicht Ihr eigenes Ladenetzteil mitzuführen, sondern leihen es sich einfach vor Ort aus.

Unter der Webadresse *www.bike-energy.com/ladekabel* erfahren Sie, ob auch Ihr Pedelec-Modell unterstützt wird. Falls Sie häufiger eine Bike Energy-Ladestation anfahren, können Sie das passende Ladekabel unter *www.bike-energy.com/produkt-kategorie/ladekabel-fuer-e-bikes* für rund 70 Euro erwerben.

18.1.2 Software

Ein Smartphone hat heute fast jeder in der Tasche. Es lässt sich nicht nur zur Navigation, sondern auch für die Ladestationsrecherche verwenden, wobei man auch hier alle angebotenen Infos überprüfen sollte.

Für Android-Handys und iPhones ist »Ebike Ladestationen finden« der Internetstores GmbH erhältlich. Das Programm zeigt in einer Karte die nächstgelegenen Ladestationen mit Adresse und Kostenangabe auf. Offenbar ist die Auflistung auf größere Anbieter wie Stadtwerke, Stromnetzbetreiber und Autohäuser beschränkt, denn es fehlen fast alle Gasthöfe und Läden, die ebenfalls ihre Steckdosen feil bieten. Urlauber dürften begrüßen, dass auch Ladestationen in der Schweiz und Österreich angezeigt werden.

»E-Station | Ebike und Pedelec Ladestationen« von JKG für Android-Handys listet standardmäßig alle Ladestationen in der Nähe auf, ist aber auch auf eine Kartenansicht umschaltbar. Nutzer dürfen neue Ladestationen melden und bestehende kommentieren. Deshalb sind in der Liste auch kleinere Geschäfte, Gaststätten und Hotels mit Lademöglichkeit aufgeführt.

 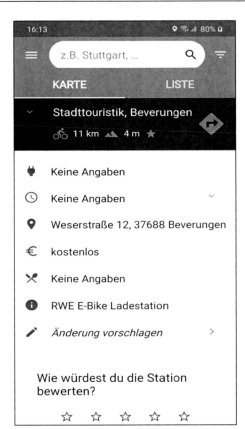

Die App »Ebike Ladestationen finden« zeigt die nächstgelegenen Pedelec-Ladestationen an.

18.1.3 E-Auto-Ladestationen

Für Elektroautos waren deutschlandweit laut der Organisation European Alternative Fuels Observatory (engl. »Europäische Beobachtungsstelle für alternative Energie«) in 2018 schon mehr als 22.000 Ladestationen vorhanden[281]. Wie Sie auch Ihr Pedelec daran laden, erfahren Sie in diesem Kapitel.

Eine haushaltsübliche Schukosteckdose liefert nur 2,3 bis 3,1 Kilowatt (kW) Ladeleistung, weshalb das Aufladen beispielsweise eines VW E-Golfs 17 Stunden dauern würde[282]. Deshalb haben die Autohersteller verschiedene Ladestandards mit höherer Leistung entwickelt. Um Chaos zu verhindern, wurde von der Bundesregierung eine Ladesäulenverordnung[283] erlassen, die für öffentlich zugängliche Ladesäulen über >3,6 kW bis 22 kW Wechselstromladeleistung einen Anschluss nach IEC 62196 Typ 2 vorschreibt.

Die meisten Ladesäulen für Elektroautos sind leider kostenpflichtig und benötigen eine vorherige Registrierung beim Betreiber. Dies geschieht meistens auf dessen Website oder über eine Smartphone-App. Vor dem Aufladevorgang gibt man in der App die Ladesäule frei.

281 http://www.eafo.eu/electric-vehicle-charging-infrastructure
282 https://www.smarter-fahren.de/elektroauto-ladezeit
283 https://de.wikipedia.org/wiki/Ladesäulenverordnung

Einige Ladestationen, hier am Bahnhof von Altenbeken bei Paderborn, sind sehr luxuriös mit Über - dachung und für Elektrofahrzeuge reservierten Parkplätzen ausgestattet.

Ärgerlicherweise nutzt jeder Ladesäulenbetreiber eine andere Abrechnungsmethode. Einige rechnen fair die abgenommene Energie ab, andere kassieren wiederum pro Stromabnahme einen festen Betrag oder orientieren sich an der Ladedauer (!). Eine Preisangabe direkt an der Ladestation ist im Gegensatz zu den fossilen Tankstellen nicht vorgeschrieben und nur extrem selten vorhanden. Ein Kostenvergleich lohnt sich daher schon im Vorfeld.

Zwar sind einige Elektroautoladestationen auch mit normalen Schukosteckdosen ausgestattet, in der Regel werden Sie aber einen Typ 2-Anschluss vorfinden. Der Handel vertreibt glücklicherweise Typ 2-Schuko-Adapter, die allerdings sperrig sind und rund 200 Euro kosten.

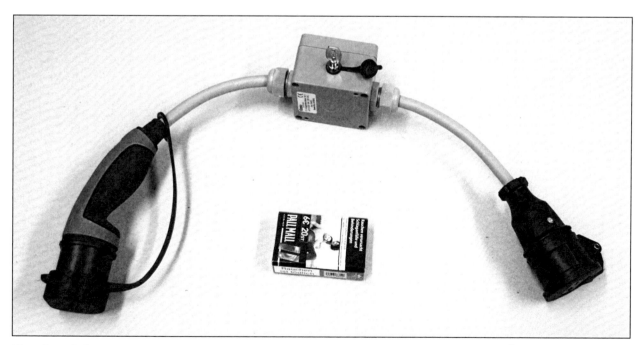

Typ 2 auf Schuko-Adapter mit einer Zigarettenschachtel als Größenvergleich. Über einen Schlüs - selschalter (oben in der Mitte) wird eine elektrische Verriegelung des Typ 2-Steckers in der Ladesäule aktiviert. Erst danach ist das Laden möglich.

Sieht für Außenstehende gewöhnungsbedürftig aus: Das Pedelec lädt über einen Typ 2-nach-Schu -
ko-Adapter an der Elektroautoladesäule.

Eine vollständige Liste der Ladesäulenbetreiber für Elektroautos hat die Bundesnetzbehörde auf
der eigenen Website bereitgestellt[284]. Sehr zu empfehlen ist auch die Webseite *www.goingelectric.-
de/stromtankstellen*, wo Sie zu jeder Ladesäule Hinweise über den genauen Standort und das
Abrechnungssystem erhalten.

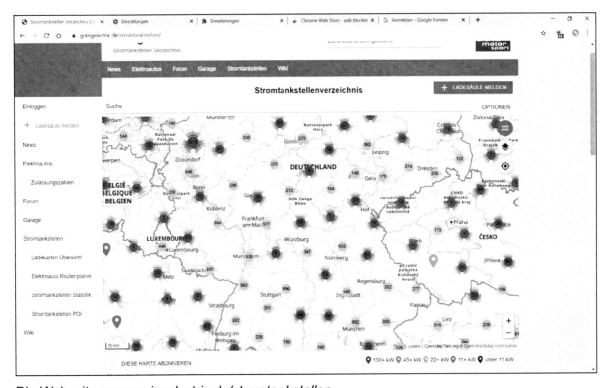

Die Webseite *www.goingelectric.de/stromtankstellen*.

---

284 https://www.bundesnetzagentur.de/DE/Sachgebiete/ElektrizitaetundGas/Unternehmen_Institutionen/HandelundVertrieb/
    Ladesaeulenkarte/Ladesaeulenkarte_node.html

Für Android-basierte Smartphones sind diverse Apps erhältlich, die Ihnen die nächste Elektroauto-Ladestation anzeigen, beispielsweise »Stromtankstellen« von Harnisch Ges. m. b.H. oder »Chargemap-Aufladestationen« von Chargemap. Für Apple iPhone empfehlen wir »chargeEV« von Remus Lazar, »PlugShare« von Recargo Inc. oder »Plugsurfing« vom gleichnamigen Entwickler.

 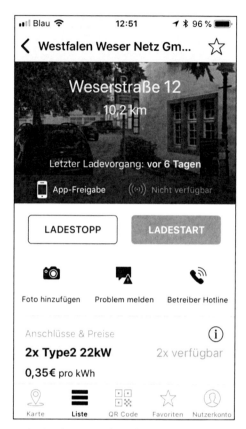

Die Plugsurfing-App zeigt nicht nur die nächstgelegene Autoladestation mit Ladekosten an, son dern führt auch die Abrechnung durch. Den Ladevorgang starten Sie wahlweise über eine Schalt leiste in der App, durch Fotografieren eines QR-Codes oder einen optional für 10 Euro erhältlichen Ladeschlüssel (mit NFC). Abgerechnet wird über Kreditkarte oder PayPal-Konto.

18.2 Pedelec-Akku im Wohnmobil laden

In Wohnmobilen beziehungsweise Wohnwagen stehen mit 230 Volt und 12 Volt zwei verschiedene Stromquellen zur Verfügung.

Ist das Gefährt an Landstrom[285] angeschlossen, können Sie in der Regel problemlos über die 230-Volt-Steckdose gleichzeitig auch den Pedelec-Akku laden. Eventuell ist in Ihrem Wohnmobil bereits ein sogenannter Wechselrichter eingebaut, der den Bordstrom passend auf 230 Volt umwandelt. In diesem Fall können Sie auch ohne den Landstromanschluss den Pedelec-Akku laden[286].

Alternativ nutzen Sie das 12 Volt-Gleichstrom-Bordnetz, an den Sie einen Wechselrichter aus dem Fachhandel anschließen, den Sie wiederum mit dem Pedelec-Akku-Ladegerät verbinden. Sie sollten möglichst zu einem hochwertigen Wechselrichter mit 500 Watt und echter Sinusspannung greifen. Billige Gleichrichter liefern nur eine Trapezspannung, mit der sie die angeschlossenen Geräte möglicherweise zerstören. Für einen guten Wechselrichter müssen Sie mit Kosten zwischen 200 bis 1000 Euro kalkulieren[287].

---

285 Als Landstrom wird der Anschluss an das Landnetz auf Stell- und Campingplätzen bezeichnet.
286 https://de.camperstyle.net/strom-im-wohnmobil
287 https://www.promobil.de/tipp/e-bike-laden-im-wohnmobil-ladestation-wechselrichter

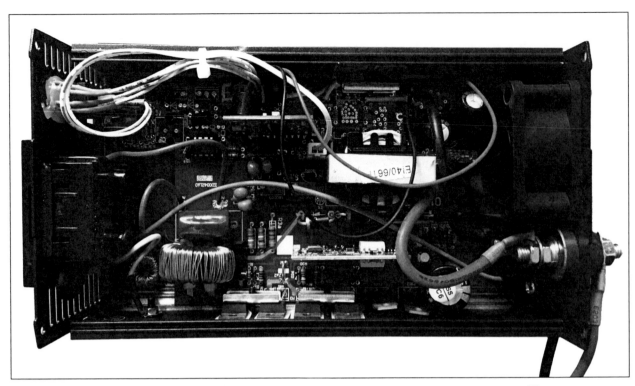

Geöffneter Sinusspannung-Wechselrichter für 12 V auf 230 V. Foto: Kaspars Dambis[288]

Beim Nachladen über das Bordnetz sollten Sie die Bordspannung Ihres Wohnmobils genau beobachten, damit es dort nicht zur Tiefentladung kommt. Die Bordbatterie(n) sollten daher mindestens
100, besser 200 Ah aufweisen. Während der Fahrt mit dem Wohnmobil müssen Sie sich dagegen
kaum Gedanken über den Wechselrichter machen, denn die Batterie wird ja durch die Lichtma-
schine aufgeladen.

---

288 https://www.flickr.com/photos/kasparsdambis/albums/7215766601807804

19. Wartung

Die Pedelec-Hersteller informieren in der beiliegenden Bedienungsanleitung über die regelmäßig notwendigen Kontroll- und Wartungsmaßnahmen.

Empfehlenswert sind vor jeder Fahrt Überprüfungen von:

- Reifenzustand und Reifendruck
- Bremshebelweg und Bremskraft
- Schnellspanner an der Vordergabel·
- Akkuverriegelung

Je nach Nutzungsfrequenz und gefahrene Kilometer führen Sie wöchentlich oder monatlich durch:

- Prüfung der Rahmenschweißnähte
- Prüfung der Bremsbelagdicke (vorne und hinten prüfen!)
- Reinigen und Schmieren der Kette
- Prüfung der Radspeichen und Felgen
- Alle Schrauben prüfen (mit Drehmomentschlüssel nachziehen)

Halbjährlich bis Jährlich sind zu prüfen:

- Tretlager auf Spiel prüfen und schmieren
- Lagerung der Federgabel prüfen

Sollten in der Dokumentation zum Pedelec die nötigen Wartungsarbeiten unvollständig oder nicht dokumentiert sein, so greifen Sie auf die Bedienungsanleitungen der Hersteller von Bremse, Federgabel und Schaltung zurück. Eine Google-Suche nach den Produktnamen bringt die nötigen Anleitungen zum Vorschein. Der Hersteller Shimano hält viele Anleitungen zentral bereit (siehe Kapitel *7.2.1 Shimano*).

Es ist zwar verlockend, aber Ihr dreckiges Pedelec dürfen Sie niemals mit dem Hochdruckreiniger abspritzen. Nicht nur die Elektrik, auch die selbstschmierenden Radlager werden dadurch beschädigt. Auch einen Wasserschlauch sollten Sie nur sparsam nutzen, beispielsweise für die Reinigung eines Zahnriemens.

Ihr Fachhändler wird Sie gerne über die regelmäßigen Wartungsschritte informieren. Wir empfehlen zudem eine jährliche Wartung zu Saisonbeginn in einer Fachwerkstatt.

19.1 Kette nachölen

Je nach Wegbeschaffenheit und Wetter setzt sich an der Kette Staub ab, der wie Schmiergelpapier wirkt. Zu welchen Zeitpunkten Sie die Kette reinigen, ist Ermessenssache und hängt auch von Ihren Routen ab. Ausgebaute Radwege dürften weniger Verschmutzungen verursachen wie regelmäßige Fahrten über Schotter und Waldwege.

Die Kette darf vor dem Nachölen nicht nass sein! Legen Sie einen mittleren Gang ein, damit die Kette gespannt ist und halten Sie einen Lappen um die Kette, während Sie die Kurbel rückwärts drehen. Eventuell ist ein Pinsel für die Reinigung der Kettenzwischenräume hilfreich. Auch die Ritzel der Gangschaltung und den Umwerfer sollten Sie reinigen. Geben Sie nun einzelne Tropfen Kettenöl auf die einzelnen Glieder und bewegen Sie die Kette eine Minute durch, bis sich das Öl verteilt hat. Die Kette sollte nur leicht benetzt sein, weil Sie sonst umso leichter wieder Schmutz aufnimmt.

Wichtig: Beim Schmieren der Kette darf kein Öl an die Bremsscheiben oder Bremsbacken gelangen.

19.2 Kettenverschleiß prüfen

Die Glieder der Fahrradkette weiten sich mit der Zeit und passen dann nicht mehr exakt in die Ritzel der Gangschaltung und beschädigen sie. Sie müssen dann nicht nur die Kette, sondern auch das Ritzelpaket (sogenannte Kassette) erneuern.

Es lohnt sich daher, die Kettenlängung regelmäßig mit einer sogenannten Kettenlehre (ab ca. 10 Euro) zu prüfen. Diese wird einfach mit einer Ecke in die Kette eingehakt – wenn sich das andere Ende ebenfalls in die Kette einlegen lässt, ist ein Austausch nötig.

Wann der Kettenwechsel nötig ist, hängt von der Beanspruchung ab. Während diese bei Hinterradmotoren nur gering ist, sieht es bei Mittelmotoren mit hohem Drehmoment anders aus. Auch aggressive Fahrweise führt manchmal dazu, dass die Kette bereits nach 1500 bis 3000 km »fällig« ist.

19.3 Drehmomentschlüssel

Alle Schrauben am Fahrrad dürfen nur mit einer bestimmten Kraft angezogen werden, weil sonst das Gewinde oder die Schraube beschädigt werden. Die in Nm (Newtonmeter) angegebenen Kräfte listet Ihre Bedienungsanleitung auf. Häufig ist aber auch ein Aufdruck oder Prägung an den jeweiligen Bauteilen zu finden.

Proxxon Microclick Drehmomentschrauber MC 10.

Beim Festschrauben macht sich der Drehmomentschrauber mit einem Klackern bemerkbar, sobald der eingestellte Drehmoment erreicht ist. Achtung: Angegebene Nm-Werte sind jeweils der zulässige Maximalwert. Sie müssen also einen etwas geringeren Nm-Wert – zum Beispiel 0,5 Nm niedriger – am Werkzeug einstellen.

19.4 Hilfe bei Problemen

Nicht alle Probleme werden Sie ohne Hilfe von außen beheben können. Als Hilfreich erweist sich dann YouTube (*www.youtube.com*), wo Sie zahlreiche Selbsthilfevideos – teilweise sogar direkt von den Herstellern – finden. Natürlich liefert auch die Google-Suchmaschine häufig den gesuchten Hinweis.

Darüber hinaus empfehlen wir die Diskussionsforen:

- *www.pedelecforum.de*
- *pedelec-ebike-forum.de*
- *www.ebike-forum.net*
- *de.fahrrad.wikia.com*

20. Stichwortverzeichnis

21. Weitere Bücher des Autors

Vom Technik-Journalisten Rainer Gievers sind zahlreiche Bücher zum Thema Mobile Computing erschienen. Eine Inhaltsübersicht und Bestellmöglichkeiten finden Sie auf unserer Website *www.das-praxisbuch.de*. Sie können die Bücher über die jeweilige ISBN auch direkt bei Ihrem lokalen Buchhändler bestellen.

Allgemeine Themen:

- Das Praxisbuch Chromebook (2. Auflage)
  ISBN: 978-3-964690-88-3

- Google-Anwendungen - Anleitung für Einsteiger (Ausgabe 2020/21)
  ISBN: 978-3-964690-84-5

- Das Praxisbuch Amazon Echo & Alexa - Anleitung für Einsteiger (Ausgabe 2020/21)
  ISBN: 978-3-964690-90-6

Xiaomi-Handys:

- Das Praxisbuch Xiaomi Mi 10 & Mi 10 Pro
  ISBN: 978-3-964690-94-4

- Xiaomi Mi Note 10 & Mi Note 10 Pro
  ISBN: 978-3-964690-86-9

- Das Praxisbuch Xiaomi Mi 9T & Mi 9T Pro
  ISBN: 978-3-964690-60-9

- Das Praxisbuch Xiaomi Redmi Note 8 Pro & Xiaomi Mi Note 10
  ISBN: 978-3-964690-66-1

Samsung-Handys:

- Das Praxisbuch Samsung Galaxy Note 20 & Note 20 Ultra 5G
  ISBN: 978-3-964691-06-4

- Das Praxisbuch Samsung Galaxy S20 / S20+ / S20 Ultra 5G
  ISBN: 978-3-964690-82-1

- Das Praxisbuch Samsung Galaxy S10 / S10+
  ISBN: 978-3-964690-32-6

- Das Praxisbuch Samsung Galaxy A71
  ISBN: 978-3-964690-76-0

- Das Praxisbuch Samsung Galaxy A51
  ISBN: 978-3-964690-74-6

- Das Praxisbuch Samsung Galaxy A41
  ISBN: 978-3-964691-00-2

- Das Praxisbuch Samsung Galaxy A21s
  ISBN: 978-3-964691-02-6

- Das Praxisbuch Samsung Galaxy A20e
  ISBN: 978-3-964690-45-6

- Das Praxisbuch Samsung Galaxy M21 & M30s
  ISBN: 978-3-964690-92-0

- Das Praxisbuch Samsung Galaxy M51
  ISBN: 978-3-964691-08-8

- Das Praxisbuch Samsung Galaxy M31
  ISBN: 978-3-964691-04-0